U0610108

内　容　提　要

本书系国家出版基金项目和“十三五”国家重点图书出版规划项目——《水利水电工程信息化 BIM 丛书》之《HydroBIM－三维地质系统研发及应用》分册。全书共 6 章，内容主要包括绪论、三维地质建模理论及方法、三维地质系统设计、三维地质系统功能、三维地质系统应用、总结与展望。

本书可供水利水电工程行业地质工程勘察与三维地质建模参考借鉴，也可供相关科研单位及高等院校的师生教学参考。

图书在版编目（CIP）数据

HydroBIM ：三维地质系统研发及应用 / 张宗亮主编. 北京 ：中国水利水电出版社，2024. 6. -- (水利水电工程信息化BIM丛书). -- ISBN 978-7-5226-2552-2

Ⅰ. P628-39

中国国家版本馆CIP数据核字第2024GN5720号

书　　名	水利水电工程信息化 BIM 丛书 **HydroBIM－三维地质系统研发及应用** HydroBIM－SANWEI DIZHI XITONG YANFA JI YINGYONG
作　　者	张宗亮　主编
出版发行	中国水利水电出版社 （北京市海淀区玉渊潭南路 1 号 D 座　100038） 网址：www.waterpub.com.cn E－mail：sales@mwr.gov.cn 电话：(010) 68545888（营销中心）
经　　售	北京科水图书销售有限公司 电话：(010) 68545874、63202643 全国各地新华书店和相关出版物销售网点
排　　版	中国水利水电出版社微机排版中心
印　　刷	北京印匠彩色印刷有限公司
规　　格	184mm×260mm　16 开本　15 印张　290 千字
版　　次	2024 年 6 月第 1 版　2024 年 6 月第 1 次印刷
印　　数	001—800 册
定　　价	**120.00** 元

"十三五"国家重点图书出版规划项目

水利水电工程信息化 BIM 丛书　丛书主编　张宗亮

HydroBIM-三维地质系统研发及应用

张宗亮　主编

·北京·

《水利水电工程信息化 BIM 丛书》
编　委　会

《HydroBIM－三维地质系统研发及应用》
编　委　会

主　　编　张宗亮

副 主 编　王小锋　张社荣　张军强

委　　员　严　磊　王　超　刘　涵　吴学明　杨　伟
梁礼绘　王枭华　徐　建　贾　贺　赵翌博
杨青松　唐永成　曹文昱　刘士元　庄其天
李函逾　王　义　李昕璇　杜　奎

编写单位　中国电建集团昆明勘测设计研究院有限公司
天津大学
中国地质大学（武汉）

审　　稿　孙世辉　李　忠

信息技术与工程深度融合
是水利水电工程建设发展
的重要方向！

中国工程院院士

马洪琪

2016年6月

序　一

信息技术与工程建设深度融合是水利水电工程建设发展的重要方向。当前，工程建设领域最流行的信息技术就是BIM技术，作为继CAD技术后工程建设领域的革命性技术，在世界范围内广泛使用。BIM技术已在其首先应用的建筑行业产生了重大而深远的影响，住房和城乡建设部及全国三十多个省（自治区、直辖市）均发布了关于推进BIM技术应用的政策性文件。这对同属于工程建设领域的水利水电行业，有着极其重要的借鉴和参考意义。2019年全国水利工作会议特别指出要“积极推进BIM技术在水利工程全生命期运用”。2019年和2020年水利网信工作要点都对推进BIM技术应用提出了具体要求。南水北调、滇中引水、引汉济渭、引江济淮、珠三角水资源配置等国家重点水利工程项目均列支专项经费，开展BIM技术应用及BIM管理平台建设。各大流域水电开发公司已逐渐认识到BIM技术对于水电工程建设的重要作用，近期规划设计、施工建设的大中型水电站均应用了BIM技术。水利水电行业BIM技术应用的政策环境和市场环境正在逐渐形成。

作为国内最早开展BIM技术研究及应用的水利水电企业之一，中国电建集团昆明勘测设计研究院有限公司（以下简称“昆明院”）在中国工程院院士、昆明院总工程师、全国工程勘察设计大师张宗亮的领导下，打造了具有自主知识产权的HydroBIM理论和技术体系，研发了HydroBIM设计施工运行一体化综合平台，实现了信息技术与工程建设的深度融合，成功应用于百余项项目，获得国内外BIM奖励数十项。《水利水电工程信息化BIM丛书》即为HydroBIM技术的集大成之作，对HydroBIM理论基础、技术方法、标准体系、综合平台及实践应用进行了全面的阐述。该丛书已被列为国家出版基金项目和“十三五”国家重点图书出版规划项目，可为行业推广应用BIM技术提供理论指导、技术借鉴和实践经验。

BIM人才被认为是制约国内工程建设领域BIM发展的三大瓶颈之

一。据测算，2019 年仅建筑行业的 BIM 人才缺口就高达 60 万人。为了破解这一问题，教育部、住房和城乡建设部、人力资源和社会保障部及多个地方政府陆续出台了促进 BIM 人才培养的相关政策。水利水电行业 BIM 应用起步较晚，BIM 人才缺口问题更为严重，迫切需要企业、高校联合培养高质量的 BIM 人才，迫切需要专门的著作和教材。该丛书有详细的工程应用实践案例，是昆明院十多年水利水电工程 BIM 技术应用的探索总结，可作为高校、企业培养水利水电工程 BIM 人才的重要参考用书，将为水利水电行业 BIM 人才培养发挥重要作用。

中国工程院院士 钟登华

2020 年 7 月

序　二

中国的水利建设事业有着辉煌且源远流长的历史，四川都江堰枢纽工程、陕西郑国渠灌溉工程、广西灵渠运河、京杭大运河等均始于公元前。公元年间相继建有黄河大堤等各种水利工程。中华人民共和国成立后，水利事业开始进入了历史新篇章，三门峡、葛洲坝、小浪底、三峡等重大水利枢纽相继建成，为国家的防洪、灌溉、发电、航运等方面作出了巨大贡献。

诚然，国内的水利水电工程建设水平有了巨大的提高，糯扎渡、小湾、溪洛渡、锦屏一级等大型工程在规模上已处于世界领先水平，但是不断变更的设计过程、粗放型的施工管理与运维方式依然存在，严重制约了行业技术的进一步提升。这个问题的解决需要国家、行业、企业各方面一起努力，其中一个重要工作就是要充分利用信息技术。在水利水电建设全行业实施信息化，利用信息化技术整合产业链资源，实现全产业链的协同工作，促进水利水电行业的更进一步发展。当前，工程领域最热议的信息技术，就是建筑信息模型（BIM），这是全世界普遍认同的，已经在建筑行业产生了重大而深远的影响。这对同属于工程建设领域的水利水电行业，有着极其重要的借鉴和参考意义。

中国电建集团昆明勘测设计研究院有限公司（以下简称“昆明院”）作为国内最早一批进行三维设计和 BIM 技术研究及应用的水利水电行业企业，通过多年的研究探索及工程实践，已形成了具有自主知识产权的集成创新技术体系 HydroBIM，完成了 HydroBIM 综合平台建设和系列技术标准制定，在中国工程院院士、昆明院总工程师、全国工程勘察设计大师张宗亮的领导下，昆明院 HydroBIM 团队十多年来在 BIM 技术方面取得了大量丰富扎实的创新成果及工程实践经验，并将其应用于数十项水利水电工程建设项目中，大幅度提高了工程建设效率，保证了工程安全、质量和效益，有力推动工程建设技术迈上新台阶。昆明院 Hydro-BIM 团队于 2012 年和 2016 年两获欧特克全球基础设施卓越设计大赛一等奖，将水利水电行业数字化信息化技术应用推进到国际领先水平。

《水利水电工程信息化BIM丛书》是昆明院十多年来三维设计及BIM技术研究与应用成果的系统总结，是一线工程师对水电工程设计施工一体化、数字化、信息化进行的探索和思考，是HydroBIM在水利水电工程中应用的精华。丛书架构合理，内容丰富，涵盖了水利水电BIM理论、技术体系、技术标准、系统平台及典型工程实例，是水利水电行业第一套BIM技术研究与应用丛书，被列为国家出版基金项目和“十三五”国家重点图书出版规划项目，对水利水电行业推广BIM技术有重要的引领指导作用和借鉴意义。

虽说BIM技术已经在水利水电行业得到了应用，但还仅处于初步阶段，在实际过程中肯定会出现一些问题和挑战，这是技术应用的必然规律。我们相信，经过不断的探索实践，BIM技术肯定能获得更加完善的应用模式，也希望本书作者及广大水利水电同仁们，将这一项工作继续下去，将中国水利水电事业推向新的历史阶段。

中国科学院院士

2020年7月

序　三

BIM技术是一种融合数字化、信息化和智能化技术的设计和管理工具。全面应用BIM技术能够将设计人员更多地从绘图任务中解放出来，使他们由“绘图员”变成真正的“设计师”，将更多的精力投入到设计工作中。BIM技术给工程界带来了重大变化，深刻地影响工程领域的现有生产方式和管理模式。BIM技术自诞生至今十多年得到了广泛认同和迅猛发展，由建筑行业扩展到了市政、电力、水利、铁路、公路、水运、航空港、工业、石油化工等工程建设领域。国务院，住房和城乡建设部、交通运输部、工业和信息化部等部委，以及全国三十多个省（自治区、直辖市）均发布了关于推进BIM技术应用的政策性文件。

为了集行业之力共建水利水电BIM生态圈，更好地推动水利水电工程全生命期BIM技术研究及应用，2016年由行业三十余家单位共同发起成立了水利水电BIM联盟（以下简称“联盟”），本人十分荣幸当选为联盟主席。联盟自成立以来取得了诸多成果，有力推动了行业BIM技术的应用，得到了政府、业主、设计单位、施工单位等的认可和支持。联盟积极建言献策，促进了水利水电行业BIM应用政策的出台。2019年全国水利工作会议特别指出要“积极推进BIM技术在水利工程全生命期运用”。2019年和2020年水利网信工作要点均对推进BIM技术应用提出了具体要求：制定水利行业BIM应用指导意见和水利工程BIM标准，推进BIM技术与水利业务深度融合，创新重大水利工程规划设计、建设管理和运行维护全过程信息化应用，开展BIM应用试点。南水北调工程在设计和建设中应用了BIM技术，提高了工程质量。当前，水利行业以积极发展BIM技术为抓手，突出科技引领，设计单位纷纷成立工程数字中心，施工单位也开始推进施工BIM应用。水利工程BIM应用已经由设计单位推动逐渐转变为业主单位自发推动。作为水利水电BIM联盟共同发起单位、执委单位和标准组组长单位的中国电建集团昆明勘测设计研究院有限公司（以下简称“昆明院”），是国内最早一批开展BIM技术研究及应用的水利水电企业。在领导层的正确指引下，昆明院在培育出大量水利水电 BIM 技术人才的同时，也形成了具有自主知识产权的以 HydroBIM 为核心的系列成果，研发了全生命周期的数字化管理平台，并成功运用到各大工程项目之中，真正实现了技术服务于工程。

《水利水电工程信息化 BIM 丛书》总结了昆明院多年在水利水电领域探索 BIM 的经验与成果，全面详细地介绍了 HydroBIM 理论基础、技术方法、标准体系、综合平台及实践应用。该丛书入选国家出版基金项目和“十三五”国家重点图书出版规划项目，是水利水电行业第一套 BIM 技术应用丛书，代表了行业 BIM 技术研究及应用的最高水平，可为行业推广应用 BIM 技术提供理论指导、技术借鉴和实践经验。

水利部水利水电规划设计总院正高级工程师
水利水电 BIM 联盟主席　　刘志明

2020 年 7 月

序　四

我国目前正在进行着世界上最大规模的基础设施建设。建设工程项目作为其基本组成单元，涉及众多专业领域，具有投资大、工期长、建设过程复杂的特点。20 世纪 80 年代中期以来，计算机辅助设计（CAD）技术出现在建设工程领域并逐步得到广泛应用，极大地提高了设计工作效率和绘图精度，为建设行业的发展起到了巨大作用，并带来了可观的效益。社会经济在飞速发展，当今的工程项目综合性越来越强，功能越来越复杂，建设行业需要更加高效高质地完成建设任务以保持行业竞争力。正当此时，建筑信息模型（BIM）作为一种新理念、新技术被提出并进入白热化的发展阶段，正在成为提高建设领域生产效率的重要手段。

BIM 的出现，可以说是信息技术在建设行业中应用的必然结果。起初，BIM 被应用于建筑工程设计中，体现为在三维模型上附着材料、构造、工艺等信息，进行直观展示及统计分析。在其发展过程中，人们意识到 BIM 所带来的不仅是技术手段的提高，而且是一次信息时代的产业革命。BIM 模型可以成为包含工程所有信息的综合数据库，更好地实现规划、设计、施工、运维等工程全生命期内的信息共享与交流，从而使工程建设各阶段、各专业的信息孤岛不复存在，以往分散的作业任务也可被其整合成为统一流程。迄今为止，BIM 已被应用于结构设计、成本预算、虚拟建造、项目管理、设备管理、物业管理等诸多专业领域中。国内一些大中型建筑工程企业已制定符合自身发展要求的 BIM 实施规划，积极开发面向工程全生命期的 BIM 集成应用系统。BIM 的发展和应用，不仅提高了工程质量、缩短了工期、提升了投资效益，而且促进了产业结构的优化调整，是建筑工程领域信息化发展的必然趋势。

水利水电工程多具有规模大、布置复杂、投资大、开发建设周期长、参与方众多及对社会、生态环境影响大等特点，需要全面控制安全、质量、进度、投资及生态环境。在日益激烈的市场竞争和全球化市场背景下，建立科学高效的管理体系有助于对水利水电工程进行系统、全面、现代化的决策与管理，也是提高工程开发建设效率、降低成本、提高安全性和耐久性的关键所在。水利水电工程的开发建设规律和各主体方需求与建筑工程极其相似，如果BIM在其中能够得以应用，必将使建设效率得到极大提高。目前，国内部分水利水电勘测设计单位、施工单位在BIM应用方面已进行了有益的探索，开展了诸如多专业三维协同设计、自动出图、设计性能分析、5D施工模拟、施工现场管理等应用，取得了较传统技术不可比拟的优势，值得借鉴和推广。

中国电建集团昆明勘测设计研究院有限公司（以下简称“昆明院”）自2005年接触BIM，便开始着手引入BIM理念，已在百余工程项目中应用BIM，得到了业主和业界的普遍好评。与此同时，昆明院结合在BIM应用方面的实践和经验，将BIM与互联网、物联网、云计算技术、3S等技术相融合，结合水利水电行业自身的特点，打造了具有自主知识产权的集成创新技术HydroBIM，并完成HydroBIM标准体系建设和一体化综合平台研发。《水利水电工程信息化BIM丛书》的编写团队是昆明院BIM应用的倡导者和实践者，丛书对HydroBIM进行了全面而详细的阐述。本丛书是以数字化、信息化技术给出了工程项目规划设计、工程建设、运行管理一体化完整解决方案的著作，对大土木工程亦有很好的借鉴价值。本丛书入选国家出版基金项目和“十三五”国家重点图书出版规划项目，体现了行业对其价值的肯定和认可。

现阶段BIM本身还不够完善，BIM的发展还在继续，需要通过实践不断改进。水利水电行业是一个复杂的行业，整体而言，BIM在水利水电工程方面的应用目前尚属于起步阶段。我相信，本丛书的出版对水利水电行业实施基于BIM的数字化、信息化战略将起到有力的推动作用，同时将推进与BIM有机结合的新型生产组织方式在水利水电企业中的成功运用，并将促进水利水电产业的健康和可持续发展。

清华大学教授，BIM专家

2020年7月

水利水电工程是重要的国民基础建设，现代水利工程除了具备灌溉、发电功能之外，还实现了防洪、城市供水、调水、渔业、旅游、航运、生态与环境等综合应用。水利行业发展的速度与质量，宏观上影响着国民经济与能源结构，微观上与人民生活质量息息相关。

改革开放以来，水利水电事业发展如火如荼，涌现了许许多多能源支柱性质的优秀水利水电枢纽工程，如糯扎渡、小湾、三峡等工程，成绩斐然。然而随着下游流域开发趋于饱和，后续的水电开发等水利工程将逐渐向西部上游流域推进。上游流域一般地理位置偏远，自然条件恶劣，地质条件复杂，基础设施相对落后，对外交通条件困难，工程勘察、施工难度大，这些原因都使得我国水利水电发展要进行技术革新以突破这些难题和阻碍。解决这个问题需要国家、行业、企业各方面一起努力。水利部已经发出号召，在水利领域内大力发展 BIM 技术，行业内各机构和企业纷纷响应。利用 BIM 技术可以整合产业链资源，实现全产业链的协同工作，促进行业信息化发展，已经在建筑行业产生了重大影响。对于同属工程建设领域的水利水电行业，BIM 技术发展起步相对较晚、发展缓慢，如何利用 BIM 技术将水利水电工程的设计建设水平推向又一个全新阶段，使水利水电工程的设计建设能够更加先进、更符合时代发展的要求，是水利人一直以来所要研究的课题。

中国电建集团昆明勘测设计研究院有限公司（以下简称“昆明院”）于 1957 年正式成立，至今已有 60 多年的发展历史，是世界 500 强中国电力建设集团有限公司的成员企业。昆明院自 2005 年开始三维设计及 BIM 技术的应用探索，在秉承“解放思想、坚定不移、不惜代价、全面推进”的指导方针和“面向工程、全员参与”的设计理念下，开展 BIM

正向设计及信息技术与工程建设深度融合研究及实践，在此基础上凝练提出了 HydroBIM，作为水利水电工程规划设计、工程建设、运行管理一体化、信息化的最佳解决方案。HydroBIM 即水利水电工程建筑信息模型，是学习借鉴建筑业 BIM 和制造业 PLM 理念和技术，引入“工业4.0”和“互联网+”概念和技术，发展起来的一种多维（3D、4D-进度/寿命、5D-投资、6D-质量、7D-安全、8D-环境、9D-成本/效益……）信息模型大数据、全流程、智能化管理技术，是以信息驱动为核心的现代工程建设管理的发展方向，是实现工程建设精细化管理的重要手段。2015 年，昆明院 HydroBIM® 商标正式获得由原国家工商行政管理总局商标局颁发的商标注册证书。HydroBIM 与公司主业关系最贴切，具有高技术特征，易于全球流行和识别。

经过十多年的研发与工程应用，昆明院已经建立了完整的 HydroBIM 理论基础和技术体系，编制了 HydroBIM 技术标准体系及系列技术规程，研发形成了“综合平台+子平台+专业系统”的 HydroBIM 集群平台，实现了规划设计、工程建设、运行管理三大阶段的工程全生命周期 BIM 应用，并成功应用于能源、水利、水务、城建、市政、交通、环保、移民等多个业务领域，极大地支撑了传统业务和多元化业务的技术创新与市场开拓，成为企业转型升级的利器。HydroBIM 应用成果多次荣获国际、国内顶级 BIM 应用大赛的重要奖项，昆明院被全球最大 BIM 软件商 Autodesk Inc. 誉为基础设施行业 BIM 技术研发与应用的标杆企业。

昆明院 HydroBIM 团队完成了《水利水电工程信息化 BIM 丛书》的策划和编写。在十多年的 BIM 研究及实践中，工程师们秉承“正向设计”理念，坚持信息技术与工程建设深度融合之路，在信息化基础之上整合增值服务，为客户提供多维度数据服务、创造更大价值，他们自身也得到了极大的提升，丛书就是他们十多年运用 BIM 等先进信息技术正向设计的精华大成，是十多年来三维设计及 BIM 技术研究与应用创新的系统总结，既可为水利水电行业管理人员和技术人员提供借鉴，也可作为高等院校相关专业师生的参考用书。

丛书包括《HydroBIM-数字化设计应用》《HydroBIM-3S 技术集成应用》《HydroBIM-三维地质系统研发及应用》《HydroBIM-BIM/CAE 集成设计技术》《HydroBIM-乏信息综合勘察设计》《HydroBIM-

厂房数字化设计》《HydroBIM-升船机数字化设计》《HydroBIM-闸门数字化设计》《HydroBIM-EPC总承包项目管理》等。2018年，丛书入选“十三五”国家重点图书出版规划项目。2021年，丛书入选2021年度国家出版基金项目。丛书有着开放的专业体系，随着信息化技术的不断发展和BIM应用的不断深化，丛书将根据BIM技术在水利水电工程领域的应用发展持续扩充。

丛书的出版得到了中国水电工程顾问集团公司科技项目“高土石坝工程全生命周期管理系统开发研究”（GW-KJ-2012-29-01）及中国电力建设集团有限公司科技项目“水利水电项目机电工程EPC管理智能平台”（DJ-ZDXM-2014-23）和“水电工程规划设计、工程建设、运行管理一体化平台研究”（DJ-ZDXM-2015-25）的资助，在此表示感谢。同时，感谢国家出版基金规划管理办公室对本丛书出版的资助；感谢马洪琪院士为丛书题词，感谢钟登华院士、陈祖煜院士、刘志明副院长、马智亮教授为本丛书作序；感谢丛书编写团队所有成员的辛勤劳动；感谢欧特克软件（中国）有限公司大中华区技术总监李和良先生和中国区工程建设行业技术总监罗海涛先生等专家对丛书编写的支持和帮助；感谢中国水利水电出版社为丛书出版所做的大量卓有成效的工作。

信息技术与工程深度融合是水利水电工程建设发展的重要方向。BIM技术作为工程建设信息化的核心，是一项不断发展的新技术，限于理解深度和工程实践，丛书中难免有疏漏之处，敬请各位读者批评指正。

丛书编委会

2021年2月

前言

2008年，中国电建集团昆明勘测设计研究院有限公司（以下简称“昆明院”）全面启动三维设计工作，提出了“面向工程，全员参与”的三维发展理念。基于这一理念，昆明院立足工程需求，聚焦行业痛点，通过软件选择、软件试用、合作开发，研发了HydroBIM-三维地质系统，该系统经过项目应用实践逐步完善、成熟，现已在几十项工作中开展了三维地质建模应用。在系统的大规模实践应用过程中，张宗亮院士团队提出了更加成熟的三维地质建模技术要求，并对建模技术给出了标准化要求，以实现三维地质建模成果的标准化，提升了建模的效率和成果的可靠性、合理性和适用性。

尽管三维地质建模在石油、矿山等领域应用广泛，但在水利水电行业起步晚，发展慢。现阶段水利水电工程地质勘察工作仍以传统二维图纸为主要手段，但二维图纸的局限性逐渐凸显，尤其是在复杂地质、地形条件下的大型工程勘察工作中，二维图纸分析中存在的信息反映不全面、数据整合程度低、可视化和展示效果差等缺陷严重影响地质勘察成果的分析深度和质量。为了加快水利水电工程地质数字化、信息化、可视化发展，迫切需要专门的三维地质建模系统著作和教材用于培养专业人才弥补缺口，亟须完整的三维地质建模理论基础和技术体系来支撑水利水电工程的高水平建设。本书是在强烈的行业需求驱动下，结合昆明院丰富的水利水电工程三维地质建模技术应用经验，编写而成。

全书共6章。第1章介绍三维地质系统的研发背景、研究现状及应用价值；第2章介绍三维地质建模理论及方法，主要对三维地质建模的理论和方法进行了总结和归纳；第3章介绍水利水电工程三维地质系统功能设计，分别介绍了三维地质系统的功能要求及功能设计；第4章介绍水电工程三维地质系统具体功能，主要是根据水利水电工程的三维地质建模要求，提出了三维地质系统的功能需求，给出了研究方法及技术线路，并给出了系统的主要功能，同时给出了数据库、模型分析、二维制图、系统接口以及地质对象建模的具体功能特点；第 5 章介绍了水利水电工程三维地质系统应用，分别按照水电工程、抽水蓄能工程、水利工程对于三维地质建模系统的实际应用进行了说明，主要结合实际工程的地质条件及勘察设计阶段的要求开展了相应的三维地质建模工作，并给出了具体的三维地质建模的应用成果图件；第 6 章主要结合现有的研究现状及实际工作的应用效果对现有的工作进行了总结和讨论，并结合未来技术的发展和现有工作的不足提出了未来的研究方向。

本书按照实际建模工作流程，从基本理论、基本方法、基本地质对象模型到三维地质综合模型，由浅入深、循序渐进地对三维地质建模进行介绍。本书可以帮助水利水电地质勘察从业人员建立三维地质模型概念，并提供技术借鉴和实战经验。

本书在编写过程中得到了中国电建集团昆明勘测设计研究院有限公司各级领导和同事的大力支持和帮助，得到了天津大学、中国地质大学（武汉）的鼎力支持，中国水利水电出版社也为本书的出版付出诸多辛劳，在此一并表示衷心感谢！

限于编者水平，谬误和不足之处在所难免，恳请批评指正。

编者

2023 年 9 月

目录

第 1 章

绪　论

1.1　三维地质系统研发背景

水利水电工程多位于高山峡谷地区，涉及地质信息繁多，复杂的地形条件（高山、峡谷、河流等）和地质条件（岩性众多、构造复杂、不良地质体发育等）给工程勘测、设计和施工带来了巨大挑战。传统工程地质资料的分析和解释一般局限于二维的静态表达方式，它描述空间地质结构的起伏变化直观性差，往往不能充分揭示其空间变化规律，难以使人们直接、完整、准确地理解和认识所处地区的地质情况，使得传统方法越来越不能满足工程设计人员空间分析的需求。水利水电工程勘测设计过程中，不同专业之间的工作方式是流水线式的，即地质勘测→工程设计→施工管理。这种工作流程虽然使各专业的职能非常明确，但不利于专业之间的信息交流与反馈，往往产生地质与水工、施工相脱节的现象；同时，当有新的地质资料加入或者设计方案发生变更时，各专业人员都需要花费很多时间和精力重新工作，这个过程不仅存在着大量的重复性劳动，而且不同专业之间的数据难以及时、有效地协调，使得工程勘测设计的水平和效率降低，从而影响工程施工建设的顺利进行。三维模型比二维图形更能真实地表现对象，具有最基本的空间数据处理能力，如数据采集、数据操作、数据组织、数据分析和数据性能。与二维数字图形相比，三维数据模型具有更多的优势，已经应用于建筑领域。

为了更好地服务水利水电工程建设，提高设计方案的效率，研发具有地质信息收集与管理、三维地质模型构建、空间分析、全图件编绘等一系列功能的三维地质系统，不仅可以实现快速收集各类地质数据并进行系统管理，直观描述地下复杂的地质条件，形象地表达地质体的形态特征以及地质要素的空间关系，而且可以结合地质信息三维可视化模型的空间分析功能，使分析更为直观、准确，从而为快速、适时地再现地质三维信息及地质综合分析开拓一条有效的途径。

水电工程三维地质系统开发是实现水电工程三维设计的基础，是一个具有挑战性、亟待研究解决的关键技术问题，受到工程勘测、设计人员等的密切关注。通过水利水电工程区勘察获得的各种离散地质信息，地质工程师采用二维静态表达方式很难直接分析其在地质体中的分布规律，而习惯于用图件来进行分析、解释和推断。因此，利用工程地质勘察和试验分析所得到的一系列空间分布不均的离散数据来描述地质体的空间展布情况，建立水利水电工程三维地质模型并使相应的空间可视化分析具有可操作性，是当前工程地质学和数学地质学研究的一项重要课题。同时，先进的计算机图形学、科学计算可视化技术和地理信息系统技术的不断发展为实现工程地质三维建模与可视化模拟分析创造了条件。工程地质是工程建设的基本载体，实现三维地质建模与可视化模拟分析，将使地质工程师、设计工程师从繁杂的手工操作中解放出来，使工程地质制图实现系统化、专业化、标准化；可以优化工程勘测设计，提高工程勘测设计质量，加快建设速度。对于水利水电工程勘测设计，在不同阶段有三维地质模型支持。针对存在的工程地质问题和水工建筑物的布置，进行相应的可视化模拟分析，可以辅助地质工程师进行钻孔布置，指导勘探工作，不仅能提高工程地质工作的效率和精度，还有助于地质工程师预测分析地质体在研究区内的空间位置及其关系。因此，以三维地质数字结构模型为基础，开发自动切剖面功能，将能满足设计方案变更，及时提交数字化成果的需要。

综上所述，三维地质系统在水利水电工程具有重要应用价值。然而，我国的水利水电工程设计大都是在二维图纸上进行的，这种用二维图纸表现地形地物的缺陷是缺乏立体感、不直观，需要有一定知识和经验的设计人员才能准确判断地形地貌的特征，这就使工程设计和各专业之间的成果交流相当困难。如何实现水利水电工程高效设计，满足我国快速发展的水利水电工程建设需要，一直是水利水电设计人员面临的一大难题。随着计算机辅助设计（CAD）/计算机辅助工程（CAE）在水利水电工程建设中的深入应用和人们的迫切需求，采用多种先进技术开展水利水电工程的三维协同设计已成为一种必然趋势。

1.2 三维地质系统研究现状

1.2.1 三维地质建模技术

三维地质建模这一概念最早是由加拿大的 Simon W. Houlding 于 1993 年提出的。在理论研究方面，Carlson 早在 1987 年就从地质学的角度提出了地下空间结构的三维概念模型[1]，它以地质体元作为建立模型的基础，把地下空间首先离散成镜体（lens），每个镜体是由上下对应的两组不间断片状物集合（patches）构成，单一或组合起来的镜体构成层（layer），地下空间模型也就由层叠加而成。这个模型从数学的角度指出了片状物（patch）是由节点（node）、边（edge）、三角形（triangle）这三种单纯形构成的单元复形组成，他的研究开辟了地下三维数据模型的先河，因而该研究成果被后来的许多学者所采用。

近些年，国外地质信息三维可视化模型研究发展十分迅速，加拿大、澳大利亚、英国、南非等国地质矿山领域的专家学者围绕石油物探、矿床地质、工程地质和矿山工程问题进行了大量卓有成效的理论与技术研究。法国 Nancy 大学的 Mallet[2-4] 教授针对地质体建模的特殊性和复杂性，提出了离散光滑插值（Discrete Smooth Interpolation，DSI）技术，该技术基于对目标体的离散化，考虑已知信息引入的约束，用一系列具有物体几何和物理特性的相互连结的节点来模拟地质体。该技术是基于图形拓扑的，具有自由选择格网模型、自动调整格网模型、实时交互操作并能够处理一些不确定的数据等优点，适用于构建复杂模型和处理模型表面不连续的情况。DSI 技术已成为地质目标计算机辅助设计（Geological Object Computer Aided Design，GOCAD）研究计划的核心技术[5]。

对地学的可视化建模研究，我国相比国外开展得较晚，但时至今日，也为地学建模领域做出了卓有成效的探索。张菊明[6] 将拟合函数法应用于三维地质可视化研究。李冬田[7] 以量测摄影仪与普通相机相结合的地面投影遥感为基础，提出了岩坡空间信息系统（Rock Slope Information System，RSIS）的概念，并引入了遥感图像处理中的层分析方法，分析块体和滑面的几何形态。王笑海[8]、陈健[9] 考虑了地层数据的层状展铺特性、层间相邻特性和层中复杂构造特性，利用数字高程模型（Digital Elevation Model，DEM）方法建立了三维拓扑格网模型。曹代勇等[10]、朱小弟等[11] 将基于 OpenGL 的切片合成法应用于煤田三维地质模型可视化分析中。柴贺军等[12] 根据结构面工程地质信息采集的内容和特点，提出了岩体结构三维可视化技术。齐安文等[13] 提出了三维地学空间构模的类三棱柱法，该法采用六类基本元素和 8 组拓扑关系束描述和表达三维地质现象，并能实现地质体查询与分析和任意方向的剖切。陈树铭等[14] 提出泛权算法理论，试图解决任何复杂的三维地质信息数字化与重构问题。吴立新等[15] 根据所采用的数据模型的不同，将空间构模技术分成基于面模型、基于体模型和混合构模三大类别，并分别进行了分析比较和探讨。武强等[16] 设计提出了广义三棱柱（Generaliztd Tri－Prism，GTP）实体模型，建立了面向采矿应用的三维地学建模体系结构。钟登华等[17-19] 基于混合多元耦合数据结构，分别实现了地层类、断层类、界限类、地形类四类地质对象的地质拟合构造与几何建模。徐华等[20]、武强等[21] 提出了一种新的三维地质建模方法，主要研究内容包括断层模拟的滞后插入、有效耦合多源数据和局部地质重建方法；翁正平[22] 提出了一种新型的建立在几何、空间、拓扑等关系上的三维可视化的地质模型。黄牧等[23] 提出了一种基于 B-Rep 结构的层状地质体数据模型。苏学斌等[24] 提出了一种地层/岩性混合的三维地质建模方法用于刻画复杂含铀砂层地质结构。张国明[25] 采用逐层剥离建模方法，对不同地质成因的地质体采用不同的插值算法对层厚进行插值计算，逐层计算地质体的顶、底面，解决了复杂地形、地层建模的问题。

1.2.2 三维地质系统

随着相应理论基础的研究和深入以及计算机技术的迅速发展，关于三维数据模型的研究已经从单纯的三维可视化转变为三维空间分析、正向设计等方向。国外的三维地质软件已形成相当的规模，比较典型的大型专业软件有 GOCAD、EarthVision、Vulcan、Gemcom、MicroLYNX、SurpacVision、Landmark、GeoSec3D、SHAPES、IVM 等，这些软件分别在地球物理、石油物探、石油开采和露天矿开采等领域取得了颇有成效的研究成果。此外，LYNX/MicroLYNX、Surpac、Micromine、Datamine、Vulcan、Gemcom、MineSOFT 等是一些专用于矿山三维地质建模与矿业应用系统软件，EarthCube、GeoViz、VovelGeo 是一些比较著名的地球物理三维可视化应用软件，Earthworks、3Dseis、SeisVision、SeisX 2D/3D 等是典型的三维地震分析系统。但是，受具体地质条件的限制，这些软件大都面向石油、矿产等领域，其应用目的与水利水电工程地质分析存在较大的区别，在我国水利水电工程地质信息三维建模与分析研究中难以推广使用，尤其是对于大型水利水电工程，从勘测数据处理到模型建立、表达等方面的针对性和实用性均不强，只适用于某些特定的条件和应用情况。

在我国，三维地质软件是在 20 世纪 80 年代初期，跟踪发达国家的先进技术发展起来的，发展过程与发达国家大体相似。从 20 世纪 90 年代初开始，国内的早期研究多集中在技术方法上，主要是借鉴地理信息系统领域的研究成果，应用二维软件进行三维面的抽象表达，随后也进行一些体三维数据模型及构型技术方面的跟踪研究。

在三维可视化建模方面，陈昌彦等[26] 应用拟合函数法开发研制了边坡工程地质信息的三维可视化系统，并应用于长江三峡永久船闸边坡工程的三维地质结构的模拟和三维再现工作中。曾新平[27] 设计了一个地质体三维可视化建模系统 GeoModel。宁超等[28] 采用面向对象思想，利用 OpenGL 开发出基于钻孔数据的三维地质建模及可视化系统，用于某矿山的三维地质建模。一些学者也尝试利用 BIM 技术进行三维地质建模[29-30]。钱骅等[31] 在 CATIA 软件的基础上，利用 VB 编程开发了适用于水利水电行业的三维地质建模平台。钱睿[32] 依托 Civil 3D 软件进行二次开发，构建煤层三维地质模型。饶嘉谊等[33] 基于 Revit 软件二次开发，利用钻孔数据构建三维岩土体模型。曾鹏等[34] 利用 Revit 自带可视化编程插件 Dynamo 结合 Kriging 插值算法，实现钻孔数据集成、可视化及地层曲面、地质体三维模型的构建。李永勇[35] 应用理正勘察 9.0 PB4 版及理正勘察三维地质软件，对水库坝址区进行三维地质模型建立，并实现了与 AutoCAD Civil 3D 的交互。

在模型空间分析方面，何满潮等[36] 根据工程岩体地质模型的几何特征，将其分为连续型、非连续型与倒转褶皱三大类，在此基础上开发了由建模分析、通用工具与数据库三部分组成的工程岩体三维可视化构模系统。程朋根[37] 基于地理信息系统（Geographic Information System，GIS）平台，研究地矿三维空间数据模型、模型操作算法及建模方法三部分，实现了三维建模及基础的空间分析功能。王静[38] 将三维地质建模技术应用于滑坡灾害研究中，以 QuantyView 和 Visual Studio 为开发工具，进行了模块设计与开发。邓超等[39] 利用 MapGIS 三维地学建模软件，采用基于多元数据、分区交互的方法建立了成都市城市三维地质模型。魏志云等[40] 基于 GeoStation 平台，开发了物探三维系统，重点阐述了超前地质预报建模、等密图、三维云图展示等关键技术，并将该系统技术应用于实际物探项目中，取得了良好效果，构建了基于 GeoStation 的物探三维系统。

在精细建模方面，屈红刚等[41] 提出了一种基于交叉折剖面的三维地质模型快速构建方法，该方法扩大了建模可利用的数据源，提高了建模的自动化程度和模型质量。黄蕾蕾[42] 依托内蒙古乌努格吐山数字矿山建设，利用多种地球科学新技术新方法，同时借助于多参数融合的算法，将多属性地学信息转换为高精度三维地质模型，有效地支持了数字矿山地质模型建设的需求与发展。刘顺昌等[43] 以武汉市长江新城起步区为例，基于 EVS 建模软件，以地质剖面和钻孔数据为基础，开展复杂地质条件下三维地质高精度网格化模型的建设研究，提出了一种地层建模和岩性建模的混合三维地质建模解决方案。姜明玉等[44] 采用 Petrel 软件平台对断层、构造形态样式复杂的柴达木盆地英西油田进行了三维构造、岩性建模。潘雅静[45] 依托 GOCAD 平台构建了一处含溶洞的复杂地质体。徐涛等[46] 基于 Revit 平台，结合钻探、RTK，CASS、电磁波 CT、微动探测、高密度电法及水文地质试验等技术，在多源数据相互印证下，实现了复杂岩溶地区三维地质建模的方案。

在多尺度建模方面，尤少燕等[47] 对采用多尺度资料建立油藏领域的三维模型方法进行了研究，建立了精细的三维构造格架模型、储层参数模型、沉积相模型和流体模型。文华[48] 结合油气领域的地震资料和测井资料具有高密度采样的特点，依据一定的相模式和建模参数，采用层次建模方法建立了由沉积相模型、储层孔隙度模型和渗透率模型构成的多尺度精细三维地质模型。赵强[49] 提出一种面向矿山地质对象的多尺度三维地层数据模型，实现了矿山多尺度三维地层模型的建立。董少群等[50] 以鄂尔多斯盆地某油田为例，在常规裂缝网络建模的基础上，探讨了致密砂岩储层多尺度裂缝的三维地质建模方法，提高多尺度裂缝建模的效率和精度。

目前，根据国内三维地质系统的调研，发现对三维地质系统的研究多数停留在如何构建更精细的三维地质模型上，而在地质数据收集管理、空间分析、图件编绘等方面研究偏少。总之，国内三维地质系统的研究及研发仍处于落后阶段。

1.3 三维地质系统在水利水电工程中的应用价值

在进行水利水电工程设计时，可以直接在三维地质模型上进行三维设计，在建立工程地质和水工建筑物的三维模型后，可以在系统中将三维模型直接进行网格划分，开展数值分析，然后根据分析结果，在系统中对模型进行修改，接着再次进行网格划分并开展数值分析，直至设计满足要求为止，实现设计与分析的一体化。开展水利水电工程三维设计是十分必要的，国内已经有许多学者和单位在这方面开展了研究，并取得了一系列的成果。

胡瑞华等[51]、王秋明等[52] 结合清江水布垭水利枢纽工程、重庆江口水电站和南水北调穿黄工程，采用可视化交互数据语言（Interactive Data Language，IDL）开发了三维地质模型可视化系统（3D - GVS），针对所研究地质对象的空间形态和相互关系建立工作区的三维地质模型，该模型能进行动态显示和自动切剖面分析。黄地龙等[53] 结合溪洛渡水电站，研制开发了一套岩体结构地质建模系统。该系统能够对通过采集得到的数据进行图视化并图视化分析，对岩体结构的信息进行管理，基本上能够实现地质应用研究的模型化，以及分析解释的图示化。乔书光[54] 提出了水工协同 CAD 模型，模型是基于设计流程管理的，为开展与水工协同 CAD 相关的研究提供了框架。钟登华等[55] 研究、设计并实现了水利水电工程地质——水工三维协同设计系统。该系统主要包括四个模块：①三维地质建模模块，实现展示三维地形和各种地质结构的三维地质建模；②水工建筑物建模模块，提供大坝以及开挖包括地下建筑物在内的各种建筑物的三维工程模型方案；③工程地质分析与设计模块，实现三维可视化设计与三维协同设计等；④数据库管理模块，能够对地质数据、工程数据和成果数据等进行输入、保存和输出等。由中国电建集团成都勘测设计研究院有限公司基于 GOCAD 和 CATIA 平台而构建的水电水利工程三维协同设计系统[56]，通过对 GOCAD 的改造实现三维地质建模相关的各项功能，通过在 CATIA 平台基础上集成各种二次开发实现水工建筑物设计的相关功能。

水利水电工程设计和地形、地质、水文等自然条件密不可分，三维工程设计必然要求首先建立三维地质模型；三维地质系统一直作为水利水电工程的必备支撑系统和三维 CAD 软件一起开发，也一直被视为水利水电工程三维设计发展的关键难题。因此，以三维地质模型为基础，开发实现完善、简便、实用的水利水电工程三维一体化设计系统，建立各专业完整的共享数据库，地质、水工和施工等不同专业的工程人员能够很容易地进行数据采集、分析处理、设计并优化方案以及施工决策管理等，实现专业间的交叉循环，大幅提高水利水电工程勘测分析与设计的水平和效率，具有非常重要的现实意义。

水利水电工程大多建设在地形地质条件复杂的地区，地形地质条件对于安全、经济的工程设计非常重要，因此在进行设计之前，需要进行详细的地质勘察工作，得到大量的地质数据，然后再进行分析、整理、评价。采用三维地质系统，可以有效地存储和管理地质勘察的数据和资料，全面、详细、动态地展现地下地质体的空间变化情况，还可以在三维空间中进行查看及分析，复核已有的勘察工作成果，并为后续的勘察工作提供指导，为工程选址和设计、施工等工作提供直观的地质成果和依据。目前，水利水电工程建设正向数字化、可视化、智能化方向发展，信息综合集成技术和可视化技术为工程设计提供了科学的理论方法和先进的技术手段。随着国民经济的持续发展和数字中国、智慧水利理念的提出，利用计算机强有力的计算功能和高效率的图形处理能力，基于地质体三维重构与可视化技术的发展，三维地质系统应用于水利水电工程是一个必然的趋势，为推进水利水电工程 BIM 正向设计提供有力的地质数字化、信息化、可视化技术支撑。

第 2 章

三维地质建模理论及方法

2.1 建模理论

2.1.1 几何拓扑理论

几何拓扑是三维建模和计算机图形领域中的重要工具，其原理和方法被广泛应用于分析和处理几何形状的拓扑特性。所谓的几何拓扑是图形的拓扑变换下保持不变的性质。其中常涉及的拓扑变换类型见表 2.1－1。

表 2.1－1　　常涉及的拓扑变换类型

几何变换	保持不变的性质	对应几何学
刚体变换	保度量（角度、长度、面积）	欧式几何
仿射变换	保共线关系等	仿射几何
分式线性变换	保角、保圆周、保交比等	反演几何（复平面）
射影变换	保交比等	射影几何
拓扑变换	保维数、保连通性等	拓扑学
可微坐标变换	保持定向等	微分几何

按照传统的分类，拓扑学大致可以分为四类：点集拓扑、代数拓扑、组合拓扑和微分拓扑。点集拓扑来自实数集和连续函数的性质（如介值定理等）。代数拓扑包含了同调论和同伦论，其中同调论来源于欧拉凸多面体定理，同伦论则来源于庞加莱关于基本群的研究。组合拓扑实际上可以看成代数拓扑的一部分，来源于组合同调论。微分拓扑则研究局部微分性质和整体拓扑之间的关系，比如著名的高斯-博纳特公式。

2.1.1.1 拓扑学

拓扑学包括拓扑空间、连通性、紧性、同伦和同调等。

1. 拓扑空间

拓扑空间是拓扑学的基本概念，用于描述空间和形状的性质。一个拓扑空间由一个集合和一组开集构成，满足以下条件：①空集和全集是开集；②有限个开集的交集是开集；③任意多个开集的并集是开集。这里开集指一些开区间的并集，比如，(−1，3) ∪ (4，5) 是开集；空集表示为 $\varnothing=(1，0)$；全集表示为 $X=(-\infty，+\infty)$。

当涉及拓扑空间的构造方法时，常见的构造方法包括拓扑基、序拓扑、积拓扑、子空间拓扑和度量拓扑。下面对这些构造方法进行简要描述：

(1) 拓扑基 (topology base)。拓扑基是一种定义拓扑空间的方法，它是一组子集的集合，满足一定的性质。这些性质包括：基中子集的并集仍然在拓扑空间中，以及对于基中的任意两个子集 A 和 B，它们的交集也在拓扑空间中。基中的子集通常被认为是开集，它们用于定义拓扑空间中的开集合，进而定义拓扑。如果 B 是一个拓扑基，那么对于每个开集 U，存在 B 中的子集合 V，使得 U 可以表示为 V 的并集。

(2) 序拓扑 (order topology)。序拓扑是根据一个偏序集的结构来定义的拓扑。给定一个偏序集 X，序拓扑使用该偏序集 X 上的有界集合来构造拓扑。这允许通过偏序集上的比较关系来定义开集。在序拓扑中，定义了集合的子基 (subbase) S，其中 S 包含满足以下条件的集合：如果 x 在 X 中，那么 $\{x\}$ 是 S 的一个元素；如果 $x<y$，并且 $x\in X$，$y\in X$，那么 $\{x\leqslant y\}$ 也是 S 的一个元素；如果 $x<y$，$x\leqslant z$，$z\leqslant y$，并且 $x\in X$，$y\in X$，$z\in X$，那么 $\{x<y\}$ 也是 S 的一个元素。

(3) 积拓扑 (product topology)。积拓扑用于构造多个拓扑空间的直积。给定多个拓扑空间，积拓扑通过将它们的拓扑结构组合在一起来定义新的拓扑空间。这有助于描述多维空间中的点、收敛性和拓扑结构。如果 $(A，T\_A)$ 和 $(B，T\_B)$ 是两个拓扑空间，那么它们的直积 $(A\times B，T)$ 的拓扑结构可以通过基础空间 A 和 B 的拓扑结构来定义。在直积中，开集通常是形如 $U\times V$ 的集合，其中 U 属于 A 的开集，V 属于 B 的开集。

(4) 子空间拓扑 (subspace topology)。子空间拓扑是从一个给定的拓扑空间中派生出新的拓扑空间的方法。它涉及在原始拓扑空间的子集上定义一个新的拓扑结构，以便在子空间上保留原始拓扑的性质。如果 $(X，T)$ 是一个拓扑空间，Y 是 X 的子集，那么 Y 上的子空间拓扑由 $Y\cap U$ (其中 U 是 X 中的开集) 来定义。

(5) 度量拓扑 (metric topology)。度量拓扑是通过度量 (距离函数) 来定义的一种拓扑。给定一个度量空间，可以使用度量函数来定义开球，然后使用这些开球构造拓扑。度量拓扑是欧几里得空间等实数域的空间中常见的拓扑。如果（X，T）是一个拓扑空间，Y 是 X 的子集，那么 Y 上的子空间拓扑由 $Y \cap U$，其中 U 是 X 中的开集，来定义。

这些构造方法提供了不同的途径来定义拓扑空间，以便更好地描述和理解空间的性质、拓扑关系和拓扑结构。选择合适的构造方法取决于具体的数学或应用背景。例如，欧几里得空间是一个拓扑空间，其中开集是由开球、开矩形等几何图形组成的。

2. 连通性

连通性是拓扑学中的一个重要概念，用于描述一个拓扑空间是否是连通的。一个拓扑空间称为连通的，如果它不能被分成两个非空的开集并集。例如，欧几里得空间中的线段和圆形都是连通的，而环形则是不连通的。

3. 紧性

紧性是拓扑学中的另一个重要概念，用于描述一个拓扑空间是否是紧致的。一个拓扑空间称为紧致的，如果它的任何开覆盖都有有限子覆盖。例如，欧几里得空间中的有界闭集都是紧致的。

4. 同伦和同调

同伦和同调是拓扑学中的两个重要概念，用于描述拓扑空间的形状。同伦是指在拓扑空间中可以通过连续的变形将一个点移动到另一个点，而同调是指通过函数的连续变形来比较两个拓扑空间的形状。

2.1.1.2 拓扑结构

在计算机科学中，拓扑学被广泛应用于网络拓扑结构的建模和分析。以下是一些常见的拓扑结构（图 2.1－1）。

1. 星形拓扑结构

星形拓扑结构是一种以中心节点为核心，周围节点与中心节点相连的拓扑结构。它具有简单的结构和良好的可扩展性，但是中心节点容易成为单点故障。

2. 总线拓扑结构

总线拓扑结构是一种所有节点都连接在同一个总线上的拓扑结构。它具有简单的结构和低延迟，但是容易成为瓶颈和单点故障。

3. 环形拓扑结构

环形拓扑结构是一种所有节点都连接在一个环形结构上的拓扑结构。它具有良好的可扩展性和容错性，但是其带宽和延迟受限于环的长度。

4. 树形拓扑结构

树形拓扑结构是一种以一个根节点为核心，分支节点与父节点相连的拓扑结构。它具有良好的可扩展性和容错性，但是其结构复杂，不适合大规模网络。

5. 网状拓扑结构

网状拓扑结构是一种所有节点都互相连接的拓扑结构，没有中心节点。它具有高度的容错性和可扩展性，但是结构复杂，不易维护和管理。

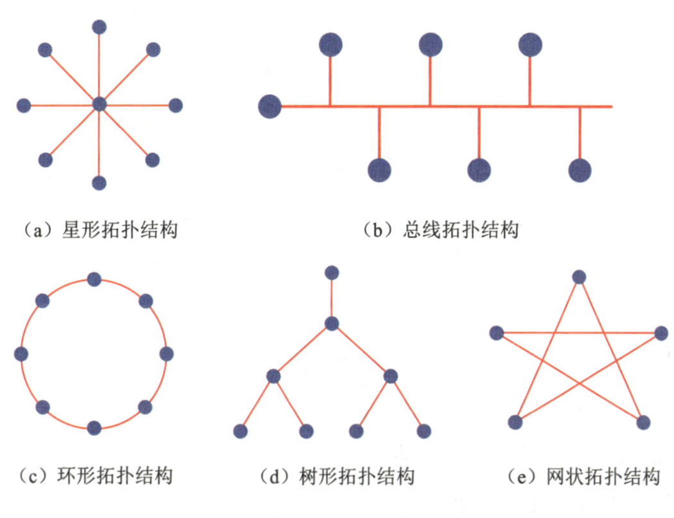

(a) 星形拓扑结构　(b) 总线拓扑结构

(c) 环形拓扑结构　(d) 树形拓扑结构　(e) 网状拓扑结构

图 2.1-1　拓扑结构

在网络拓扑结构的建模中，常用的拓扑学方法包括以下几种：

(1) 图论方法。图论方法是一种将网络拓扑结构转化为图的方法。其中节点表示网络设备，边表示设备之间的连接。通过图论算法，可以计算出网络的度、中心度、介数中心度等指标，用于评估网络的性能和可靠性。

(2) 微积分方法。微积分方法是一种将网络拓扑结构转化为连续的曲面或流形的方法。通过微积分算法，可以计算出网络的曲率、面积、体积等指标，用于评估网络的形状和复杂度。

(3) 代数方法。代数方法是一种将网络拓扑结构转化为代数表达式的方法。其中节点和边可以用矩阵或向量表示，通过代数运算，可以计算出网络的特征值、行列式、秩等指标，用于评估网络的性能和稳定性。

2.1.2 多尺度地质建模理论

国内外的多尺度建模研究较少关注地下空间的建模问题。Bai 等[57] 将表达二维数据多尺度的金字塔模型扩展到三维空间，提出了一种用不同大小的立方体来构建多尺度三维地质模型的方法。在该方法中，立方体之间的空间关系用八叉树模型进行组织。Ringrose 等[58] 分析了含油岩石多尺度模型构造过程中的难点和面临的挑战，认为利用地质模型自动生成计算网格很有意义。Goleby 等[59] 利用不同尺度的地震资料，建立了澳大利亚南部地区 Archaean Yilgarn Craton 的多尺度三维地质模型，以此来研究该地区地震发生规律。Thurmond 等[60] 采用虚拟现实建模语言（Virtual Reality Modeling Language，VRML）建立了地表露头的多尺度模型。Jones 等[61] 探讨了从露头尺度到区域尺度的多尺度建模方法，认为多尺度三维地质建模可以解决传统的二维制图的很多局限，能够很好地保持数据的空间分辨率和空间纬度。近年来，国内学者围绕地下空间的多尺度建模开展方法研究和技术探索，也取得了一定进展。尤少燕等[47] 对采用多尺度资料建立油藏领域的三维模型方法进行了研究，建立了精细的三维构造格架模型、储层参数模型、沉积相模型和流体模型。文华[48] 结合油气领域的地震资料和井资料具有高密度采样的特点，依据一定的相模式和建模参数，采用层次建模方法建立了由沉积相模型、储层孔隙度模型和渗透率模型构成的多尺度精细三维地质模型。刘卫波[62] 对储量数据、测井数据和油藏剖面图的多尺度三维可视化方法进行了研究。赵强[63] 提出一种面向矿山地质对象的多尺度三维地层数据模型，实现了矿山多尺度三维地层模型的建立。焦永清[64] 研究了基于多尺度钻孔数据的浅表地层建模方法。陈学习等[65] 在钻孔数据的多尺度方面做了研究；车德福等[66] 提出了基于 GTP 的地质体多尺度建模方法；张发明等[67] 提出了一种多尺度三维地质结构的几何模拟理论与方法，并尝试在地质结构几何模型的基础上进行岩石质量评价、岩体强度确定、边坡稳定性分析和围岩块体稳定性分析等专业分析。孙秋分[68] 提出了基于多尺度空间体元（Multi - Scale Spatial Voxel Volume）的真三维可视化实体模型。张元生等[69] 提出了顾及语义的地上下无缝集成多尺度建模方法，并探讨矿山地下空间多尺度建模的原理与方法。地质空间的多尺度建模研究虽然已经起步，但在理论方面和技术实现方面都存在极大的不足，尤其是在满足多尺度三维建模的数据模型和多尺度建模的方法体系方面仍然需要进一步研究。

尺度是对人类研究客观现实时所采用的时空框架的度量方式，尺度有且仅有两个本质特征：时空单位和时空范围。从空间上讲，空间单位是指研究问题时所采用的网格单元的大小，代表了精度。从时间上来讲，时间单位说明了研究问题时所采用的时间间隔。通常对于时空现象的研究需要以一段时间的观测数据作为基础，而这段时间可称为时间厚度。在地质过程的演化模拟过程中往往需要考虑时间的厚度，采用一定的方式表达某段时间内的地质对象的变化。

对于空间多尺度来说，由于空间尺度针对具体研究对象，不同的对象有不同的空间尺度，所以多尺度可以理解为多对象，多尺度的研究方法可以理解为对象分解和综合的方法。对于时间多尺度来说，由于时间尺度对应具体的过程，不同的过程有着不同的时间尺度，所以多尺度也可以理解为多过程，多尺度的研究方法可以理解为过程分解和综合的方法。

依据多尺度的含义和水电工程地质问题的特点，水电工程多尺度三维地质建模的外在表现形式是利用水电工程所在区域不同比例尺的勘测数据建立多分辨率集成的三维地质模型，实现多尺度地质数据的三维表达，满足水电工程地质分析对地质信息不同精度的需求。从实际应用的角度来看，多尺度表达是进行多尺度地质问题分析的基础。针对不同层次的需求，需要不同分辨率的数据支持。地质问题分析一般是针对一定的空间尺度和一定的空间等级进行的，即地质现象和过程通常是依赖于比例尺的。

从本质上来说，水电工程多尺度三维地质建模是采用不同精度的地质勘测数据建立具有多层次细节特征（Level of Detail，LOD）的三维地质模型，来满足水电工程地质多层次分析的需要。LOD 是指对于同一个场景或者场景中的物体，使用不同细节层次方法得到的一组模型，供绘制时选择使用，体现为不同比例尺地理空间数据的 LOD 和同一比例尺地理空间数据的 LOD。系列比例尺地质空间数据实际上就是一组不同详细程度的分层表达，可以依据系列比例尺作为 LOD 的分层标准，即为每个基础比例尺数据设定一个显示的 LOD 参数，建立它们之间的一一对应关系，当显示比例尺处于某个 LOD 参数时，直接调用相应比例尺的三维模型进行显示，从而实现不同比例尺地质空间数据间的 LOD 尺度变换，如图 2.1-2 所示。

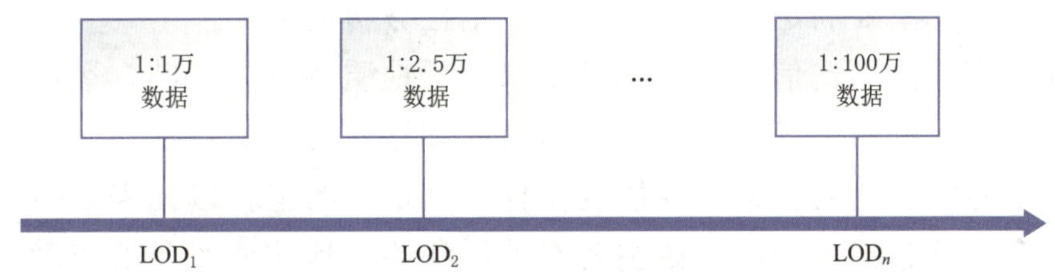

图 2.1-2　不同比例尺之间的 LOD

多细节层次理想状态下的地质空间数据多尺度变换是面向实体对象的、连续的、动态的表达。实体对象是指在其表达生命期内可能同时出现点、线、面等多种形态；连续性表现为相邻尺度的表达之间能够光滑地过渡、无太大的视觉跳跃感；动态性则表现为任意尺度上的表达状态出现变更都能够方便、快捷地传递到其他尺度上，实现表达的联动。

多层次目标是指在水电工程的建设实践中，许多的决策问题往往都是要同时考虑多个目标，是多目标综合评价问题，其最优解并不像单目标优化那样是唯一确定的，它往往是一个解集，各目标之间不仅有主次之分，而且有时会互相矛盾，其对于总目标影响的权重也是未知的。

水电工程地质三维建模是实现水电工程地质信息多尺度表达的途径，也是三维地质建模技术在水电工程领域的实践与应用。它首先面临的问题有大多数三维地质建模存在的共性问题，如有限的原始地质数据、复杂的空间关系和未知性的地下地质环境等，同时，水电工程中对地质要求很高的需求决定了其地质建模精度、尺度和地质分析目的都有别于城市地质、油气资源、固体矿产等领域。

多尺度地质建模方法和技术主要从空间多尺度入手。在空间多尺度方面，将度量的粒度划分为区域级别、工程级别、露头级别。其中区域级别是指包含水电工程枢纽区并向河流的上下游延伸一定范围的区域范围，该范围的研究对象主要有地形表面、区域性的断层、地层、岩性信息等。工程级别是指水电工程枢纽区的范围，也是水电工程建设重点关注的尺度，主要的研究对象有基岩面、岩层界面、构造面、地质曲面（风化面、卸荷面）、透镜体、地层单元、勘探对象（钻孔、平洞、探坑、探槽）、褶皱、溶洞等。露头级别的数据是指在水电工程的勘探工程中，采样得到的节理和裂隙数据。利用这些不同尺度、不同规模的地质构造形迹，建立空间多尺度的水电工程地质模型。

在探明水电工程所在区域尺度的地质条件时，常用的数据获取手段有遥感测量技术、地质测绘、区域地质调查、地质雷达测量技术、高密度电法勘探和反射波地震映像勘探等，获得的数据主要以区域平面地质图的形式存在。因此区域尺度的三维地质建模主要关注区域地质范围为地质结构面的表达，建模的精度相对较低，主要满足水电工程区域稳定性分析的需要。

工程尺度地质构造信息获取，通常以工程地质测绘为基础，运用构造地质学、测量学工程勘察学等基础理论对地质体和地质现象进行描述，将观测和测量到的地质界线、地质要素、地质现象标记到地形图上，以此来推断地质构造的空间展布。其数据的获取手段主要有地质测绘、地质调查、地质勘探、工程钻探、样品分析等。获得的地质数据丰富多样，如测量数据、地质时代数据、岩性数据、覆盖层数据、风化卸荷数据、钻探数据等。因此，工程尺度的三维地质建模数据来源多，数据类型多样。其主要侧重于工程尺度的基岩面、岩层界面、构造面、地质曲面（风化面、卸荷面）、透镜体、地层单元、勘探对象（钻孔、平洞、探坑、探槽）、褶皱、溶洞等对象的三维表达。

露头尺度建模是指通过对露头、平洞和岩心的观测，可以获得小范围地质构造信息的详细资料，通过对这些资料的分析和统计，可以获得关于结构面的产状、间距和密度的统计特征的参数，进而采用计算机来模拟结构面的三维网络。其数据的获取方式主要有统计窗法和测线法。基于露头尺度的三维模型，可以进一步研究岩体的渗透性、结构面的连通性、裂隙岩体的稳定性等问题，还可以进一步指导工程开挖方案的确定。

2.1.3 地质统计学理论

地质统计学起源于地质学。根据地质统计学的理论，地质特征可以用区域化变量的空间分布特征来表征，而研究区域化变量的空间分布特征的主要数学工具为变异函数（Variogram）。地质统计学是以区域化变量为基础，以变异函数为工具，研究同时具有随机性与结构性，或空间相关性与依赖性的自然现象的一门科学。

目前地质统计学理论已经相对成熟，研究的区域化变量可以扩展到更多的维度（时间维度、空间维度等）。在时空中的时间变量或者空间变量如果具有时空相关性或者依赖性，都可以利用地质统计学插值方法来对这些变量进行最优无偏的估计，或者采用地质统计学数值模拟方法获得变量时空分布特征的多个模拟结果，以反映变量时空分布的离散性和波动性。随着地质统计学研究的不断深入，非平稳线性地质统计学、非参数地质统计学、多元地质统计学，以及时空域多元信息地质统计学等方面的研究，都有了长足的发展。

地质统计学与经典统计学的主要相同点为：都基于大量采样，通过对样本属性值的概率分布或均值、方差关系及相应规律的分析，确定其空间分布特征与相关关系。地质统计学与经典统计学的主要不同点为：经典统计学研究对象为纯随机变量，而地质统计学研究区域化变量；经典统计学要求在理论上可进行大量或者无限次重复观测试验，而地质统计学所研究的变量往往不能进行重复观测试验；经典统计学研究的数据相互独立，而地质统计学研究的数据具有空间相关性；经典统计学借助于频率分布图进行研究，而地质统计学基于空间分布特征进行研究。

在地质统计学理论逐步发展的进程中，克里金法和随机模拟方法作为两种通过插值预测地质变量的核心技术方法先后被提出。

克里金法（Kriging）作为一种依赖空间变异方差的最优曲面插值技术，该方法代表了广义最小二乘回归方法在地理统计学中外延，同时它是对未知空间位置变量的最佳无偏估计量。作为地学统计中最为经典的插值方法，普通克里金法同样是对克里金误差的分析和估计。其具体的估计公式可以定义为

$$X^*(y_0)=\sum_{i=1}^{n}w_iX(y_i) \tag{2.1-1}$$

式中：w_i 为已知站点 y_i 相对于未知站点的权重指标；$X^*(y_0)$ 为位置站点 y_0 通过以上公式得出的估计（预测）值；n 为在 y_0 邻近区域内观察到点的数

量，主要用于实现 $X^*(y_0)$ 的估计。

随机模拟方法，通常被称为蒙特卡罗方法（Monte Carlo Method），是复杂地质结构及现象描述与建模的重要方法之一，可自动再现地下各向异性的沉积及构造特征，并且可在有限的勘察数据基础上，输出多组可能的实现结果，使得复杂地质现象的不确定性评价成为可能。随机模拟是在随机函数理论的基础上进行的，随机函数可表征为一个区域化变量的分布函数或协方差函数。概率分布函数的建立是进行随机模拟的先决条件，概率密度函数表征未抽样位置 x 处地质属性 Z 的先验概率分布模型，可表示为

$$F(x,\ z) = \text{Prob}\{Z(x) \leqslant z\} \tag{2.1-2}$$

对于条件累积概率密度函数，未抽样位置 x 处储层属性 Z 的先验概率分布模型可表示为

$$F[x,\ z \mid (n)] = \text{Prob}\{Z(x) \leqslant z \mid (n)\} \tag{2.1-3}$$

随机模拟的基本思想是从一个随机函数 $Z(x)$ 中抽取多个可能的实现，表示为

$$\{Z^{(l)}(x) \mid x \in D\},\ l = 1,\ \cdots,\ L \tag{2.1-4}$$

式中：L 为变量 $Z(x)$ 在非均质场 D 中分布的可能实现。

如果在模拟过程中使用到了实际观测数据，则称为条件模拟；如果没有则称为非条件模拟。图 2.1-3 所示是一个考虑条件数据的随机模拟过程。

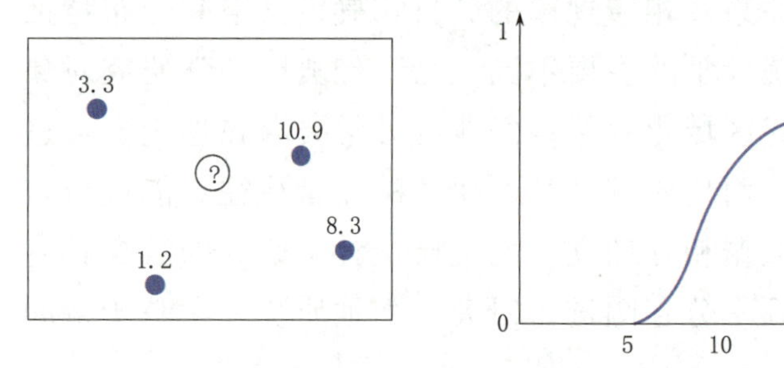

(a) 条件数据及代模拟位置

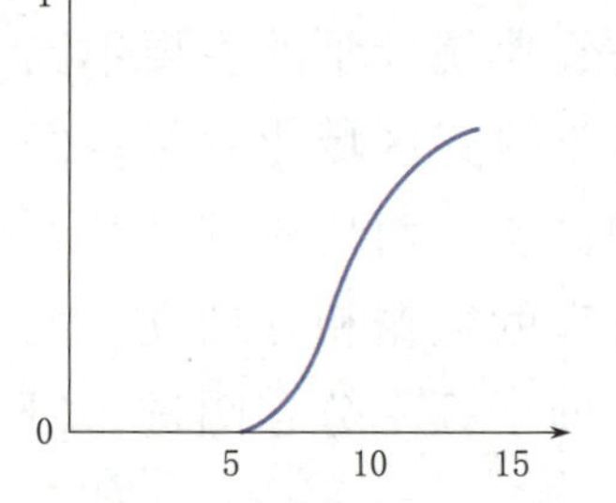

(b) 从CPDF（累积概率密度函数）中随机取值

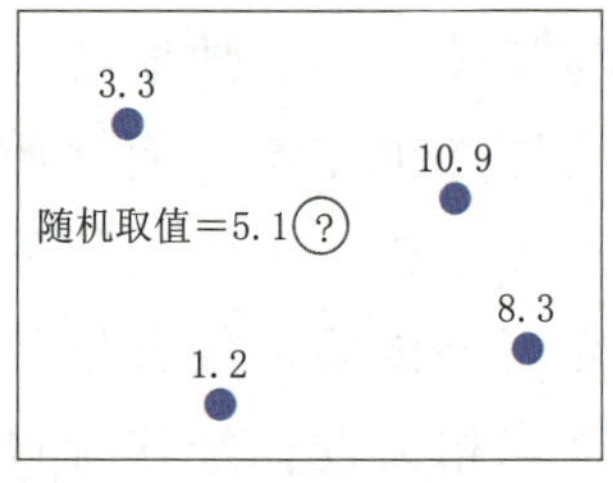

(c) 获得模拟值

图 2.1-3　随机模拟过程

变量 $Z(x)$ 可以是连续变量（如孔隙度、渗透率等），也可以是离散变量（岩石类别、地层属性等）。

2.2 建模方法

2.2.1 数据采集方法

(1) GPS 技术。水利水电工程地质测绘数据采集以高精度测量型 GPS 技

术为支撑平台，以地质测绘专业作业流程为主线、专业技术需求为基础，运用GNSS定位技术、信息化技术、实景影像正射纠正技术、移动终端技术进行深度的融合与发展，提高外业地质测绘效率。

（2）三维实景技术。三维实景主要通过无人机倾斜摄影、三维激光、数码拍照等所获得的图像与点云通过专业软件（如ContextCapture）生成，可真实地反映地物的外观、位置、高度等属性。三维实景技术在水利水电工程行业应用日益广泛与深入，如可应用于地形生成与测量中，通过倾斜摄影测量所获得的三维实景数据可真实地反映地物的外观、位置、高度等属性，并能同时输出DSM（Digital Surface Model）、DOM（Digital Orthophoto Map）、DLG（Digital Line Graphic）等数据成果；也可对不良地质现象进行分析，如通过三维实景展现危岩体、滑坡、泥石流等地质灾害的空间分布，量测影响范围、分析体积方量、监测灾害动态等。

（3）GIS技术。地理信息系统（GIS）是对现实世界的抽象与表达，可为工程地质外业提供详细精确的地质空间信息。在三维GIS中，空间目标通过X、Y、Z三个坐标轴来定义，以立体造型技术展现地理空间现象，不仅能够表达空间对象间的平面关系，而且能够描述和表达它们之间的垂向关系。GIS可融合倾斜摄影、BIM、激光点云等多源异构数据，为实现宏观微观一体化与空天/地表/地下一体化提供了可能性，为地质数据的采集方式提供了新的思路与方法。

2.2.2 地质信息数据库

地质信息数据库对地质多源异构数据进行有效管理，在功能上，一方面具备数据库通用功能，如数据的录入、存储、管理等；另一方面应具备地质专业性功能，如工程管理、地质专业术语定义、数据应用与分析、为三维地质建模提供数据源等。地质数据库在内容上，包括地质定义、勘探布置、工程测绘、地质勘探（钻孔与平洞等）、施工地质、物探数据、试验数据、观测数据等；在内容形式上包括图片资料、文字资料、视频语音资料等。

分析原始地质数据的特点，并制定地质图件的预处理以及地质信息存储的规则；选用VB.NET语言，采用SQL Server和Microsoft Access数据库作为开发平台，从总体结构和物理结构两方面对数据库进行结构设计，其中重点对物理结构设计中的关系数据表和数据字典结构进行设计；设计并美化数据库的系统管理、数据录入、数据检索、数据文件管理和数据分析界面，从而使数据库管理系统实现数据的录入、检索、存储、统计分析以及成果输出等功能，为后续的地质建模提供有效的技术支持。

2.2.3 空间构模方法

空间构模方法研究是目前 3D GMS 和 3D GIS 领域研究的热点。过去 10 余年中，提出了 20 余种空间构模方法。若不区分准 3D 和真 3D，则空间构模方法可以归纳为面模型（facial model）、体模型（volumetric model）和混合模型（mixed model）三大类构模体系，见表 2.2-1。

表 2.2-1 空间构模方法分类

面模型（facial model）	体模型（volumetric model）		混合模型（mixed model）
	规则体元	非规则体元	
不规则三角网（TIN）	结构实体几何（CSG）	四面体格网（TEN）	TIN-CSG 混合
格网（grid）	体素（voxel）	金字塔（pyramid）	TIN-Octree 或 Hyhrid
边界表示模型（B-Rep）	八叉树（octree）	三棱柱（TP）	WireFrame-Block 混合
线框（wire frame）或相连切片（linked slices）	针体（needle）	地质细胞（geocellular）	Octree-TEN 混合
断面（section）	规则块体（regular block）	非规则块体（irregular block）	
断面-三角网（section-TIN）		实体（solid）	
多层 DEMs		3D Voronoi 图	
		广义三棱柱（GTP）	

根据前期调研分析，水电工程地质三维建模拟采用准（假）三维建模理论，由地质曲面来构建场地地质空间模型。基于这个理论，三维地质系统可以采用的建模方法有以下几种：

（1）不规则三角网（TIN）。描述一般自由地质曲面，网格节点通过地质揭露点和插值分析点，能够表达任意复杂情况的面，特别是覆盖层面带有内空边界。不规则三角网曲面建模无数据误差，曲面节点疏密有致。

（2）格网（grid）。由于格网曲面参考了横纵两个方向上附近点的趋势，能够拟合不太复杂的面，例如地形面。格网面通过格网大小来控制曲面的数据精度，数据量较小，数据分析速度快，主要用于创建地形表面，有利于后续步骤构建地下地质模型。

（3）边界表示模型（B-Rep）。通过表面的属性定义，构建面的空间拓扑关系，由面分割成的空间看成某个地质单元。这种多个单元共享一个公共面的特征正好符合地质体之间的关系，只允许有一种地质接触关系，用选定的属性、图层、颜色、线型来表示。

（4）线框（wire frame）或相连切片（linked slices）。一般用于建筑模型，尤其适合参数化的建模，在地质建模过程中一般不采用。

（5）断面（section）。以组合的断面来表达模型空间位置关系，常用于地质问题分析和演示。

（6）断面-三角网（section - TIN）。也多用于规则表面的建模，适合非参数化的规则模型，可以模拟端点为非对称截面的建筑模型。

（7）多层 DEMs。在空间上多个地质曲面叠加，通过面的相对位置关系来表示工程地质情况。

上述面模型建模方法中，B - REP 建模方法对于构建可用于类似实体分析的三维地质模型不可或缺。B - REP 模型在如下几个方面的优点尤其支持建立工程地质三维模型：①B - REP 模型表示的地层单元之间由公共地层界面来分割，在进行二维出图时，仅得到一条地层界线，可以定义特殊的图层、线型、颜色。实体模型剖切得到两条地层界线不符合地质专业需求；②B - REP 模型表示的地层单元之间由公共地层界面来分割，在进行二维、三维剖切时，数据计算量呈指数关系大大减少；③水电工程三维地质模型一般工程区范围广，地质对象众多，数据总量很大，B - REP 模型构建方式能够减少数据总量，利于数据存取、转移、保存。B - REP 模型地层单元拓扑关系定义通过定义地层单元的属性来确定，公共的地层界面赋予两个相邻地层单元的属性即可。

2.2.4 地质对象建模方法

地质对象建模方法有以下几种：

（1）直接点面法。即直接将原始的线状数据进行有效的分层，根据各层面标高应用曲面构造法来生成各个层面。此类方法运用不多，主要有 RockWare 三维地质分析软件和 GMS 地下水建模软件（由钻孔直接构建三维地质模型）。

（2）剖面框架法。即在收集整理原始地质勘探资料的基础上，建立分类数据库，人工交互生成大量的二维地质剖面，然后应用曲面构造法（边界表示法）生成各层曲面进而表达三维地质模型，或者利用空间拓扑分析法（体元表示法）直接进行地质体建模。

（3）多源数据耦合建模法。即耦合原始地质勘探数据（钻孔、平洞、地震剖面）和二维解释剖面等多种来源的地质数据，应用曲面构造法或拓扑分析法进行三维地质建模。

（4）逐层剥离建模法，对不同地质成因的地质体采用不同的插值算法对层厚进行插值计算，逐层计算地质体的顶面和底面，可完成复杂地形的地层建模。

2.2.5 BIM/CAE 数据接口

开发 BIM/CAE 数据接口的目的是将构建的 BIM 直接用于 CAE 分析，无须再次构建用于数值仿真的三维模型，该功能的实现将减少大量重复性工作。

在水利水电领域常用的 BIM 软件包括 Revit、BENTLEY、CATIA、Rhino 等，常用的数值仿真软件包括 ABAQUS、ANSYS、Flac3D 等。Revit 和 CATIA 已开展了 BIM 转换至有限元分析软件的功能研发。

（1）基于 Inventor 软件的模型转换至 ANSYS 方法。Revit 构建三维模型可通过 Inventor 软件提供的有限元分析模块调用 ANSYS 软件的网格划分和数值计算的内核技术，这使得在建模、施加力和施加约束方面都有了更为方便的操作。但是集成到 Inventor 中的 ANSYS 模块，是一个相当简单的模块，实际应用中许多分析需求会超过这个模块的能力。针对此问题，需要将当前分析信息输出到一个特殊文件中，这种文件可以被 ANSYS WorkBench 系统接收，并进一步执行更复杂的分析。

（2）基于 ACIS 内核的模型转换至 ABAQUS 方法。Revit 和 ABAQUS 基于共同的商业内核 ACIS，均支持 .SAT 文件的导入导出，理论上可以较方便地进行两者之间的转换。然而，由于 .SAT 文件本身是用来存储 ACIS 模型的线框、曲面和实体（即只存储结构的几何模型）的一种数据格式，目前仅支持 Revit 中的实体族模型以 PART 模型的方式导入 Abaqus 中进行装配。

（3）基于 IFC 的模型转换至 ANSYS 方法。解析生成的 IFC 文件，筛选 IFC 文件中用于结构有限元分析的数据，获得与其对应的使用 ANSYS 数据结构定义的属性值，首先使用 C#语言中的类型选择函数 ofType（text），在 ifcProject 中提取将用于工程数值分析的结构，根据指定的 text 类型选择元素。其次将具体的 IFC 构件实体进行解析，创建与之对应的 ANSYS 单元类型，如从 ifcProject 中解析出 ifcSlab 实体，其对应 ANSYS 建模时的板壳单元，在 APDL 中采用 shell63 单元类型进行创建。最后对关键点数据进行解析，ANSYS 的建模方式为点—线—面—体，线面体的建立依靠已建立的关键点编号信息，将 IFC 文件的构件关键点进行解析去重，转换为 ANSYS 数据格式的点数据类型 APDLkeypoint，并存储至 _ nodes 中，存储完成后遍历 _ nodes，进行关键点数据的 APDL 命令流输出。线单元和面单元数据的解析采用类似的原理。生成的 APDL 命令流可直接在 ANSYS 中运行，并自动建立划分好网格的三维有限元 ANSYS 模型。

（4）CATIA 构建模型转化至 ABAQUS 方法。CATIA 与有限元分析软件

ABAQUS 的数据共享机制有两类：①无须使用接口，ABAQUS 直接导入 CATIA 的零件文件或装配文件，但是该方案不支持模型的动态更新；②通过 ABAQUS for CATIA 接口，把 ABAQUS 求解器内嵌在 CATIA 内，在 CATIA 中直接进行求解计算。

第 3 章

三维地质系统设计

3.1 系统总体设计

3.1.1 总体结构设计

针对水利水电工程所处地区的地质构造和涉及众多的地质信息，以工程地质学为基础，采用先进的数学地质理论、可视化仿真技术和三维建模技术，研究工程地质三维建模与可视化分析方法，研制开发相应的软件系统；为工程设计提供符合工程地质规律的模型方案，实现工程地质信息全方位的动态可视化模拟分析和利用，实现工程地质信息的三维可视化管理与查询；实现地质任意剖切、地质可视化分析，实现三维地质图、剖面图的多形式输出；实现三维地质模型与设计软件的兼容性和地质全信息的实时可交换性。

以三维地质模型为基础，建立水利水电工程三维地质系统的总体结构如图 3.1-1 所示。该结构包含数据管理、建模分析、智能绘图、查询统计和软件接口五个部分，通过属性库、模型库和图形库进行相互关联，将地质勘探、

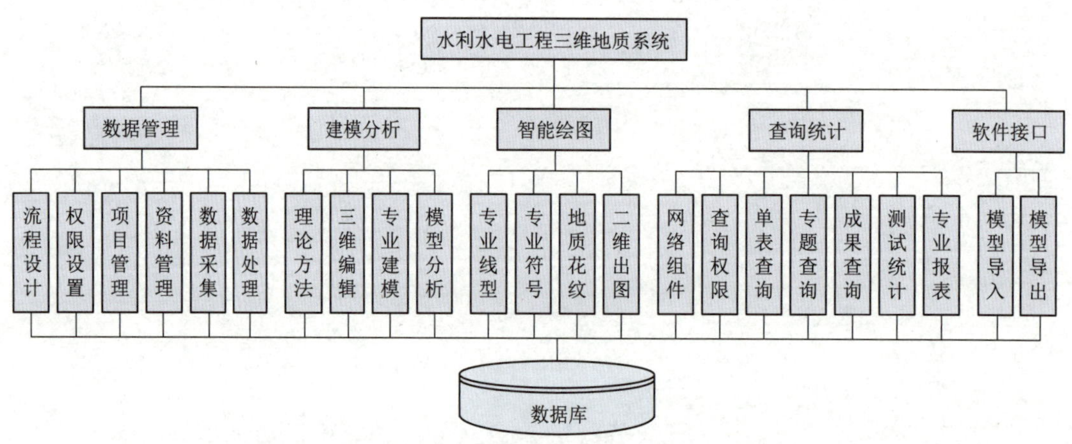

图 3.1-1 水利水电工程三维地质系统的总体结构图

地质解译、地质剖面出图、岩体质量可视化分级、建筑物相关地质剖切分析等涉及地质勘测分析的不同工作内容关联起来，形成一个完整的一体化结构。

3.1.2 工作流设计

工程地质的目的是查明各类工程场区的地质条件，对场区及其有关的各种工程地质问题进行综合评价、分析、预测；在工程建筑作用下，地质条件可能出现的变化和作用，选择最优场地，并提出解决不良地质问题的工程措施，为保证工程的合理设计、顺利施工及正常使用提供可靠的科学依据。工程地质的研究内容主要是工程所有场地的地质条件可能对工程的适应性以及工程活动对场地地质环境产生影响的相互作用过程。

三维地质系统是以综合勘察业务为基础，实现工程地质研究对象、内容与作用关系的三维表达。规范化工程地质专业工作流程、方式与方法，提高地质专业及相关专业的工作效率与质量。

工程地质专业工作分为野外现场勘察阶段、室内编录阶段和报告的编写审查阶段。工程地质综合勘察的各种手段是三维系统数据的直接来源。

三维地质系统可改变室内编录与报告编写工作思路。从传统的手工绘图、计算机绘图到以原型三维立体直观呈现转变，从原来手工编写到模型智能分析输出形成转变。

三维地质系统主要由综合勘察的数据管理模块、融合知识反馈的三维建模模块、各专题图件编绘模块、三维模型特征分析模块和三维模型数据导入导出接口模块共五大模块组成。利用前四个模块可以形成工程地质三维模型、传统的二维图件、地质体的描述文字报告、总结出的专业知识等成果。接口模块实现地质专业与上下序专业数据互连互通、工作协同一致。三维地质系统处理流程如图 3.1-2 所示。

其关键技术包括以下几个方面：

(1) 建立数据采集、二维图件、三维建模集为一体的工程地质三维基础平台。

(2) 提供水利水电系统知识库管理功能，可让用户内置水利水电标准知识。

(3) 提供多种软件接口，如设计专业软件接口、计算分析软件接口和常规图形软件接口。

(4) 初步向智能化方向迈进，软件具备不同时期模型比对分析功能，特征分析与解译为报告功能。

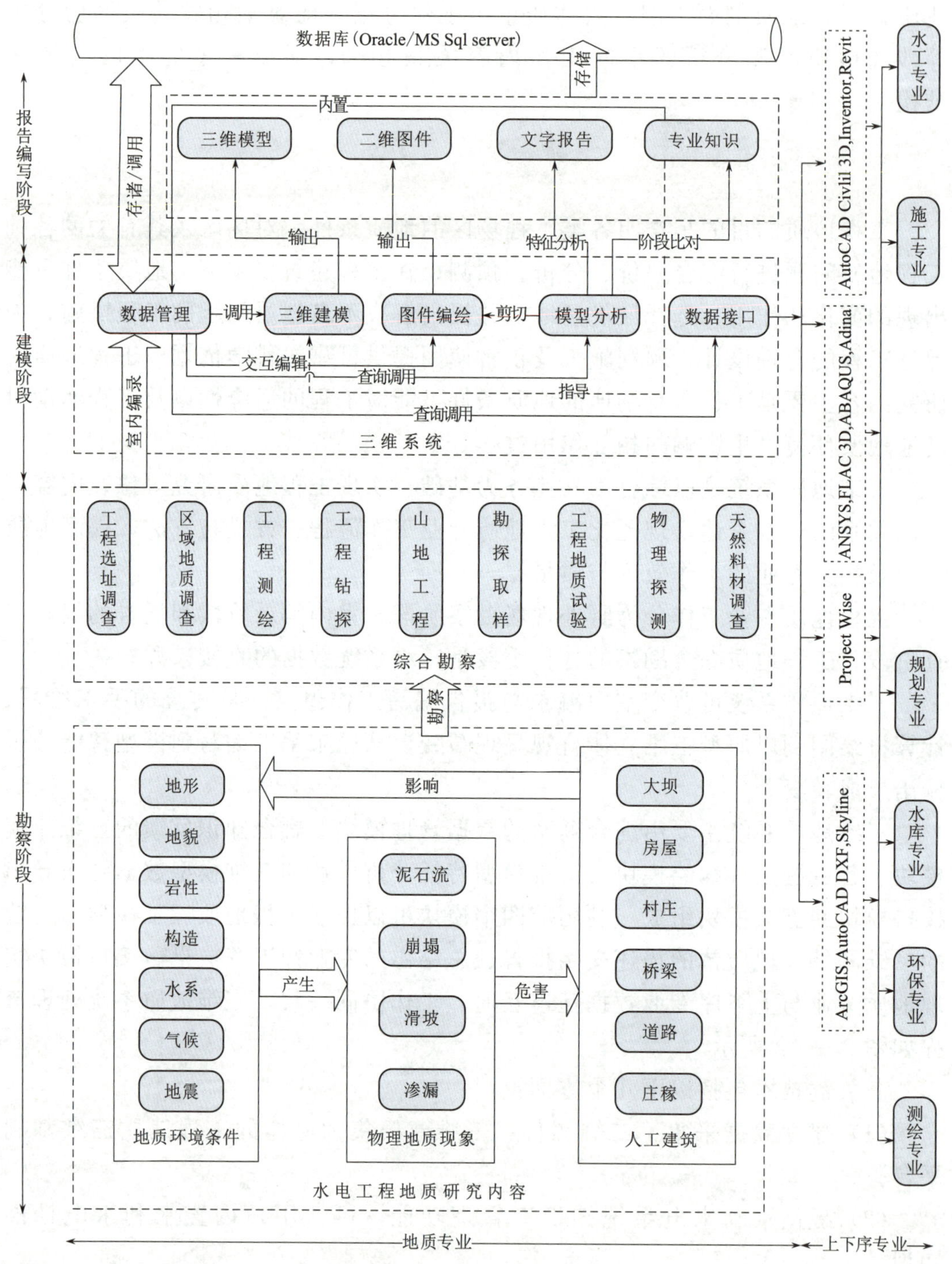

图 3.1-2 三维地质系统处理流程

(5) 实现模型的动态更新功能，研究随时间过程的三维模型局部演化方法。

(6) 该系统与全生命周期信息系统目标一致，并具备调用协同系统的同步功能。

3.2 数据采集

地质外业数据采集主要包括工程地质测绘数据采集、钻孔数据采集、坑（槽）探数据采集、平洞数据采集、地质编录数据采集等。

3.2.1 工程地质测绘数据采集要求

工程地质测绘是工程地质勘察的基础工作。工程地质测绘主要任务是为了研究拟建场地的地层、岩性、构造、地貌、水文地质条件及物理地质现象，对工程地质条件给予初步评价，为场址选择及勘察方案的布置提供依据。工程地质测绘数据采集要求见表 3.2-1。

表 3.2-1　工程地质测绘数据采集要求

类型	要求	要求描述
地质点	坐标采集	能够自动识别并提取地质点坐标
	照片采集	能够将地质点照片存入该点数据中，并调用查看
	符号选择	能够根据不同地质类型选择不同的地质点符号，如覆盖层点、基岩点、地质构造点可选用不同符号显示
	描述	能够采用音频或录入的形式进行地质点的地质描述采集
地质界线	自动连线	能够根据所选择的地质点进行自动连线
	线型选择	能够根据不同地质界线类型选择线型，如基覆界线、地层界线、断层、滑坡等可选用不同线型显示
	描述	能够采用音频或录入的形式进行地质界线描述采集

3.2.2 钻孔数据采集要求

钻孔是地质勘探工作中的一项重要技术手段，目的是了解与建筑物有关的工程地质和水文地质问题。钻探一般是在工程地质测绘和物探获得一定资料的基础上，为进一步探明地下地质情况而进行的。钻孔数据采集要求见表 3.2-2。

3.2.3 坑（槽）探数据采集要求

坑（槽）探是用人工或机械方式进行挖掘坑、槽、井、洞，以便直接观察岩土层的天然状态以及各地层的地质结构，并能取出接近实际的原状结构土样的勘探方法。坑（槽）探数据采集要求见表 3.2-3。

表 3.2-2 钻孔数据采集要求

类型	要求	要求描述
钻孔	工程信息	能够以统一格式录入的方式采集钻孔的工程名称、设计阶段、勘察单位、坐标、高程、位置、钻孔方向、孔深及开竣工日期等
	钻孔说明	以统一格式录入钻孔需要说明的信息，如钻机类型、全孔岩芯采取率等
	编录人员	以统一格式录入编录人员、校核人员、审查人员等
	钻孔结构	以统一格式录入的方式采集不同深度钻孔孔径信息
	地层信息	以统一格式录入不同深度范围内的地层时代信息
	风化信息	以统一格式录入岩层风化信息
	地质描述	以统一格式录入不同深度地层的地质描述，如颜色、物质组成、结构、构造等
	岩芯采取率	以统一格式录入不同深度岩芯采取率
	RQD	以统一格式录入不同深度岩体的 RQD 值
	岩体结构	以统一格式录入不同深度岩体的结构类型
	裂隙密度	以统一格式录入不同深度岩体的陡、缓、中倾角节理的条数
	透水率	以统一格式录入不同深度岩土体的渗透试验值，以实现透水率的自动计算
	地下水位	以统一格式录入地下水位埋深及测量日期
	取样	以统一格式录入取样深度、类型及取样日期
	试验	以统一格式录入钻孔原位试验信息，如标贯、动探等
	岩芯照片	实现岩芯照片的拍照录入功能
	照片拼接	实现岩芯照片的自动拼接、编号、显示深度、显示特定地质物体的功能，并可 CAD 钻孔柱状图自动连接展示
	自动出图	能够根据采集的钻孔信息自动生成钻孔柱状图

表 3.2-3 坑（槽）探数据采集要求

类型	要求	要求描述
坑（槽）探	工程信息	能够以统一格式录入的方式采集坑（槽）探的工程名称、设计阶段、勘察单位、坐标、位置、方向、长度及开竣工日期等
	编录比例尺	以选择的方式选择坑（槽）探编录所采用的比例尺
	编录人员	以统一格式录入编录人员、校核人员、审查人员等
	坑（槽）底编录	以统一格式录入坑底的地质编录信息，如岩性、风化、地质构造等

续表

类型	要求	要求描述
坑（槽）探	坑（槽）壁编录	以统一格式录入坑壁的地质编录信息，如岩性、风化、地质构造等
	取样	以统一格式录入取样位置、类型及取样日期
	照片采集	能够以拍照的方式采集坑（槽）底及壁的照片
	照片拼接	能够实现按桩号或长度方向自动对采集的坑（槽）底、壁的照片进行拼接，并能以照片形式生成展示图
	数字化编录	能够实现在照片展示图上进行坑（槽）探的地质编录
	自动出图	能够根据采集的信息及数字化编录功能完成编录成果的自动出图

3.2.4 平洞数据采集要求

平洞多应用于水电工程的地质勘察中，以其特有的直观性对于地质人员全面准确地了解地质特征提供了可靠的保障。平洞数据采集要求见表 3.2-4。

表 3.2-4　平洞数据采集要求

类型	要求	要求描述
平洞	工程信息	能够以统一格式录入的方式采集平洞的工程名称、设计阶段、勘察单位、坐标、位置、方向、长度及开竣工日期等
	编录比例尺	以选择的方式选择坑（槽）探编录所采用的比例尺
	编录人员	以统一格式录入编录人员、校核人员、审查人员等
	平洞顶编录	以统一格式录入洞顶的地质编录信息，如岩性、风化、地质构造等
	平洞壁编录	以统一格式录入坑壁的地质编录信息，如岩性、风化、地质构造等
	取样	以统一格式录入取样位置、类型及取样日期
	照片采集	能够以拍照的方式采集平洞顶及壁的照片
	照片拼接	能够实现按桩号或长度方向自动对采集的平洞底、壁的照片进行拼接，并能以照片形式生成展示图，同时能同 CAD 版的平洞展示图自动连接，展示相应的地质专业特定内容
	数字化编录	能够实现在照片展示图上进行平洞的地质编录
	自动出图	能够根据采集的信息及数字化编录功能完成编录成果的自动出图

3.2.5 地质编录数据采集要求

地质编录工作主要是在施工过程中对开挖揭露面进行地质描述，以复核前期地质勘察工作并检查是否存在新的地质问题，地质编录主要包括边坡、地基基础、隧洞的编录。地质编录数据采集要求见表 3.2－5。

表 3.2－5　　地质编录数据采集要求

类型	要求	要求描述
边坡	工程信息	以统一格式录入边坡的工程名称、设计阶段、施工单位、位置、方位、长度、坡高、坡比及开挖日期等
	编录比例尺	以选择的方式选择边坡编录所采用的比例尺
	编录人员	以统一格式录入编录人员、校核人员等
	边坡编录	以统一格式录入边坡揭露的地质编录信息，如岩性、风化、地质构造等
	照片采集	能够以拍照的方式采集边坡的照片
	照片拼接	能够实现自动对采集的边坡照片进行拼接，并能以照片形式生成展示图
	数字化编录	能够实现在照片展示图上进行边坡的地质编录
	自动出图	能够根据采集的信息及数字化编录功能完成编录成果的自动出图
地基基础	工程信息	以统一格式录入地基的工程名称、设计阶段、施工单位、位置、尺寸及开挖日期等
	编录比例尺	以选择的方式选择边坡编录所采用的比例尺
	编录人员	以统一格式录入编录人员、校核人员等
	地基编录	以统一格式录入地基底及四壁揭露的地质编录信息，如岩性、风化、地质构造等
	照片采集	能够以拍照的方式采集地基的照片
	照片拼接	能够实现自动对采集的地基照片进行拼接，并能以照片形式生成展示图
	数字化编录	能够实现在照片展示图上进行边坡的地质编录
	自动出图	能够根据采集的信息及数字化编录功能完成编录成果的自动出图

续表

类型	要求	要求描述
隧洞	工程信息	以统一格式录入隧洞的工程名称、设计阶段、施工单位、位置、洞径、洞长、开挖桩号及开挖日期等
	编录比例尺	以选择的方式选择边坡编录所采用的比例尺
	编录人员	以统一格式录入编录人员、校核人员等
	地基编录	以统一格式录入隧洞掌子面及洞顶、两壁揭露的地质编录信息，如岩性、风化、地质构造等
	照片采集	能够以拍照的方式采集隧洞的照片
	照片拼接	能够实现自动对采集的隧洞照片进行拼接，并能以照片形式生成展示图
	数字化编录	能够实现在照片展示图上进行边坡的地质编录
	自动出图	能够根据采集的信息及数字化编录功能完成编录成果的自动出图

3.3 数据库

3.3.1 数据库平台

数据库是系统最重要的组成部分之一，任务是有效存储和管理工程项目勘察数据，并为数据维护、地质建模、二维出图、查询统计等专业应用提供支持。合理选择数据库平台有利于系统的高效运行，与数据库平台选择相关的指标或条件如下：

(1) 系统提供多人网络协同工作环境，用户在局域网内基于中心数据库服务器完成系统各模块的应用。

(2) 数据库主要存储工程项目的地质勘察数据，由于数据量较大的工程影像、照片、报告、图纸都不作为大字段保存，相对于多数数据库平台来说，存储的数据总量较小，项目成员用户同时在线访问量也不大。

(3) 勘察数据是以点源方式记录的，数据结构的层级较多，为了提高数据的存取效率，允许数据有一定的冗余，但是高层级的数据修改会带来低层级数据的大量变动。

(4) 水电工程勘察没有可用的数据库包，需要进行全面设计和开发，配合系统功能的完善必然有比较艰苦的调整修改过程。

(5) 水电行业设计院普遍采用 SQL Server 和 ORACLE 等数据库平台。

(6) 工程地质专业多在工地现场开展工作，人员往来也比较频繁，内业地点可能不集中，经常需要本机运行备份数据库，而绝大多数用户都是使用笔记本电脑，因此尽量选择对电脑硬件要求不高的数据库平台。

(7) 数据库平台的管理功能和安全性能应重点关注。

3.3.2 数据库管理

系统的地质建模、二维出图、查询统计等模块都要基于数据库来实现，受工程场地条件、勘察工作流程、专业工作方法等限制，工程勘察数据库的设计必须考虑如下几个方面的问题：

(1) 数据库安全。任何数据库的安全都是作为头等重要的问题来考虑，本系统设计的水电工程勘察数据库也不例外。系统数据库由工程项目制定的管理员负责管理，其日常做好数据备份的同时，也要维护数据的安全。管理员保证数据库安全的手段至少有两种：一是给数据库设置访问权限，不定期修改数据库登录密码，并以密钥文件方式分发给项目用户；二是设置项目成员对具体数据的操作权限，用户凭密钥文件登录数据库后，根据权限浏览、添加、修改和删除数据。

各级用户使用流程如图 3.3-1 所示。

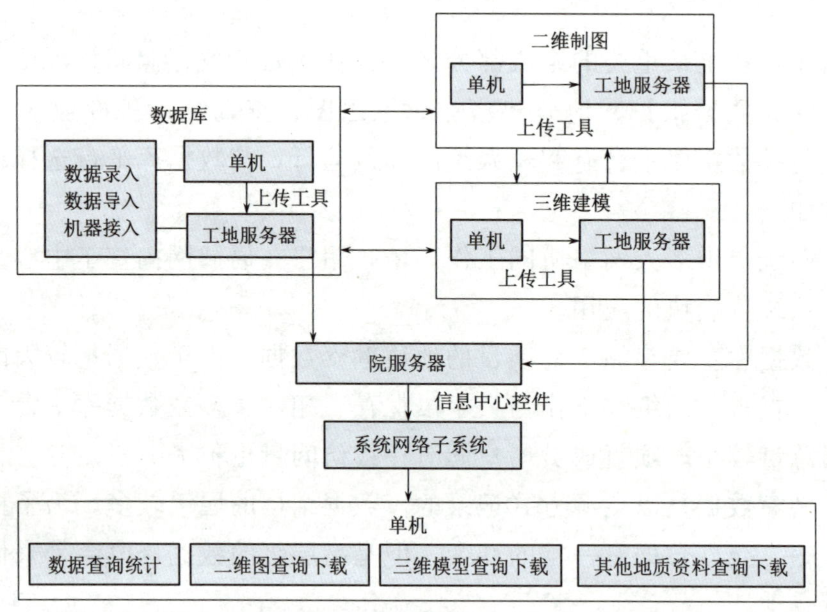

图 3.3-1 各级用户使用流程图

（2）数据库合并。水电工程项目具有多勘察阶段和多工程区等特点，项目人员可能分散在远离的办公场地进行工作，导致数据库内容不能同步更新。在这种情况下，要求数据库能够合并处理数据结构相同但数据记录不完全相同的数据库包，且能处理同一条记录但数值不同的问题。

（3）数据库更新。随着工程勘察阶段的推进，数据不断增加的同时，以往的数据也会被优化或删除。根据点源数据的特点，需要将对象基本表与多个属性表关联，实现多个表之间的级联更新删除，甚至编写事件触发程序来实现。例如，某个钻孔的编号被修改，那么与其关联的钻孔揭露地层、构造、水文、取样、物探、试验等记录都要跟着改变。

（4）访问效率。工程地质勘察数据具有多源、多类、多时态等特性，在勘察数据总量不大的情况下，可以考虑允许数据冗余，提高数据访问效率和利用的方便性。例如，钻孔揭露地层表，需要描述项目编号、勘察阶段、工程区、钻孔编号、层序。这样做的好处是，在进行数据的单表查询时，能够很清晰地知晓数据的结构和来源。

（5）数据字典。一个工程项目，工作人员是变动的，也就是系统的用户和用户的操作权限不固定，因此有必要为项目成员建立数据字典来管理。工程地质勘察数据库需要建立数据字典的情况有很多种，例如工程项目的工程区、勘探线路、地层、地层界面、岩性等。

（6）数据分类。工程地质勘察过程采集和产生了各种地质实体对象的多种格式数据，根据数据利用的目的和方便性，需要按照不同的原则来处理：①直接服务于地质建模、二维出图、统计图表等功能的数据，需要尽可能地使数据描述更加详细，比如钻孔位置可以分拆为工程区、勘探线、岸别、工程位置等属性项，这样可以实现数据的分类统计；②勘察过程中采集的工程影像、工程照片等大容量资料数据，不建议作为大字段保存到数据库里面，这样影响了数据库管理的效率，单击运行数据库必然消耗大量的硬盘空间，建议直接将这些数据保存在数据库服务器的项目工作路径下，客户端用户需要时可下载后浏览；③系统在运行时还会产生很多中间的或最终的成果数据，如分析模型、工程图件、查询统计表等，这些数据的存储需求要看其是否可以再次由系统完整输出而不需要用户后期干预；④系统输出的工程地质平剖面图需要经过编、校、审、核等工作流程，因此需要保存下来，而赤平投影图、查询统计表等可基于数据库及时输出的数据则无须保存。

（7）操作记录。基于操作记录，系统可以统计用户在某个时段内完成的具体工作内容，方便项目决策领导对工程项目的进度实施有效管理。数据库操作记录是管理员管理数据的依据，当数据发生异常情况时，管理员据此可以找到出现问题的源头。

(8) 版本升级。系统是工程地质勘察三维信息化的工具，功能需求是动态提高的，数据库也将同步调整，因此数据库的结构设计应具有扩展性，应充分考虑现阶段系统功能的边界，未来在增加数据表的情况下不需要改变已有的部分。

3.3.3 数据库设计

3.3.3.1 共同需求

共同需求是指系统在数据维护时，有多个数据维护界面具有共同或类似的操作需求。

(1) 数据校核。本系统规定，系统用户都具有数据录入和校核权限。为了能够统计各用户完成的具体工作内容和总体工作量，系统需记录数据的录入人和校核人以及操作的时间。

(2) 数据导入/导出。录入系统的数据可能是已经存在的格式数据，此时用户希望用户界面提供通用导入工具批量将格式数据导入数据库。存在的格式数据一般是纯数字型的数据，比如声波、地震波测试原始数据等，用户手工录入也非常的麻烦。导入工具要求有一定的自由设置功能，对导入的文件格式和数据结构可以自定义。用户界面开发时，尽可能地多提供导入工具调用按钮，充分提高用户数据录入的效率。

数据导出是数据扩大利用的基本要求，导出的固定格式数据经过简单加工处理后可以用于其他数据分析软件。数据导出格式由用户自定义，基本文件为WORD、EXCEL、TXT三种，并使用常见的数据分割符。

(3) 文件上传/下载。系统外部文件和系统生成的文件都需要通过上传/下载工具实现文件型数据的共享和浏览，这些文件数据主要包括三维模型、二维图件、工程报告、外部图件、工程照片、工程影像、试验成果、地质素描、其他资料等。根据工作流程，不同的数据文件，上传/下载的要求也有区别。

1) 外业采集数据文件。外业采集的数据文件包括工程影像、工程照片、钻孔电视、地质素描等电子文档，这些数据都需要按照数据采集源存放到数据库服务器内。文件上传时，用户必须给文件重新编排唯一辨认的名称和相应的浏览主题，文件名称前缀要求是被数据采集的点源编号，例如“PD23－”。某客户端用户在本地进行数据维护时，添加、删除、修改记录都能在数据库服务器端实时更新，不需要用户进行上传/下载的操作。

2）系统生成数据文件。系统生成的数据文件一般是系统内完成的地质产品，包括三维地质模型和二维图件等，文件需要版本管理。因这些文件在本地需要反复编辑，其更新不需要立即与数据库服务器同步，必要时用户使用专门的上传/下载工具实现服务器数据更新，并自动重新命名数据文件，添加表示版本的校审状态、完成人和完成日期。

3）用户搜集数据文件。在外业地质调查或地质编录过程中，用户搜集到许多资料数据文件，这些文件内容包括工程影像、工程照片、地质素描等。为了方便利用这些数据，系统提供专门工具存储和管理，要求根据资料类型操作，并根据资料类型录入其特征数据。

所有上传和下载的数据文件，应在一定条件下保持客户端与服务器端数据一致。数据文件上传时首先复制任意路径下的文件到本地的指定文件夹下，然后再上传一份至服务器的对应文件夹内。数据文件下载时，首先判断本地的指定文件夹内是否存在文件，如果存在，提示用户是否更新，更新文件是从服务器指定文件夹内下载文件替换本地文件，不更新则保持本地文件不变；如果文件不存在，直接从服务器指定文件夹下载文件至本地。

（4）图形统计。工程地质勘探数据通过用户界面录入或导入数据库后，用户点击界面上的按钮即可对数值型数据进行实时分析，要求采用折线图或直方图表示，在弹出窗口中显示，方便用户截取分析图作为相关报告附图。例如，洞深-声波值直方图统计实例如图 3.3-2 所示。

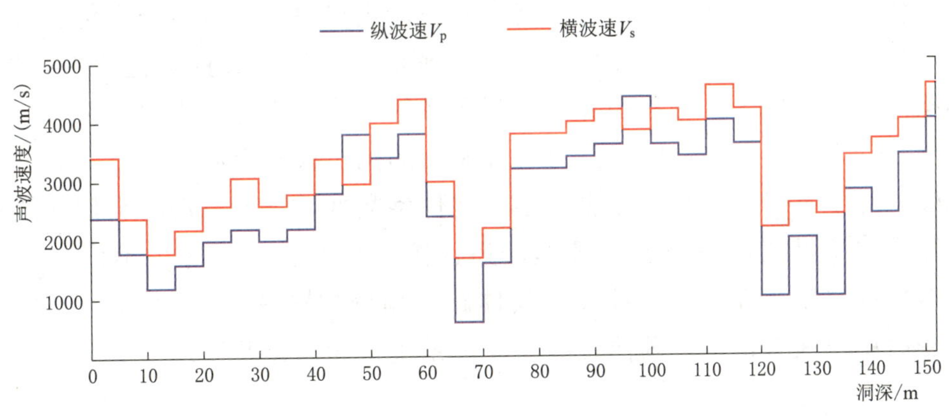

图 3.3-2 洞深-声波值直方图统计实例

（5）部分编录描述数据录入。编录描述是指在工程地质勘探过程中，地质工程师对揭露的岩体、地层、岩性、地层界面、地质构造等地质对象描述并记录其性状的工作。在该系统中，每种地质对象的编录描述都有各自特殊的要求，且相同地质对象在各勘探点源的记录方式也比较接近。

3.3.3.2 存取要求

系统数据大致可以分为两大类：一是通过数据维护界面由用户输入或导入的保存到数据库中的字段型数据；二是系统产生或外部加载的文件型数据。对于字段型数据，用户在客户端上对数据的添加、修改、删除等，都必须及时反映到中心数据库服务器中。而对于文件型数据的存取则要复杂些，因为文件型数据往往较大，及时存取受网络速度限制。为保证系统的工作效率，对文件型数据的存取作如下规定：

(1) 本系统数据流程中，以文件形式出现的数据都不以相关数据库表中的大字段形式来保存。这样既方便了用户直接对数据文件浏览、拷贝，又控制了数据库包的数据量大小，为普通电脑上独立运行本系统提供了条件。

(2) 由系统产生又被多个用户频繁存取的具有共同内容的数据文件，例如三维地质模型文件，因系统或其他软件不支持多用户对同一文件同时操作，这类文件需要保存在客户端本地硬盘内。必要时客户端用户（项目三维组员）向系统服务器提交最新完成部分，并由系统管理员（项目三维应用负责人）对多个客户端用户提交的数据文件进行整合。

(3) 由系统输出仅被本地用户频繁存取的数据文件，例如二维图件数据文件，因该类数据文件一般由项目领导指定的单个人负责完成，客户端用户仅需要上传该文件到中心服务器供其他用户下载浏览或审核，在编辑完成前数据文件应保存在客户端本地硬盘内，最终由客户端用户决定什么时候上传。

(4) 从系统外部搜集在系统中统一管理的其他数据文件，包括工程报告、外部图件、试验成果、工程图片、工程图像等，这些文件不需要在系统中再加工整理，仅需要系统提供简单的管理和利用的用户操作界面。

(5) 对于不保存在系统数据库中的文件型数据，系统自动将它们存放在工作路径下的项目文件夹中统一管理，并且按照文件内容划分为不同的子文件夹。本系统数据文件存放文件夹的具体路径划分如图 3.3-3 所示。其中，工作路径由用户任意指定，其他各级路径由系统自动创建并管理。

3.3.3.3 成果资料

成果资料具体包括三维地质模型、二维图件和工程资料。为了便于资料的管理，每种成果资料都有与之相应的管理界面与储存路径。

(1) 三维地质模型。三维地质模型是系统在运行过程中直接管理的文件，模型初始文件在创建项目工程区时产生，模型在编辑过程中反复存取，三维文件保存于指定的工作路径下，如“\项目名\勘察阶段\工程区\01 三维模型”。

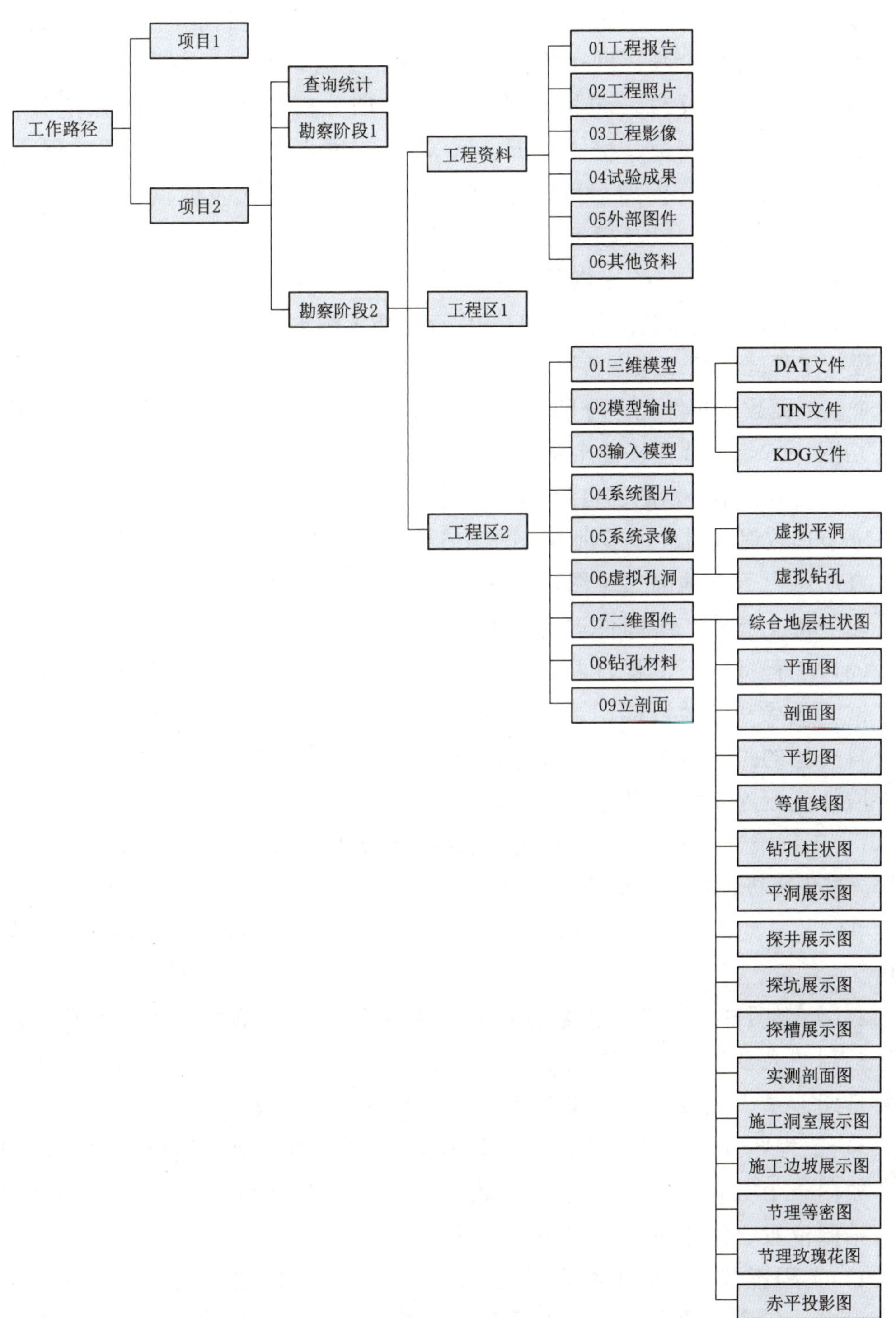

图 3.3-3 系统数据文件存放文件夹的具体路径划分

新建工程可以在已有项目和新的项目中创建，项目数据包括项目名称、项目代号、项目类型、行政区、业主单位、设计单位、项目简介。工程区数据包括工程区名、勘察阶段、勘察单位、比例尺、工程区简介。每个工程区对应一个或多个三维模型文件，包括基础模型和后期分析模型（如基础开挖分析模型、洞室开挖分析模型、块体分析模型等）。三维模型数据包括所属工程项目、勘察阶段、工程区、模型名称、建模人及时间、校核人及时间、审查人及时间、核定人及时间，以及模型简介。

（2）二维图件。系统提供了水电工程地质勘测标准二维图的自动输出功能，通过出图界面输出的二维图件文件自动保存于指定的本地工作路径“\项目名\勘察阶段\工程区\07 二维图件”下。该文件夹下又分为 16 类二维图件的子文件夹和 1 个立剖面数据文件夹，分别为：01 综合地层柱状图、02 平面图、03 剖面图、04 平切图、05 等值线图、06 钻孔柱状图、07 平洞展示图、08 探井展示图、09 探坑展示图、10 探槽展示图、11 实测剖面图、12 施工洞室展示图、13 施工边坡展示图、14 节理玫瑰花图、15 节理等密图、16 赤平投影图、17 立剖面数据。

自动保存于本地的二维图件通过上传下载工具，更新本地或服务器的二维图件，上传工具对二维图件进行版本控制。

（3）工程资料。工程资料包括工程报告、外部图件、工程照片、工程影像、试验成果和其他资料。系统提供统一的用户界面来管理不同勘察阶段和不同资料类型的工程资料，以列表显示具体资料类型的数据记录，用户可以在界面上增加或删除工程资料记录。

1）工程报告。工程报告数据信息包括项目名称、勘察阶段、报告名称、报告编号、报告密级、编写人及日期、校核人及日期、审查人及日期、核定人及日期、审批单位及日期、录入人及日期。工程报告用户界面以列表形式显示主要数据信息。

2）外部图件。外部图件数据信息包括项目、勘察阶段、图件名称、图件编号、制图人及日期、校核人及日期、审查人及日期、核定人及日期、审批单位及日期、录入人及日期、比例尺、图幅规格、产品级别。

3）工程照片。此处工程照片与钻孔岩芯照片和平洞内拍摄照片的数据记录存放同一个数据库表中，包含的数据信息有项目名称、勘察阶段、照片编号、拍照位置、浏览主题、拍照人及日期、录入人及日期、照片说明。

4）工程影像。此处工程影像与平洞内拍摄影像的数据记录存放同一个数据库表中，包含的数据信息有项目名称、勘察阶段、影像编号、摄影位置、浏览主题、摄影人及日期、录入人及日期、影像说明。

5）试验成果。试验成果数据信息包括项目名称、勘察阶段、试验或取样编号、试验项目内容、试验或取样位置、成果名称、试验人及时间、审批单位及时间、录入人及时间。

6）其他资料。以上五种资料类型包含了工程的绝大多数资料，仅有少量特殊资料则直接集中到一起管理，例如遥感、正射影像资料。其他资料数据信息比较简单，只需要记录项目、勘察阶段、资料名称、资料编号、完成人及日期、审批单位及日期、录入人及日期、资料密级。

3.3.3.4 维护权限

给系统用户设置管理权限具有两个方面的意义：一是具有数据库管理权限的用户一般为工程项目领导指定的专人，其责任是保证数据库日常运行的稳定和数据存储的安全，以及组织系统内的工作流程；二是参与地质勘察工作的项目成员，因职称和职务级别不同，对勘察数据有不同的处理权限，如一级、二级、三级地质产品的编制、校核、审查、核定权限，这些权限的设定有效地保证了工程产品的质量和进度。

具有数据库管理权限的系统用户称为管理员用户，仅具有数据维护权限的系统用户称为普通用户。

（1）普通用户权限。普通用户数据处理权限由数据库管理员设置，根据水电工程地质工作流程现有体系，特明确普通用户的权限为：①系统普通用户在系统数据管理界面上都具有数据录入和数据校核的权限；②普通用户对系统输出的各级地质产品都具有出图/编辑权限；③普通用户对系统输出的各级地质产品进行校核、审查、核定时，必须由数据库管理员授权，且一级和二级地质产品的权限要求相同，都比三级产品的权限要求高。

（2）管理员用户权限。管理员用户除具有普通用户的相应权限外，还有的具体操作权限包括：①添加和删除系统普通用户并定义普通用户的权限；②定义自身对地质产品的校、审、核权限；③按照项目生产要求对系统数据包进行备份、还原、删除和合并等操作；④负责系统内部的生产组织管理，具有新建和删除工程项目、工程区的权限；⑤查询浏览全部系统用户的操作记录，了解用户在某个时段内完成的工作量，或在问题发生后找出用户操作上的解释；⑥负责系统运行的安全，防止数据库登录密码的外泄，并定期修改密码，制作系统密钥文件向普通用户分发。

（3）用户名与密码项与昆明院 MS SQL 数据用户密码表集成，尽量避免让昆明院员工新添用户名与密码。

综上所述，系统权限管理是保证数据库安全稳定运行的保障，是管理员组织系统用户进行生产工作的必备条件，更是用户遵照产品流程开展专业工作的需要。

3.3.3.5 维护流程

该系统围绕数据采集的点源来进行数据维护工作，首先用户需要以项目成员身份登录，然后把相应数据通过数据维护界面录入，外业地质编录数据需要借助二维绘图平台将图形自动转成数据保存入库，所有录入数据都要经过校核才能被应用于后续的其他环节，系统数据维护流程如图 3.3－4 所示。

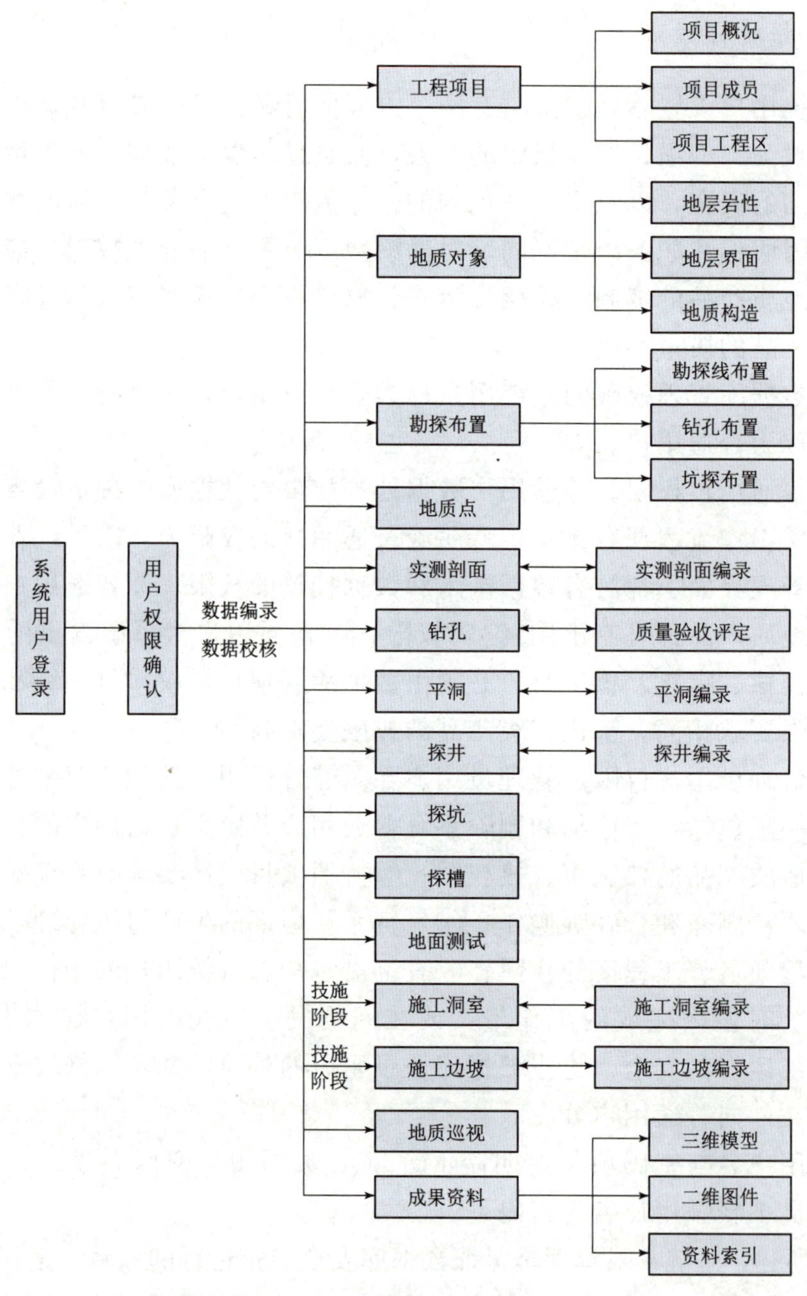

图 3.3－4 系统数据维护流程

3.3.3.6 数据库内容

当前系统主要任务是依托勘察数据建立三维地质模型，然后抽取工程二维图件，输出工程地质报告的附图附表。以该任务作为出发点，确定数据库的内容范围，相关专业数据不一定为其建立数据表。

系统数据内容包括项目数据、勘探数据、地质数据、成果资料数据和外部资料数据，分类情况见表 3.3－1。

表 3.3－1　　地质勘察数据及分类

大类	小类	数据内容
工程项目	项目概况	项目名称、编号等信息
	项目工程区	工程项目在各勘察阶段开展勘察工作的工程区
	项目人员	项目参加人员及其系统数据操作权限
	项目成果	三维模型、二维图件、工程图像、物探试验成果等
工程地质	地层描述	工程场地内地层编号，分大层、压层、小层来描述
	岩性层描述	工程场地内的岩性名称、特征描述和系统内的表达
	地层界面	工程场地地层界面编号、特征描述和上下地层定义
	构造描述	工程场地地质构造编号、揭露位置及其特征描述
	风化岩体	工程岩体划分依据（岩体特性数据见工程勘探）
	卸荷岩体	
	地下含水层	
	地下隔水层	
	分类围岩	
	关键结构面	工程场地稳定性分析关键结构面记录
工程勘探	勘探布置	勘探线、钻探、坑探布置，包括物探和试验计划
	地质点	勘探对象的位置、结构等基本数据；揭露的工程地质与水文地质数据；取样、物探、现场试验数据；人工采集的地质素描、工程影像、工程照片等数据；原始数据经内业处理并分析得出的数据
	实测剖面	
	钻孔	
	平洞	
	探井	
	探坑	
	探槽	
	施工边坡	
	施工洞室	
	地面测试	
	地质巡视	工地现场地质巡视记录

3.4 三维地质建模

3.4.1 地质数据管理

地质数据库系统按工程分类进行管理，包括各种勘测数据（地质点、泉水点、钻孔、平洞、探坑、探槽等）和试验数据的输入，根据输入数据调用 AutoCAD 自动绘制各种二维地质图（平面地质图、地质剖面图、钻孔柱状图、平洞展示图等）。

（1）工程地质信息基础数据库包括：①工程地质信息的输入输出标准格式；②工程地质信息的采集与存储；③工程地质分类数据库的建立（按不同来源、不同地质结构、不同阶段等）；④工程地质信息的更新、调整；⑤工程地质信息的二维查询。

（2）工程地质数据库与三维建模的接口包括：①基于标准格式的地质数据读取与转换接口；②工程地质信息的三维可视化查询。

3.4.2 三维地质建模

基于地质数据库提供的数据信息，进行三维地质建模，包括覆盖层、地层、断层、岩脉、软弱夹层、节理裂隙等各类地质结构。

（1）工程地质信息三维数学模型的建立：①断层面、节理面等空间平面地质构造的拟合；②地层面、风化层面等多曲面地质构造的拟合；③复杂地质体的分析与描述。

（2）工程地质三维统一模型的建立：①三维地质模型的数据结构分析；②地质数据库三维地质模型的关联算法研究；③三维地质模型的可视化算法研究；④高精度三维数字地形的建立；⑤复杂地质体三维统一模型的建立；⑥地质模型的三维表现方法（巡航、透视、旋转、缩放等）。

3.4.3 地质分析与设计

地质勘测设计中一般使用二维剖切面和成图工具来规划布置钻孔、平洞目标，在多个独立图件上各目标的相互关系很难建立，往往使得勘探布置得不到优化，造成浪费。在不同的勘探阶段提供不同精度的三维地质模型支持，直接在模型上进行钻孔和平洞布置，并进行相应的数字勘探模拟，可以很方便地对勘探布置进行有效的优化，得到更好的预测结果，为提高勘探质量、减少勘探工作量和降低费用提供了一项新的技术手段。在地质制图方面，基于三维地质模型自动生成符合规范的二维地质剖面图（包括各种标注和图例），能极大地提高其制图效率。

（1）工程地质信息的三维可视化分析：①三维剖切算法；②任意方向、任意地点和任意深度的三维地质体剖切分析；③钻孔布置、数字钻孔以及平洞勘探模拟分析；④在三维剖切图的基础上生成规范的二维 CAD 平面地质剖面图，包括自动提取剖面图（横剖、纵剖、折线剖、平切、斜切等）、自动加入标注和图例、几何对象含有相应属性信息以及交互式修改；⑤三维填挖分析与工程量计算；⑥地质等值线计算与等值线图绘制；⑦岩体质量分级的三维模型与可视化分析。

（2）工程地质信息动态实时更新与调整：①对后期勘探或开挖地质资料的信息反馈与误差检测分析；②反馈机制下的模型快速更新与修正。

（3）工程地质分析成果的输出包括：①工程地质三维构造图的输出；②工程地质二维、三维剖切图的输出；③输出成果与 AutoCAD 平台的数据交换。

3.4.4 与设计专业的协同

复杂的地质条件对工程建筑物影响很大，给设计人员带来较大的麻烦，一旦遇到不明地质问题或者方案修改须提交申请给地质工程师进行新的地质分析，这往往需要较长的反馈时间，导致设计周期拖长。

（1）方案设计与优化。在枢纽建筑物布置、设计方案与三维地质模型耦合形成的工程地质三维统一模型基础上，建立岩体质量分级三维模型，进而可以进行建基面开挖模拟、基础处理分析、填挖量计算、地下工程岩体质量分析以及建筑物相关地质剖切分析。公用三维地质模型的建立以及在此基础上实现的岩体质量三维分级模型为地质专业与水工、施工设计之间搭起了一座沟通的桥梁，大大方便了设计人员充分运用地质资料、制定合理的设计方案并进行优化修改。

1）三维协同设计环境：分工作业、实时更新。

2）三维设计的标准体系：三维图层图例标准、三维实体参数标准化。

3）基于三维地质模型的方案修改与优化。

（2）结构计算与数值模拟分析。在大多数岩土结构数值模拟分析中，存在着模型建立、空间单元划分等前处理工作困难的局限性，这使得人们不得不采用简化地质模型的办法来处理，在很大程度上影响了模拟效果，降低了计算分析结果的可信度。因此，实现三维地质建模与结构数值模拟计算的耦合分析，为地质结构体、大坝建筑物和地下建筑物等的稳定分析提供精确的三维地质模型，实现 CAD/CAE 一体化，将使稳定计算的边界条件更符合实际地质情况，提高其稳定分析的可靠性，进一步加深三维地质模型与工程设计之间的联系。

1）三维地质模型与地质力学模型的数据转换。

2）关键地质结构体的稳定计算与分析。

3）大坝三维非线性有限元计算与分析。

4）地下洞室围岩稳定计算与分析。

3.5 模型分析

3.5.1 截面分析

截面分析主要是针对模型的整体特点进行查看，可以不断调整剖切方向、剖切高程等进行查看，展现的剖切成果更加全面和具有动态性。截面分析可以是单截面分析和多截面分析，这些截面可以根据用户需要在空间上任意拖拽。截面分析的结果可以是剖切线、剖切面、剖切体。

（1）单截面分析。单截面分析是以空间任意角度的平面剖切地质模型，根据用户选择，可以得到截面线、填充截面、截面模型。截面分析结果在弹出窗口中显示，截面分析操作不破坏原地质模型。新三维窗口中，截面分析结果中的每一个对象继承原模型的属性特征，包括图层、颜色、属性等。

（2）多截面分析。多截面分析是单截面分析的任意组合形式，用户也可以对分析结果形式进行选择，其他要求参照单截面分析。

3.5.2 剖面分析

剖面分析主要是针对具体的地质对象或特殊的地质特征进行查看，更加具有针对性。剖面分析分为竖直剖面分析和水平剖面分析。尽管剖面分析功能被限定在竖直面和水平面内，剖面分析却要比截面分析灵活，用户只要任意画一条线段即可进行竖直剖面分析，输入一个平面高程就可以进行水平剖面分析。

剖面分析与截面分析类似，除了具有空间的线、面、体三种分析结果外，还有 2D 分析剖面形式。2D 剖面相当于工程地质剖面图，具有竖直剖面的水平距离、高程、剖面方向标注或者平切剖面的坐标、指北方向标注，以及勘探信息标注。

（1）竖直剖面分析。根据剖面分析的四种形式，在分析界面上可以向用户提供三种选择：①3D 剖面对应剖切体，需根据切割面法向确定切割模型的保留部分；②3D 折剖面对应剖切面和剖面线，隐藏剖切面上的填充面仅留下剖切线；③2D 剖面对应地质分析剖面，具有水平距离、高程、剖面方向和勘探信息标注，这种分析方式需要用户确定勘探对象的投影有效距离（基线绘制实线）和参考距离（基线绘制虚线）。前两种分析结果在弹出的三维窗口中显示，最后一种在二维窗口或 CAD 软件中显示。

（2）水平剖面分析。水平剖面分析功能也具有三种分析选择：3D 剖面体、3D 剖切面、2D 剖面。3D 剖面方式得到平切模型体，只保留模型平切后的下半部分；3D 剖切面方式得到空间位置的平切剖面，剖面上具有纹理填充，在三维视图中隐藏填充面即可得到空间位置的剖面线；2D 剖面方式得到的是平面坐标的地质分析剖面，结果显示在二维窗口中，标注平切剖面的坐标范围、指北方向以及勘探对象和地质对象信息。

（3）孔洞连线剖面。孔洞连线剖面其实是竖直剖面分析方法中的 2D 剖面功能的延伸，只不过这种分析的剖切线是由已完成的钻孔、平洞等勘探对象的基线起点相连得到。孔洞连线在功能界面上完成，用户选择已完成的孔洞，并对选择后的孔洞排列先后顺序，然后执行剖面分析。

3.5.3 等值线分析

为了更好地展示地质对象的空间变化特征以及与其他对象之间的相对关系，需采用等值线的方法进行分析。等值线分为三种，即等高线、等深线和等厚线。

（1）等高线。等高线分析时，选定三维中需要分析的曲面，在功能界面上设置等高线的间距，固定设置每 5 个间距高度为 1 个粗等高线，粗细等高线分别设定黄色和青色，并且在粗等高线合适位置自动标注高程值。根据当前工程区的工作比例尺，用户可选的高程基本间隔为 1m、2m、5m、10m、20m、50m、100m。等高线分析结果在新弹出的三维窗口中显示。

（2）等深线。等深线是指某个地下地质曲面相对于地形表面的埋深按等深度绘制的线。在计算等深线时，需要控制计算的精度，使结果与当前工作比例尺（精度）相匹配，或者由用户在功能界面上设置。等深线的绘制要求参考等高线分析要求，分析结果在新弹出的三维窗口中显示。

（3）等厚线。等厚线分析是求取某个地层单元或体对象在平面投影范围内的厚度分布等值线。等厚线计算精度也需要与当前工程区工作比例尺（精度）相匹配，或者由用户在功能界面上设置。等厚线的绘制要求参考等高线分析要求，分析结果显示在新弹出的三维窗口中。等厚线分析功能要求同时支持体对象和 B-REP 建模方法创建的地层单元，即严格封闭的体和非严格封闭的地层单元都能够做分析。

3.5.4 挖洞分析

为了更好地了解开挖揭露的地质情况，并对开挖得到的开挖料进行方量统计，需要结合开挖设计方案对三维地质模型进行分析。挖洞分析是指利用开挖形成的封闭面或半开口的曲面将三维地质模型（必须是 B-REP 模型）内外分割成两个部分：一部分是属于洞内部分的模型；另一部分是属于洞外部的模型。

（1）虚拟孔洞。水利水电工程的地质模型建立后，其重要的应用功能之一是辅助地质工程师合理布置下一阶段的勘探工作。三维模型提供了很好的分析手段，指导勘探工作的准备，除了常规的勘探布置剖面，虚拟孔洞在预测揭露地质信息方面能够将结果更加形象地表示出来。虚拟孔洞通常与勘探布置功能配合使用，在进行具体的勘探布置前，先做虚拟孔洞分析。虚拟孔洞分析需要用户提供钻孔的孔口坐标、虚拟孔径（为了观察方便，孔径比实际的要大得多，默认为 2m）、方位角、倾角、洞深，或者平洞的洞起点、节点、终点坐标和洞断面尺寸。系统根据功能界面上用户设置的孔洞位置和尺寸模拟创建孔洞模型（封闭圆柱或方柱），然后利用孔洞模型开挖三维地质模型，将孔洞模型内部地质模型在三维窗口中显示出来，并用孔洞基线求取相交地质界面或曲面的深度，将各地质对象的深度信息显示在弹出的界面中。

（2）洞室开挖。洞室开挖的目的是获取直观的洞室地质模型，了解地质对象在地下洞室建筑物上的分布位置，分析地下洞室可能存在的工程地质问题。洞室开挖分析正是基于这样的目的而设计，同时洞室地质模型还可以统计开挖地质体的分层体积，为工程设计提供方量参数。

洞室开挖分析首先要具备地下洞室的三维模型，有两种途径可以获得：一是根据数据维护中的地下洞室参数由系统模拟生成；二是由三维设计软件输出 DXF 格式的洞室模型导入系统。两种途径获得的洞室模型在三维地质系统中的数据格式一样，都是封闭的三角网格面近似模拟的地下洞室模型。这个封闭面将三维地质模型分割成内外两部分。

洞室开挖分析时，系统自动创建新模型，要求用户定义模型的名称，并将当前模型复制作为新模型保存到数据库中和标准路径下，然后将保存的新模型文件打开显示在当前三维窗口中（同一个工程区允许有多个模型），利用指定的洞室封闭面开挖得到地质模型的两个部分：洞室空间外部的地质模型保存在刚刚新建的模型下，洞室内部空间的地质模型保存在第二个新建的模型中，同样要求用户定义模型的名称。功能操作的整个过程中，洞室开挖分析不破坏原工程地质模型，分别得到了两个新的模型，新模型的对象继承原地质模型的图层、颜色和地质属性。

洞室开挖分析后得到的两个洞室模型可以用于各种地质分析，比如用户可以利用“内模型”一次性统计整个洞室群模型的分层体积和总体积，也可以利用“外模型”切制分析剖面。

(3) 基础开挖。基础开挖分析从原理上与洞室开挖分析完全一样，不同的是基础开挖面是半开口的，在模型切割前需要系统将半开口面自动处理。

基础开挖分析的结果同样是得到两个新的地质分析模型，模型名由用户自定义。新模型的对象继承原地质模型的图层、颜色和属性。

基础开挖分析后得到的两个基础模型可以用于多种地质分析，比如用户可以利用开挖掉的部分统计分层开挖方量，也可以利用基坑模型（开挖后留下的主体模型）分析开挖面地质问题、切割分析剖面、制作展示图。

3.5.5 对比分析

对比分析是依据同一项目不同勘察阶段的三维模型进行对比，分析模型异同处及相似度等来了解地质对象在不同阶段的变化情况。

比较可以分为两种：一种是空间信息的异同，一种是属性信息的差别。后者比较容易实现，前者，则需要进行空间关系判断，将属性相同的对象进行空间坐标的对比，确定差异，并返回对比结果；将位置相近且不同属性的对象之间进行对比，确定出新增加的图元对象，并返回对比结果。同时，结合长度、面积、体积量算，返回这些参数的差异。

3.6 二维制图

由于现有的水利水电勘察相关规范对于地质图件的要求依然为二维图件，不可避免地要求设计方提供标准化的二维图纸。基于已有的三维地质模型，可以完成各种地质图及剖面图的绘制，但是出图样式需要满足水利水电工程制图标准，涉及许多标准化的要求，包括地层代号、岩性花纹、线型、符号等，均需要进行整理开发。

3.6.1 出图图件

本系统二维出图模块开发以智能化出图为目标，用户仅需要做简单的设置，系统即可按照有关规范和标注出图，出图自动化率预估将达到90%以上。这些二维图件包括综合地层柱状图、钻孔柱状图、平洞展示图、探井展示图、实测剖面图、平面图、剖面图、平切图、等值线图、施工洞室展示图、施工边坡展示图、节理等密图、节理玫瑰花图、赤平投影图。探槽展示图、探坑展示图在工程上不常绘制，该系统不提供出图功能，仅提供文件保存。

3.6.2 出图流程

系统输出具体图件之前，用户必须对所输出的图件进行参数设置，并保存设置到数据库中；绘制时，系统调用已有的外部图形数据，并从数据库服务器下载地质数据和出图参数，按照规定的格式要求出图；初步出图完毕后，图纸可能需要用户做少量的编辑修改，经过校、审、核后还需要向服务器上传不同的文件版本，二维图件出图流程见图 3.6-1。

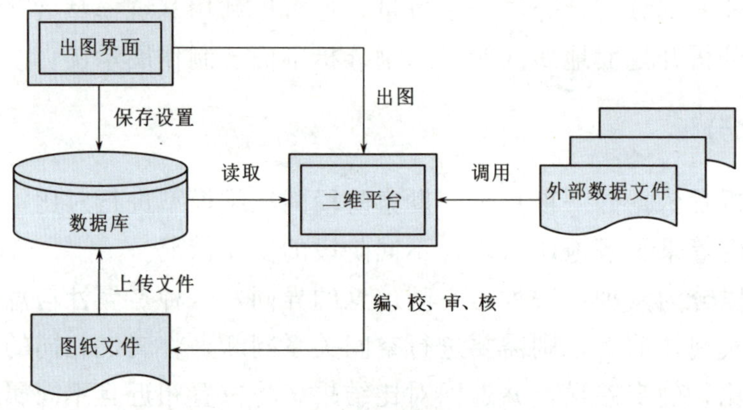

图 3.6-1 二维图件出图流程

3.6.3 出图标准

二维出图需要遵照许多国家标准、行业标准以及企业标准，如《水利水电工程制图标准 勘测图》(SL 73.3)、《水电工程地质勘察资料整编规程》(NB/T 10799) 等。为达到智能化出图的目标，系统需要对地质线型、岩性花纹、点符号进行定制，对默认图号按照标准进行明确。

(1) 图形标准。二维的点符号、地质线型和岩性花纹是二维图件的最基本图形元素，所有的二维图件都是由这些基本图形和文字组成。本系统智能化二维出图功能完全遵照有关出图规范，需要建立完整的系统图形标准库，每个图形元素在系统内都有唯一标识的编码。

(2) 出图比例尺。由于不同的勘察设计阶段对于勘察深度要求不同，各种成果图件的比例尺相应会出现变化，出图比例尺的选择需根据实际的勘察深度进行选择。本系统二维出图种类较多，需求差异较大，考虑用户方便对图件的利用，特对图件随比例尺的变化做一些硬性规定。

根据出图比例尺的影响，出图方式可以分为三类：一是根据比例尺调整地质数据图形大小而不改变图签图例规格和文字大小的展示图类（平洞展示图、探井展示图、钻孔柱状图、综合地层柱状图、实测剖面图、施工洞室展示图、施工边坡展示图）；二是根据比例尺缩放图签图例和文字大小而不改变地质数据图形比例的平剖面图类（平面图、平切图、等值线图、剖面图）；三是与比例尺无关仅有文字标注的简单分析图类（节理玫瑰花图、赤平投影图、节理等密图）。该系统智能化出图的 14 种图件关于图幅选择、图签图例规格、文字大小和分幅的一般要求见表 3.6-1。

表 3.6-1　　系统出图一般要求

图件	图幅	图签规格	图例规格	文字大小	分幅
平洞展示图	A3	固定	固定	固定	按长度
探井展示图	固定宽	无	固定	固定	不分幅
钻孔柱状图	固定宽	无	无	固定	不分幅
综合地层柱状图	固定宽	无	固定	固定	不分幅
实测剖面图	可选	随图幅	固定	固定	不分幅
施工洞室展示图	可选	随图幅	固定	固定	按洞段分
施工边坡展示图	可选	随图幅	固定	固定	按坡段分
平面图	可选	随图幅	缩放	缩放	不分幅
平切图	可选	随图幅	缩放	缩放	不分幅
等值线图	可选	随图幅	缩放	缩放	不分幅
剖面图	可选	随图幅	缩放	缩放	不分幅
节理玫瑰花图	无	无	无	固定	不分幅
赤平投影图	无	无	无	固定	不分幅
节理等密图	无	无	无	固定	不分幅

3.7 BIM/CAE 模型转换接口

3.7.1 “实体单元”几何信息提取

在完成整体模型剖切生成“实体单元”之后，需要提取出“实体单元”BIM 模型的几何信息，并以此转化成与之一一对应的“网格单元”CAE 模型。

各个“实体单元”在 Inventor .Net API 中都是一个 SurfaceBody 对象，通过循环每一个 SurfaceBody 对象并遍历其顶点集合（Vertices）属性，可以获得所有“实体单元”的各个顶点坐标信息；然而由于相邻“实体单元”共用顶点的缘故，如此遍历会存储重复的顶点数据，因此在编写程序时采用 Microsoft SQL. Server 数据库的存储和查询技术，建立网格节点表和网格单元表，前者用于存储不重复的节点编号和节点坐标，后者用于存储单元编号和单元所有的节点编号，通过结构化查询语句（SQL）在每次获得顶点坐标数据后均判断网格节点表中是否已经存在该节点，如果不存在则将该节点存入网格节点表中并为该节点创建相应的节点编号，同时将该节点编号添加至此“实体单元”的节点编号列表变量中；如果已经存在该节点，则直接将该已存在的节点编号添加至此“实体单元”的节点编号列表变量中。待此“实体单元”所有顶点遍历完毕后，则将其节点编号列表变量中的所有节点编号信息录入至网格单元表中，同时为该单元创建相应的单元编号。

3.7.2 BIM/CAE 集成模型标准化

3.7.2.1 BIM 模型精度

水利水电工程 BIM 从狭义上讲，是基于三维数字技术，集成了水利水电工程的各种相关信息的水利水电工程项目实体和功能特征的数字表达。从广义上讲，水利水电工程 BIM 是一个相互作用的政策、过程和技术的集合，形成了面向水利水电建设项目全生命周期的设计和项目数据管理方法。

在水利水电工程 BIM 技术的应用中，建立和管理 BIM 模型是一项不可或缺的关键工作。然而，在项目生命周期的不同阶段，在如何把握模型的内容和细节方面，总是希望有一套标准或规范可循。特别是当合同涉及模型的交付时，双方需要就模型的内容和细节达成统一意见。尤其是对于乙方而言，能够清楚地把握甲方对工程 BIM 模型交付的期望，准确估算建模资源和成本所需的投资，确保交付的模型能够满足后续应用需求，才是最为关注的点。

这里主要通过水利水电工程 BIM 模型精度来反映对模型内容和细节的把握。如今美国建筑师协会（American Institute of Architects，AIA）以 LOD 来指称 BIM 模型中的模型组件在施工生命周期不同阶段预期的“完整性”，并划分了从 100 到 500 的五种 LOD。水利水电工程中的 BIM 模型 LOD 标准也与之类似。在实践中，LOD 常常被误用于指整个水利水电工程信息模型的发展程度，并与“细节程度”混为一谈，其实这是一种不可取的想法。

事实上，水利水电工程 BIM 模型不会（也不需要）是单一的模型。在水利水电工程的 LOD 定义中，通常每个水利工程师都非常清楚其专业应用对水利建筑信息的要求，因此经常会开发他们所需的 BIM 模型，并且也知道模型中每个组件的LOD。然而，在三维BIM模型中，一个仅处于早期发展阶段的组件，其几何结构和位置尚不准确，却可能会被误用。这是因为它已具有特定的三维表示，并被误认为达到了更精确的发展水平。因此，为了在BIM应用中通过更好的信息管理和通信来实现更好的协作，需要根据各自的需要来标准化BIM模型组件的LOD描述，以便于团队之间的信息通信和交换。水利水电工程BIM模型LOD标准（部分）见表3.7-1。

表3.7-1　水利水电工程BIM模型LOD标准（部分）

等级	LOD100	LOD200	LOD300	LOD400	LOD500
场地	不表示	简单的场地布置	按图纸精确建模	概算信息	赋予各构件的参数信息
压力管道	几何信息（类型、管径等）	几何信息（支管标高）	几何信息（加保温层）	技术信息（材料和材质信息）	维保信息（使用年限、保修年限）
涵洞	不表示	几何信息（洞径）	技术（材料和材质信息）	产品信息（供应商、产品合格证）	维保信息（使用年限、保修年限）
阀门	不表示	几何信息（绘制统一的阀门）	技术（材料和材质信息）	产品信息（供应商、产品合格证）	维保信息（使用年限、保修年限）

水利水电工程参照AIA制定的LOD，其目的是解决将水利水电工程BIM模型组件数据信息集成到合同环境中的责任问题。简单地说，在工程项目的不同阶段应该建立不同的BIM模型。在此之前，不同阶段的BIM模型开发和组件在该阶段应包含的信息被定义为五个级别，分别为LOD100、LOD200、LOD300、LOD400和LOD500。

（1）LOD100：一般来说，这是规划和概念设计的阶段。该级别包含水利水电工程项目的基本体积信息（如长度、宽度、高度、体积、位置等）。它可以帮助项目参与者，特别是设计和业主进行总体分析（如施工方向、单位面积成本等）。

（2）LOD200：为设计阶段。一般用于设计开发和初步设计。包括水工建筑物的大概数量、大小、形状、位置和方向。同时，它也可以进行一般的性能分析。

（3）LOD300：它通常是详细设计的。此处构建的水利水电工程BIM模型组件包含精确的数据（如大小、位置、方向等），可以进行详细的分析和仿真

(如碰撞检测、施工仿真等)。此外，经常提到的 LOD 350 的概念是基于 LOD 300 再加上组装构件（或组件）所需的接口信息的详细信息。

(4) LOD400：一般用于模型构件的加工制造和装配。BIM 模型包含完整制造、组装和详细施工所需的信息。

(5) LOD500：一般来说，它是一个完成后的模型。包含水利水电工程项目竣工后的数据信息。该模型可直接转交给运行维护的一方作为运行维护的依据。

在这里还需要强调两点：第一，由于水利水电工程在设计过程中有其不同的发展速度，开发程度与工程项目生命周期的各个阶段之间没有严格的对应关系；第二，没有所谓的 LOD 模式。因为不同发展阶段的 BIM 模型必然包含不同的 LOD 分量，但并非所有分量都可以或需要同时发展到相同的 LOD。

3.7.2.2 CAE 系统

计算机辅助工程（Computer Aided Engineering，CAE)，是求解复杂工程和产品的强度、屈曲稳定性、刚度、热传导、动力响应、弹性塑性、三维多体接触等力学性能的近似数值分析方法。CAE 自 20 世纪 60 年代初开始应用于工程领域，经过 50 多年的发展。其理论和算法经历了一个从蓬勃发展到成熟的过程。它已成为工程和产品结构分析（如航天、机械、航空、民用结构等）中不可缺少的数值计算工具。同时，它也是分析连续介质力学各种问题的重要手段。随着计算机技术的普及和不断提高，CAE 系统的功能和计算精度得到了很大的提高。基于产品数字化建模的各种 CAE 系统应运而生，成为结构分析和优化的重要工具，也是计算机辅助 4C（CAE、CAD、CAM、CAPP）系统的重要组成部分。CAE 系统也是一个复杂的系统，它包括人员、技术、管理、信息流和物流的有机集成和优化。如果想单独完成一个 CAE 项目，必须配备适当的软件。比较常用的 CAE 分析软件是 ABAQUS、ANSYS、Adina、Nastran、Magsoft、Marc、Cosmos 等，其中并不能简单地评估哪种软件最强大，因为每种软件都有其优点和缺点，这取决于如何使用它。

结构的离散化是 CAE 系统的核心思想，即将实际结构离散为有限个规则单元组合。用离散体分析实际结构的物理性能，得到满足工程精度的近似结果，代替对实际结构的分析，解决了许多实际工程需要而理论分析无法解决的复杂问题，基本过程是将复杂连续体的解区域分解为有限和简单的子区域，即将连续体简化为有限元的等效组合；通过离散连续体，解决场变量（位移、应力、压力）的问题，即将其转化为求解有限元节点上的场变量。此时得到的基本方程是代数方程，而不是描述真实连续体场变量的微分方程。近似程度取决于所用元素的类型和数量以及元素的插值函数。这种情况称为 CAE 后处理，它代表应力、温度和压力的分布。而 CAE 的预处理模块一般包括实体建模和参数化建模、组件的布尔运算、元素的自动划分、节点的自动编号和节点参数的自动生成、负载和材料直接输入公式的参数化导入、参数和节点载荷的自动生成、有限元模型信息的自动生成等。在预处理过程中可以看出，CAE 的精度主要由每个 CAE 软件的预处理部分决定，比如说 ANSYS 和 ABAQUS 这两款软件，进行数值分析时影响结果的精度主要受各自的前处理部分划分网格这一步影响，划分网格越精细，最后得出的结果也就越精确。所以这也是 CAE 软件的精度。

3.7.2.3 BIM 与 CAE 集成模型精度

集成就是一些孤立的事物或元素通过某种方式集中在一起，产生联系，从而构成一个有机整体的过程。水利水电工程 BIM 与 CAE 集成指的是将建筑信息模型与计算机辅助工程联系起来。实际上在一个工程中，设计常常是一个根据需求不断寻求最佳方案的循环过程，而支持这个过程的就是对每一个设计方案的综合分析比较，也就是 CAE 软件能做的事情。一个典型的设计过程如图 3.7－1 所示。

从图 3.7－1 中可以很清楚地发现到 BIM 和 CAE 的联系，当然图中也涉及 CAD。之前大多数情况下，CAD 作为主要设计工具，CAD 图形本身没有或极少包含各类 CAE 系统所需要的项目模型非几何信息（如材料的物理、力学性能）和外部作用信息。在能够进行计算以前，项目团队必须参照 CAD 图形使用 CAE 系统的前处理功能重新建立 CAE 需要的计算模型和外部作用；在计算完成以后，需要人工根据计算结果用 CAD 调整设计，然后再进行下一次计算。由于上述过程工作量大、成本过高且容易出错，大部分 CAE 系统只能被用来作为对已经确定的设计方案的一种事后计算，然后根据计算结果配备相应的建筑、结构和机电系统，至于这个设计方案的各项指标是否达到了最优效果，反而较少有人关心，也就是说，CAE 作为决策依据的根本作用并没有得到很好发挥。但是现在乃至未来，BIM 概念会很好地与 CAE 相结合。由于 BIM 包含了一个项目完整的

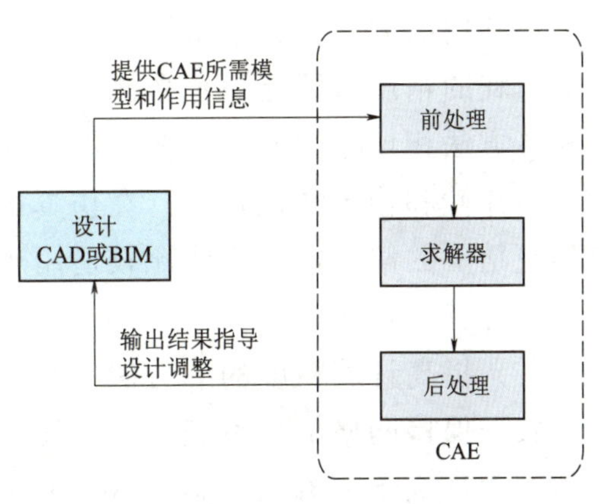

图 3.7－1 典型设计过程图

几何、物理、性能等信息，CAE 可以在项目发展的任何阶段从 BIM 模型中自动抽取各种分析、模拟、优化所需要的数据进行计算，这样项目团队根据计算结果对项目设计方案调整以后又立即可以对新方案进行计算，直到满意的设计方案产生为止。因此可以说，BIM 的应用给 CAE 重新带来了活力，二者的集成也更能促进行业的进步和设计理念、思维的不断发展。

从上面介绍可以知道水利水电工程 BIM 和 CAE 集成模型精度取决于 BIM 模型精度和 CAE 计算结果的精度，所以在考虑集成模型精度时不仅要考虑 BIM 模型还要考虑 CAE 系统，可以说集成模型的精度是两者精度的最小值，也是两者中的短板，若要想提高集成模型的精度，就不能只提高两者中的一个。

若要想提高 LOD 的精度就是要提高 LOD 的等级，最高等级为 LOD500，但是每两个等级之间的升级也就是从低级别提高到高级别时需要花费很长的时间，一般为 2～11 倍不等，尤其是从 LOD300 提高到 LOD400 时，花费的时间最多，所以现阶段大多数工程项目的 LOD 程度不会超过 300 级。而 CAE 软件的计算精度一般可以通过 h 方法和 p 方法来提高。

（1）提高计算精度的 h 方法。在不改变各单元基函数构型的情况下，只有逐步细化有限元网格，才能使计算结果近似于正确解。该方法是有限元分析应用中最常用的方法，通常采用一种较为简单的单元结构形式。h 方法可以达到一般工程的精度（即能量范数测量误差为 5%～10%）的要求。虽然它的收敛性和 p 方法相比稍微差了一些，但是因为没有把高阶多项式用作基函数，所以数值可靠性和稳定性比较好。在仿真过程中，可以对关键部件进行细化，从而得到更精确的解，这种方法比较适用于计算能力不是太好的计算机，同时也可以减少计算分析的时间。

（2）提高计算精度的 p 方法。与 h 方法相反，p 方法是提高各单元的基函数阶数，保持网格剖分不变，从而使得计算精度提高。有证据表明，p 方法的收敛性明显优于 h 方法。根据 Weierstrass 定理，证明了 p 方法的收敛性。由于 p 方法的基底函数为高阶多项式，会出现数值稳定性问题，此外，由于受到计算机速度和容量的限制，多项式阶次不能取得太高（通常是高阶多项式函数阶次 $p<9$），尤其是在求解高阶特征值的振动与稳定性问题中，无论 h 方法和 p 方法都令人不是太满意，这都是由于多项式插值本身的局限性造成的。

3.7.3 Hypermesh 二次开发

Hypermesh 是一款强大的有限元前处理软件，为 BIM 模型向 CAE 模型的转换提供了一系列高效的有限元网格剖分工具，其创建的网格单元模型与多款 CAE 数值仿真分析软件存在数据接口，并且能够实现复杂 BIM 模型快速四面体自动剖分，同时也能够提高六面体半自动剖分的效率。

Hypermesh 中创建 CAE 模型主要有两种方式：一种是通过导入 BIM 模型进行网格单元剖分生成；另一种是通过创建节点-单元的顺序直接生成有限元计算模型。本书中的网格单元重构工作正是基于第二种方法，并通过对 Hypermesh 进行二次开发而批量创建出与“实体单元”一一对应的网格单元。

进行 Hypermesh 二次开发采用的是 Tcl 语言，它是一种轻量化的跨平台的脚本语言。通过 Tcl 语句规则编写文本文件，即可创建用于控制 Hypermesh 操作的命令流文件。其创建节点和单元的关键语句形式如下：

(1) 创建节点：* createnode x y z 0 0 0。句中：x、y、z 分别表示该节点的三个坐标分量。每一个节点创建后系统会自动按照节点创建的次序为节点编号，编号数值从 1 开始。

(2) 创建单元。创建单元是在该单元所有节点创建完成的基础上进行的，接着需要创建单元所含节点编号集合，实现语句为：* createlist nodes listid node1 node2 node3 node4 node5 node6 node7 node8，句中：listid 为此单元节点编号集合的 id；node1～node8 为该六面体单元所含 8 个节点的节点编号，若为其他类型单元则节点编号个数会相应减少。然后依据相应的节点编号集合，创建所需类型的单元，实现语句为 * createelement elemtypeparam1 elemtypeparam2 listid autoorder，句中：elemtypeparam1 和 elemtypeparam2 是用于确定所创建单元类型的两个参数，如对于六面体单元，二者分别为 208、5；对于三棱柱单元，二者分别为 206、10；对于四面体单元，二者分别为 204、1。listid 用于确定所创建单元节点编号集合的 id；autoorder 用于确定创建单元时是否自动对节点编号列表中的节点编号，按照创建单元所需的节点顺序进行排序，是则设置为 1，否则设置为 0。

3.7.4 BIM/CAE 数据接口实现

本书中提出的规范化的 BIM/CAE 数据转换是基于自研的接口程序来实现的，由于 BIM 建模软件没有与 Hypermesh 和 ABAQUS 之间的数据传输接口，因此需要对 BIM 模型数据进行转换，建立与 Hypermesh 软件的数据接口，才可进行后续的自动化剖分、分析计算等操作。

实现步骤如下：

(1) 接口程序内 BIM 模型简化处理。由于该接口程序的最终目标是将 BIM 模型用于有限元软件进行仿真分析，因此在相对复杂的工程结构中，如果某些细部或附属结构对主体结构受力状态影响较小，则会自动进行忽略或简化处理。例如，轴线为弧形的隧洞可以简化为直线，同时可以忽略调压井间的连通廊道等附属结构。同时，由于有限元计算中要求网格单元中不含有曲面，因此接口程序中也设定了对含有曲面的 BIM 模型进行相应处理的程序。

（2）非几何数据信息处理。对于非几何数据信息，主要是材料属性等相关参数，利用 Inventor 官方推荐的 C# 语言编写二次开发脚本，通过 Element. get _ Parameter（string name）函数获取各个元素的所有参数，遍历参数名称找到需要进行提取的参数值，并获取不同构件的 Guid 作为数据检索的唯一标识，将每个构件的各项所需非几何信息提取出来对接到 SQL Server 数据库对应的属性信息数据表内进行存储，为后续提取和修改属性信息提供数据基础。

（3）模型整体剖切划分。对于大部分经过第（1）步简化处理后的三维实体模型，该三维实体模型本身可以通过其 x、y、z 三个方向中某两个方向的投影草图来唯一确定，因此，通过在上述两个方向的投影草图而生成的剖切面可以用于将该三维模型划分为所需的若干“实体单元”。

（4）Hypermesh 二次开发。利用 Hypermesh 进行有限元计算模型的前处理过程，并进行二次开发，利用三维剖切中获得的“实体单元”的几何拓扑信息（各个单元的顶点个数与相应的顶点坐标）与附加属性信息（各单元名称与类别），将得到的所有“实体单元”进行转换，并通过数据接口与数据库中对应材料属性信息进行双向绑定，最终得到类型和材料属性一一对应的“网格单元”。

第 4 章

三维地质系统功能

4.1 三维地质系统总体框架

水利水电工程三维地质系统采用目前流行的软件操作方式，集成了常用数据库软件功能、CAD 软件功能、GIS 软件功能和三维可视化、三维分析软件的功能及与 CAE 之间接口功能。“HydroBIM -三维地质系统”包含输入接口模块、三维建模模块、模型分析模块、图件辅助编绘模块、输出接口模块等五个部分，如图 4.1 - 1 所示。水利水电工程三维地质系统主要实现工程地质对象与环境原始数据的采集、管理、建模、动态模拟、应用分析等功能，是一种集工程地质勘察业务过程与三维建模与分析、图件编绘和模拟评价于一体的软件系统。它为地质人员实现工程地质对象的模拟与稳定性评价提供强有力的信息化工具；为水工设计、水库规划、建设施工、厂房设计等其他专业的坝址与库区应用分析、地下工程设计、过程模拟及虚拟现实提供基础支撑。

三维地质系统研究的具体内容如下：

(1) 主要包括围绕综合工程地质勘察业务为主的数据采集、管理、存储技术。综合工程地质勘察由勘察手段、勘察对象、人类工程三方面组成。勘察手段主要包括钻孔、平洞、探槽、探坑、探井、物探及相关试验等；勘察对象包括地形、地貌、地层、构造、边坡等；人类工程包括大坝、厂房、引水工程等。另外，选择当下流行大中型关系数据管理系统软件，满足未来长远发展的需要。

(2) 针对水电工程地质标准规范，建设工程地质知识库，工程地质人员可以对知识库进行不断完善与维护。如建立不同岩性特性包括外观、花纹、真纹理、标准颜色、化学成分、物理性质等。

(3) 系统具备二维图形编绘出图的功能，该功能提供依据综合勘察数据生成中间图件能力，图件与属性交互编辑能力，可以定制标准格式的图形模板与

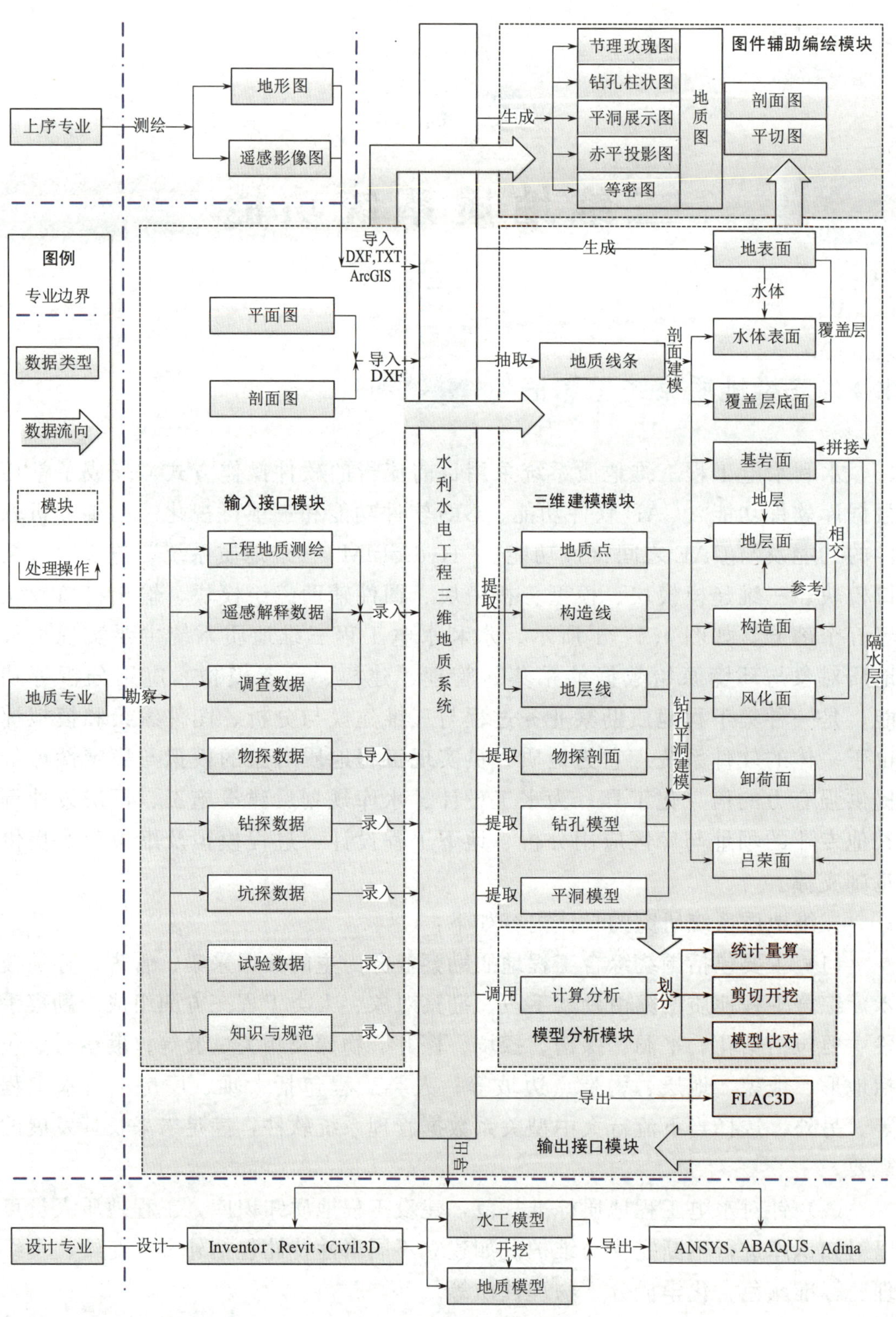

图 4.1-1 三维地质系统整体架构

图签，可生成水电常用的专题图件（如平面图、钻孔柱状图、平洞展示图、节理玫瑰花图、极点图、赤平面投影图、各种展示图等）。另外，还要提供与工程地质常用的 AutoCAD、ArcGIS 二维图形软件的导入导出功能。

（4）系统具备三维建模功能，系统依据专家知识库提供自动化、半自动化、手工建模方式多种建模方式。具备以钻孔和剖面两种不同数据为主的建模方式，可创建点、线、面模型，具备一定的拟合、插值功能。内置构建三维体的特殊对象如产状点、勘探线、等高线、等厚线、地形面、基础面、构造面、地层面、蓄水面和透镜体等。

（5）三维模型分析功能，主要包括比对分析、剪切分析、特征分析等。比对分析是依据同一项目不同勘查阶段的三维模型进行对比，分析模型异同处及相似度等来总结规律；利用三维模型进行剪切开挖功能，可形成虚拟的剖面、钻孔或平洞、探槽或洞室体等来直观分析；特征分析主要对依据模型数据直接解译，统计分析、总结生成文字报告或图表的功能。

（6）系统接口功能，接口主要包括三维设计软件接口、计算分析软件接口及协同软件接口；软件系统能直接或间接导出三维模型及相关属性数据给 Autodesk 三维产品（Civil 3D、Inventor、Revit）及 Skyline 软件，导出到计算分析软件 ANSYS、FLAC 3D、ABAQUS 和 Adina，与 ProjectWise 交互实现版本控制、协同办公等。

4.2 工程勘察数据库

对于水利水电工程地质勘察而言，基本数据获取的代价是十分昂贵的，这些数据包括通过钻探获取的钻孔数据，通过大量山地工程获取的平洞、槽（坑）探数据和大量野外和室内试验获取的试验数据等。这些数据基本通过人工操作来获取和记录，数据获取工作在整个工程勘察工作的时间和投入代价上都占有较大的比例，而且地质勘察数据获取一直是水利水电工程勘察信息化的瓶颈之一，是工程勘察分析的依据和基础。经过多个工程建设的实践，系统数据库使用 SQL Server 数据库，通过 Visual Studio.net 编制数据管理界面，通过 ADO 来连接，从而完成对数据的录入、修改、增加、删除、调用和维护等数据操纵工作。

该系统设计的数据表共计 248 个。数据库内容涵盖了工程基本资料、工程测绘资料、工程钻探资料、工程坑探资料、勘探取样资料、工程地质试验资料、水文地质调查资料、物探资料、系统地质规范资料及各子系统的成果资料等，涉及内容较全面，为后续工程管理提供了良好的接口。通过本数据库管理工程地质勘察数据，实现了数据的独立性、共享性、安全性与完整性，减少了数据的冗余，保证了数据的可恢复性，达到了项目的预期目标。

4.3 地质对象建模

4.3.1 建模流程

4.3.1.1 数据准备

（1）三维地质建模应主要收集地形、地质、勘探、物探、试验、观测等基础资料，包括数据、图表、文字报告、影像，并宜采用数据表格、数据文本或图形文件形式记录。

（2）地形数据收集数字高程模型（DEM），并应符合现行行业标准《基础地理信息数字成果 1∶500、1∶1000、1∶2000数字高程模型》（CH/T 9008.2）和《基础地理信息数字成果 1∶5000、1∶10000、1∶25000、1∶50000、1∶100000数字高程模型》（CH/T 9009.2）的有关规定。当缺乏数字高程模型（DEM）时，可收集地形点云、等高线、遥感影像等数据。

（3）地质数据应主要收集地层岩性、地质构造、风化、卸荷、水文地质、不良物理地质现象、岩溶和坝基岩体分类、洞室围岩分类等内容，并符合下列规定：①优先收集工程地质勘察原始记录和地质分析成果的数据；②当建模前已有地质图成果时，从地质图中采集地质界线和描述数据。

（4）勘探数据主要收集勘探类型、位置、规格及其揭露的地质信息数据，收集的成果资料应符合表4.3-1的规定。

表4.3-1 勘探成果及格式

序号	勘探类型	提交成果	文件格式
1	钻孔	钻孔编号、方位角、倾角、孔口坐标、施工机组、开孔日期、终孔日期、钻机类型、终孔处理、钻孔结构等	XLS
2	平洞	平洞编号、洞口坐标、洞长、施工人员、开工日期、竣工日期	XLS
3	探坑	探坑编号、坑口坐标、开挖深度、开挖方量、施工人员、开工日期、竣工日期	XLS
4	探槽	探槽编号、探槽起点及终点坐标、开挖深度、开挖方量、施工人员、开工日期、竣工日期	XLS
5	探井	探井编号、井口坐标、方位角、倾角、底宽、边宽、深度、施工人员、开工日期、竣工日期	XLS

(5) 物探数据主要收集物探方法、测试位置及主要的原始测试数据和解译成果，收集的成果资料应符合表 4.3-2 的规定。

表 4.3-2 物探成果及格式

序号	探查目的	提交成果	文件格式
1	水下冲积层厚度	覆盖层底界面	DXF
2	堆积体厚度	堆积体底界面	DXF
3	断层、破碎带、地层界面的分布及延伸	探测对象面模型	DXF
4	地下水位	地下水位面	DXF
5	地下洞穴、裂隙、堤坝隐患等	探测对象面模型	DXF
6	岩土体的纵、横波速度	纵、横波速度值	XLS
7	结构面产状	点坐标及结构面产状	XLS

(6) 试验与观测数据主要收集试验与观测方法、类型、位置、组数和地质条件，以及主要的原始数据和成果，收集的成果资料应符合表 4.3-3 的规定。

表 4.3-3 试验成果及格式

序号	试验项目	提交成果	文件格式
1	水质简分析	水质简分析成果表	DOC
2	岩石物理力学性试验	物理力学性试验成果表	DOC
3	岩体原位试验	岩体各类原位试验成果表	DOC
4	土体原位测试	土体各类原位测试成果图、成果表格	DOC
5	土体室内试验	土体各类室内测试成果图、成果表格	DOC

(7) 遥感地质解译数据宜包括根据遥感解译得到的各类地质界线，收集的数据宜为空间数据的形式，收集的成果资料应符合表 4.3-4 的规定。

表 4.3-4 遥感地质解译成果及格式

序号	解译内容	提交成果	文件格式
1	地貌	地貌影像、地貌分区	TIF、SHP
2	地层岩性	岩石的物性及类型、产出状态、不同岩性的分界、各种岩性的展布状况、变化及其相互关系	SHP、DOC
3	地质构造	构造形迹的形态特征和尺度、构造形迹的性质和类型、构造要素的产状	SHP、DOC
4	崩塌、滑坡、泥石流	大型或较大型崩滑体的数量、分布及其稳定性状态；泥石流沟的分区及其形成范围和形成条件	SHP、DOC

续表

序号	解译内容	提交成果	文件格式
5	岩溶地质	岩溶地貌现象，地下水分布和泉水分布	SHP、DOC
6	水文地质	泉水或浅层地下水的分布，溶洞、地下暗河、断裂破碎带、古河道、渗透性较大的风化岩体等水库和大坝的可能渗漏通道	SHP、DOC

4.3.1.2 数据处理

开展三维地质建模工作前应对收集到的地形、地质、勘探、物探、试验、观测等数据进行范围截取、筛选、格式转换等处理，以删除错误数据，完善相关内容，保证初始数据的准确性、完整性及有效性，为后期的数据录入、数据查询及统计、数据调用等提供良好的基础。

（1）地形数据处理应符合下列要求：

1）当地形数据量大且存在冗余时，应在满足精度要求的条件下进行冗余数据的消除处理。

2）外部导入的地形数据与所选择的三维地质系统数据格式一致，当存在数据格式转换且发生数据损失时，应调整转换参数。

（2）地质原始记录和分析成果的数据应进行数字化处理，形成数据的电子表格或文本文件，主要包括下列内容：

1）地层的年代、岩性、分布、层序、厚度、接触关系。

2）地质构造的编号、类型、分布、产状、形态、规模、性质、组合形式、交切关系。

3）地表水水位，地下水类型、水位、性质及补给、径流、排泄特征，岩体透水性，相对隔水层顶板位置。

4）岩溶的类型、分布、形态、规模、充填情况。

5）岩体风化、卸荷程度，滑坡体、崩塌体、变形体、危岩体、泥石流堆积体等的分布位置、形态、类型、成因、发育程度、发展趋势。

6）工程区岩石、岩土体物理力学性质，坝基岩体工程地质分类，地下洞室围岩分类，天然建筑材料分布、储量、质量。

（3）当收集的地质数据存在矛盾时，应进行分析、验证和处理。

4.3.1.3 数据库建立

数据库的建立主要是将处理后的基础数据导入网络数据库或本地数据库

中，完成数据资料的集中管理，可充分利用数据库的快速查询、统计和调用的功能，且可为后期的数据快速归档、移交和数据分析提供条件。

（1）应根据项目成员的角色提供数据入库的操作权限。

（2）可采用手工逐条录入或将处理后的电子表格或文本数据批量导入，数据的增、删、改操作应进行记录。

（3）可将各类点位数据、线条数据、面模型等直接导入三维地质建模软件中得到空间数据。

（4）宜将各类数据以三维形式展现出来，通过查看数据的分布范围、分布形态、相互关系、各种分界点的变化趋势等进行二次检查。

4.3.1.4 三维地质建模

完成了数据准备工作后，基本完成了三维地质建模的前期资料收集，基于对具体建模的工程项目的地质条件的认识，结合工程经验开展三维地质建模工作。在建模之前需要完成三维地质建模任务书，建模过程中应遵循具体的建模流程，建模操作需遵守一定的建模规则和建模要求。具体的相关规定如下：

（1）进行地质对象建模前，应根据相关规范要求，结合已有的综合勘察数据，确定三维地质建模的范围及内容，编制三维地质建模任务书。三维地质建模任务书宜包括下列内容：

1）工程和地质概况。

2）已有的综合勘察数据总结。

3）勘察阶段、勘察精度、建模范围、建模比例尺、建模内容、具体地质对象的建模原则、具体地质对象模型的表现形式。

4）工作进度计划。

5）提交的成果。

（2）三维地质建模应按三维地质建模流程进行，并在建模过程中进行模型编辑与修改。具体流程（图 4.3-1）可以分为以下几部分：

1）三维地质建模以各种原始资料为基础，首先需将各类基础地质资料录入数据库中。

2）导入测绘专业提供的地形面，通过系统提供的各种功能将基础地质资料转换为空间点线数据。

3）根据各类勘探数据绘制建模区的三角化控制剖面，根据各类地质对象的特点绘制特征辅助剖面对建模数据进行加密，得到各类地质对象的控制线模型，通过选定的拟合算法拟合得到各类地质对象的初步面模型。

4）通过剪切、合并等操作形成三维地质面模型，通过围合操作得到三维地质围合面模型，通过分割操作得到三维地质体模型。

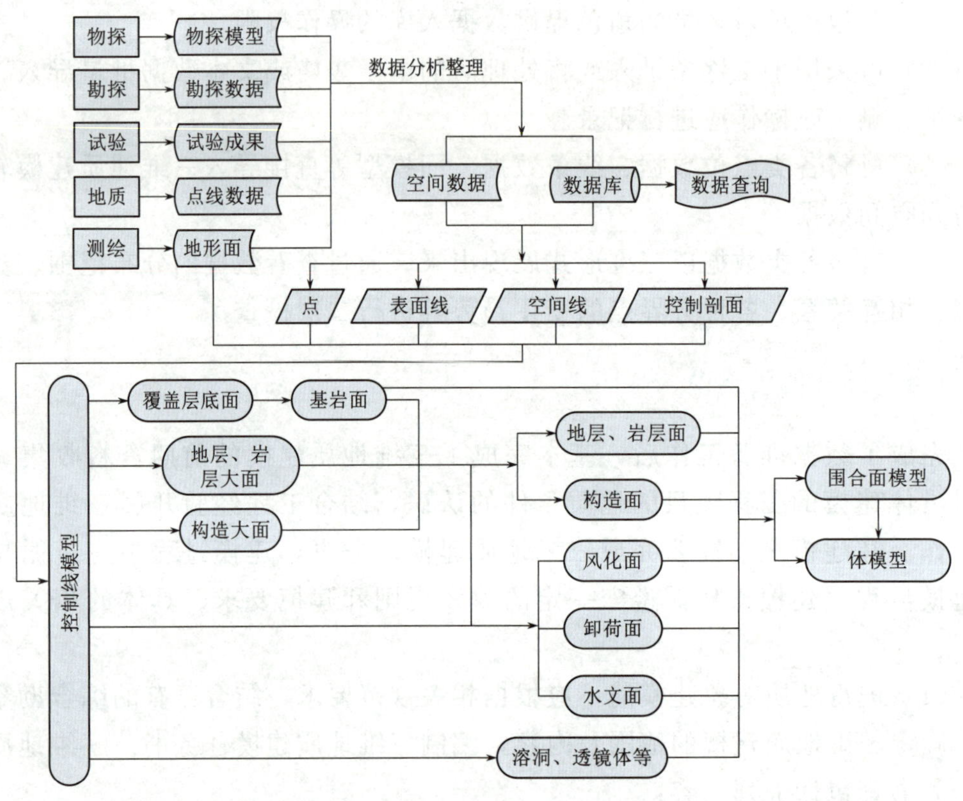

图 4.3-1 三维地质建模流程图

（3）三维地质建模以现阶段收集的各类资料为基础，结合地质分析原理来进行建模，建模宜遵循以下的规则：

1）由点、线构面，由面构体的建模过程。

2）由粗到细不断逼近合理的建模过程。

3）优先确定控制界面的原则。

4）具有大致一致趋势且相互影响的面同时建模的原则。

5）根据工程阶段、地形及地质条件等确定合适的拟合面的网格大小。

（4）三维地质建模的内容和深度需要根据设计阶段的要求来确定，并根据地质对象的重要性确定模型的精细度。

（5）对具有控制地质对象的空间特征的部位进行辅助加密。

（6）使用控制线模型来控制地质对象空间变化特征，使用面模型或体模型来表达地质对象。

（7）三维地质建模时，地质界线可在勘探点之间和勘探范围之外做合理推测，推测的距离宜按对应勘察阶段的比例尺 1：200、1：500、1：1000、1：

2000、1∶5000、1∶10000 确定，分别不宜超过 10m、25m、50m、100m、250m、500m，超过该距离的模型推测部分应予以说明。

(8) 对专门性工程地质问题的勘察研究，宜开展专项地质建模工作。

4.3.2 地质对象建模

4.3.2.1 地形模型

地表面是地质建模的基础表面，同时也是三维设计工作的基础，在实际工作中，应有唯一的地形面才能保证使用数据的统一。为保证地形面的精度，地形面的提供者应为测绘专业人员，且地形面模型应同时满足地质建模软件和设计专业软件的需求。在地形面建模及应用过程中应考虑以下两点：

(1) 地表面模型建立的同时应考虑水上地形数据和水下地形数据，完成一次性整体建模。河流水面模型应使用河流两侧及河流中的测绘点云数据进行建模，并通过与地表面模型的剪切操作得到河流水面模型。

(2) 地形面需根据地质勘探点及物探测量点高程对地形面进行校核及更新，以保证地形面的精度。

创建地形面的流程如下：

1) 在软件中加载地形等高线数据，如图 4.3-2 所示。

2) 根据地形图精度选择合适的建模参数，如图 4.3-3 所示，通过地形面建模功能完成地形面建模，如图 4.3-4 所示。

3) 对已有的水边点进行拟合，使用水面的边界线对地表水面进行裁剪，得到研究区范围的地表水面，如图 4.3-5 所示。

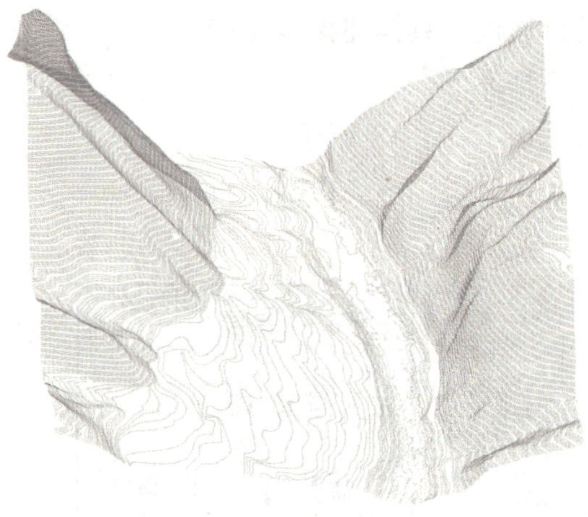

图 4.3-2 地形等高线

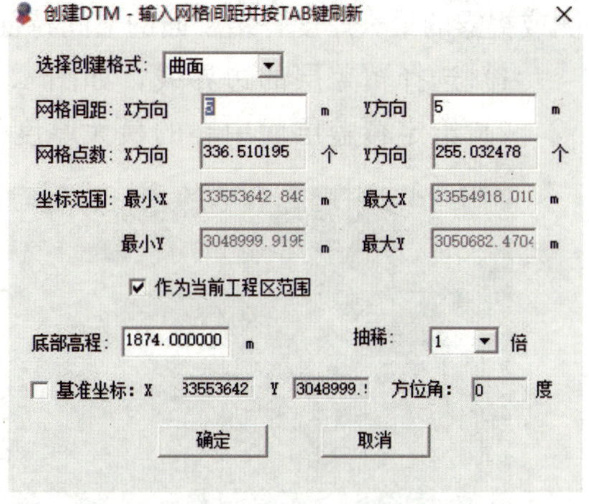

图 4.3-3 地形面拟合参数输入

图 4.3-4 地形等高线拟合面

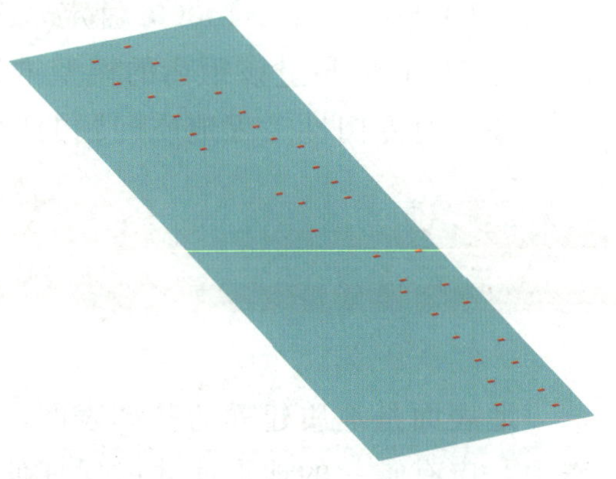

图 4.3-5 河流水边点及拟合面

4）得到地形面及地表水面合并后的样式，如图 4.3-6 所示。

4.3.2.2 覆盖层底面模型

覆盖层底界面与地形紧密相关，且分布厚度、空间形态变化大。在建模过程中，应考虑覆盖层堆积形成的特点，根据底界面形态和已有数据特点来选择合适的建模方法。覆盖层底面建模可采用最大厚度法、等厚线法、孔洞补全法、层序补全法等进行建模。

图 4.3-6 地形面及地表水面

（1）最大厚度法。当某一地质对象相对于另一地质对象呈现距离最远处与重合处的距离为基本均匀变化的特征时，可采用最大厚度法进行建模，使用边界及推测或揭露的最大厚度，结合面的空间特征进行建模。具体建模步骤如下：

1）选择覆盖层的边界线，如图 4.3-7 所示。

2）给定覆盖层面中心的最大厚度值，如图 4.3-8 所示。

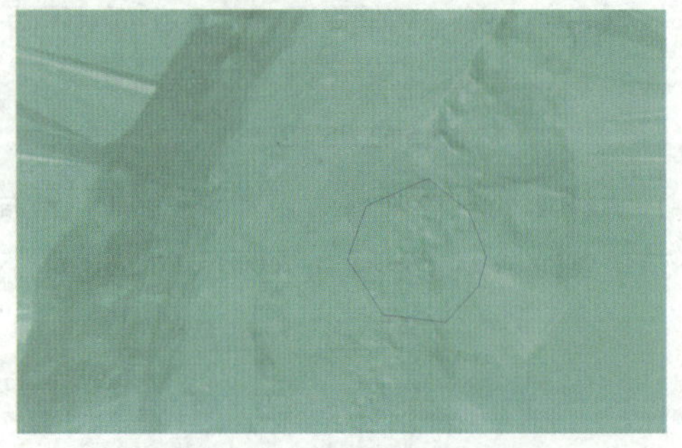

图 4.3-7 覆盖层的边界线

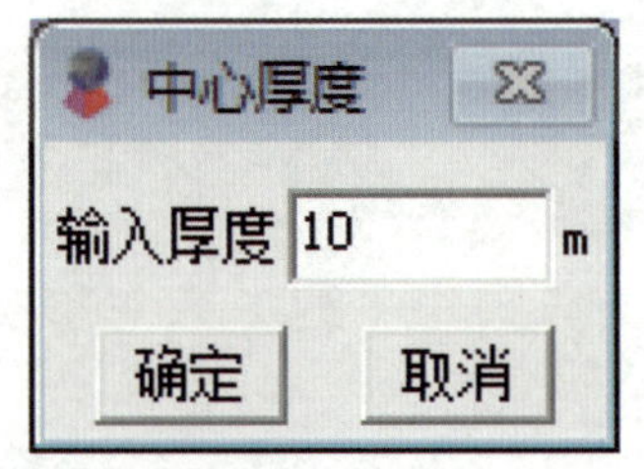

图 4.3-8 输入覆盖层最大厚度值

3）使用最大厚度法创建覆盖层底面，如图 4.3－9 所示。

4）剖面形式查看覆盖层的内部，以竖直剖面查看覆盖层底面的形态，检查覆盖层底面的形态，如图 4.3－10 所示。

图 4.3－9 创建覆盖层底面

（2）等厚线法。当某一地质对象相对于另一个地质对象呈现出线性相等变化特征时，可采用等厚线法进行建模，通过线条投影后进行下移的方法来绘制目标对象相对于地形的同等深度的线条，从而得到各种深度的线条，将线条拟合后得到目标对象。具体建模步骤如下：

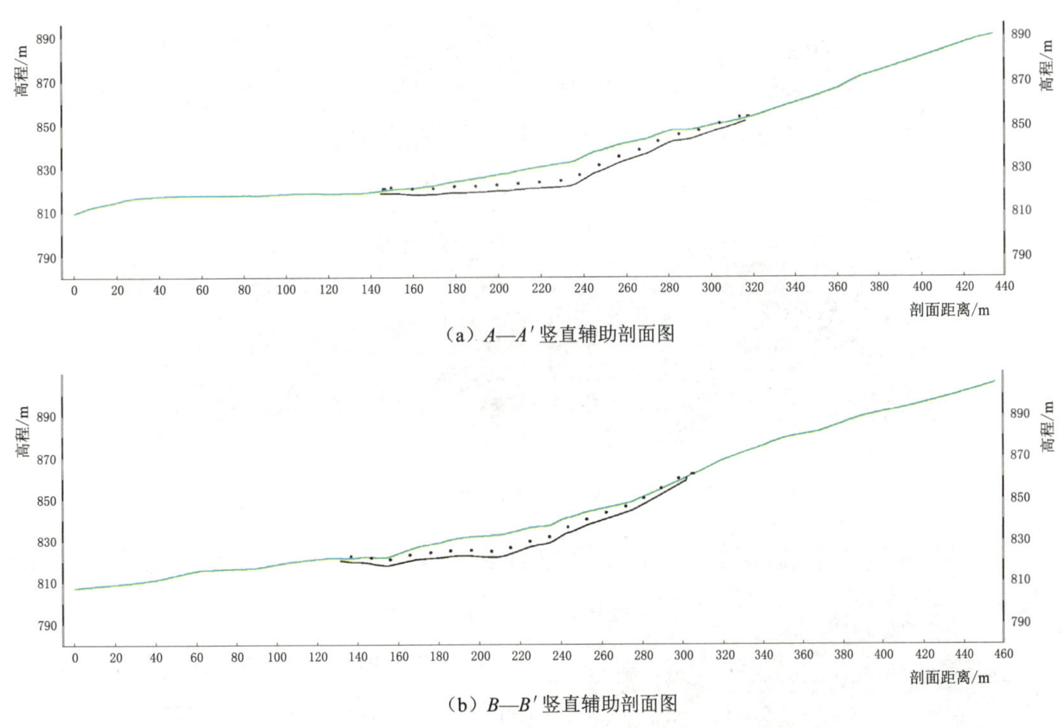

（a）A—A′竖直辅助剖面图

（b）B—B′竖直辅助剖面图

图 4.3－10 竖直剖面查看覆盖层底面形态

1）选择覆盖层的边界线，如图 4.3－11 所示。

2）根据覆盖层的特点，输入不同深度的覆盖层等厚线数值，如图 4.3－12 所示。

3）依次勾绘不同深度的覆盖层等厚线线条，如图 4.3－13 所示。

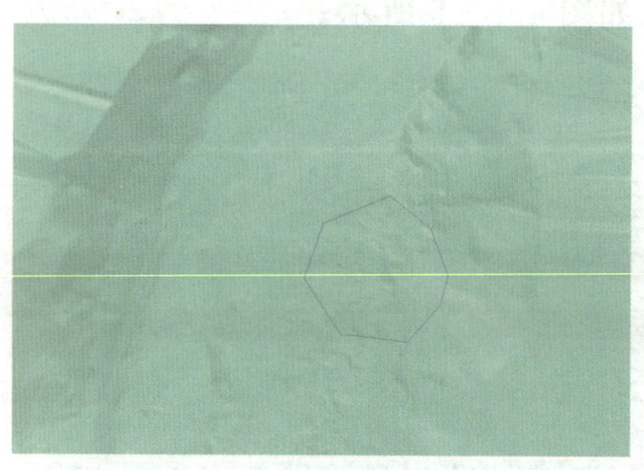

图 4.3-11 选择覆盖层的边界线

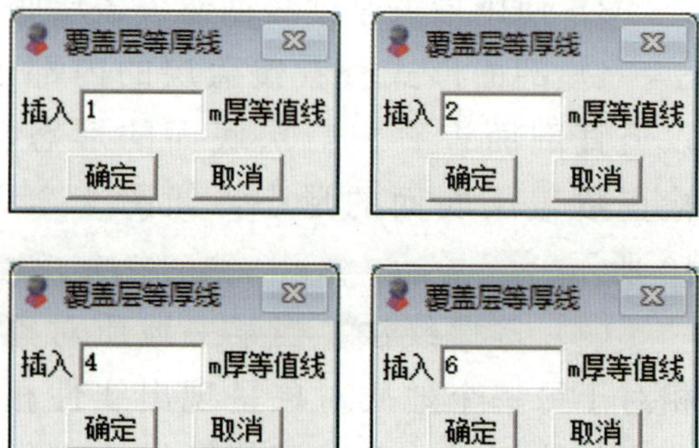

图 4.3-12 输入不同深度的覆盖层等厚线数值

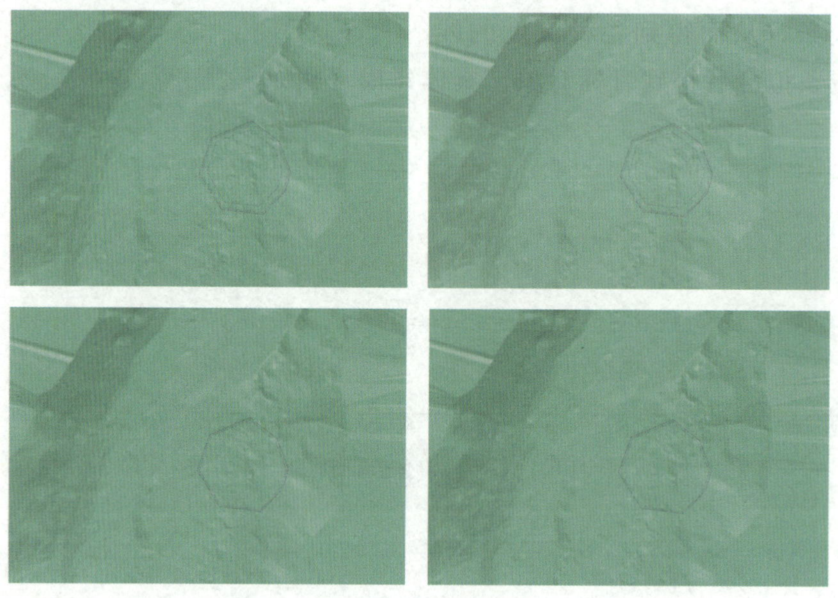

图 4.3-13 不同深度的覆盖层等厚线

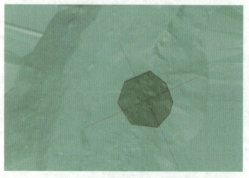

4）同时选择覆盖层边界线及等厚线线条，拟合生成覆盖层底面，如图 4.3-14 所示。

图 4.3-14 覆盖层底面模型及剖面剖切位置

5）剖面形式查看覆盖层的形态，剖切后的样式如图 4.3-15 所示。

（3）孔洞补全法。当地质对象在空间分布不连续时，可采用孔洞补全法进行建模，在不连续的部位按照一定的趋势增加数据，拟合形成完整的面，通过面与面相互剪切得到所需建模对象。具体建模步骤如下：

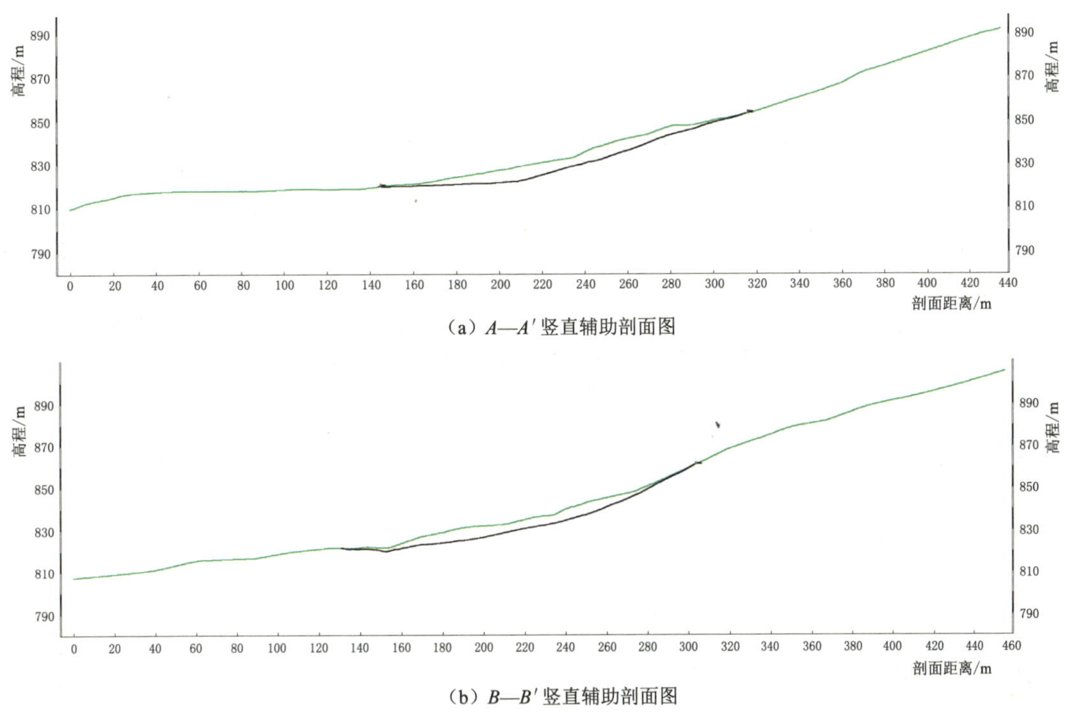

图 4.3-15 竖直剖面查看覆盖层底面形态

1）在地形面上布置 4 条竖直剖面的测线，竖直剖面的位置如图 4.3-16 中蓝色、绿色、红色和黄色的线条所示。

2）在二维剖面中，两边的覆盖层底界面低于地形面，中间基岩的部分高于地形面，以便后期通过剪裁的方式得到目标地质对象。图 4.3-17 分别为蓝色、绿色、红色和黄色测线绘制的覆盖层底面线条图。

图 4.3-16 地形面和 4 条竖直剖面的测线

3）分别在四个竖直剖面上绘制覆盖层底界面线条之后的结果如图 4.3-18 所示。

4）对绘制的覆盖层底界面线条拟合成面，拟合后的结果如图 4.3-19 中洋红色面所示。

5）通过面与面之间的剪切，将基岩裸露的地方（即覆盖层底界面高于地形面的部分）使用地形面给予切除，从而得到覆盖层底界面，如图 4.3-20 所示。

（4）层序补全法。当地层在空间分布不连续时，可采用层序补全法进行建模。在钻孔揭露的地层出现缺失的情况下，按照地层的上下关系在其出露的层序的上方层位增加界线点，对同一地层的界线点进行拟合后得到地层面，使用

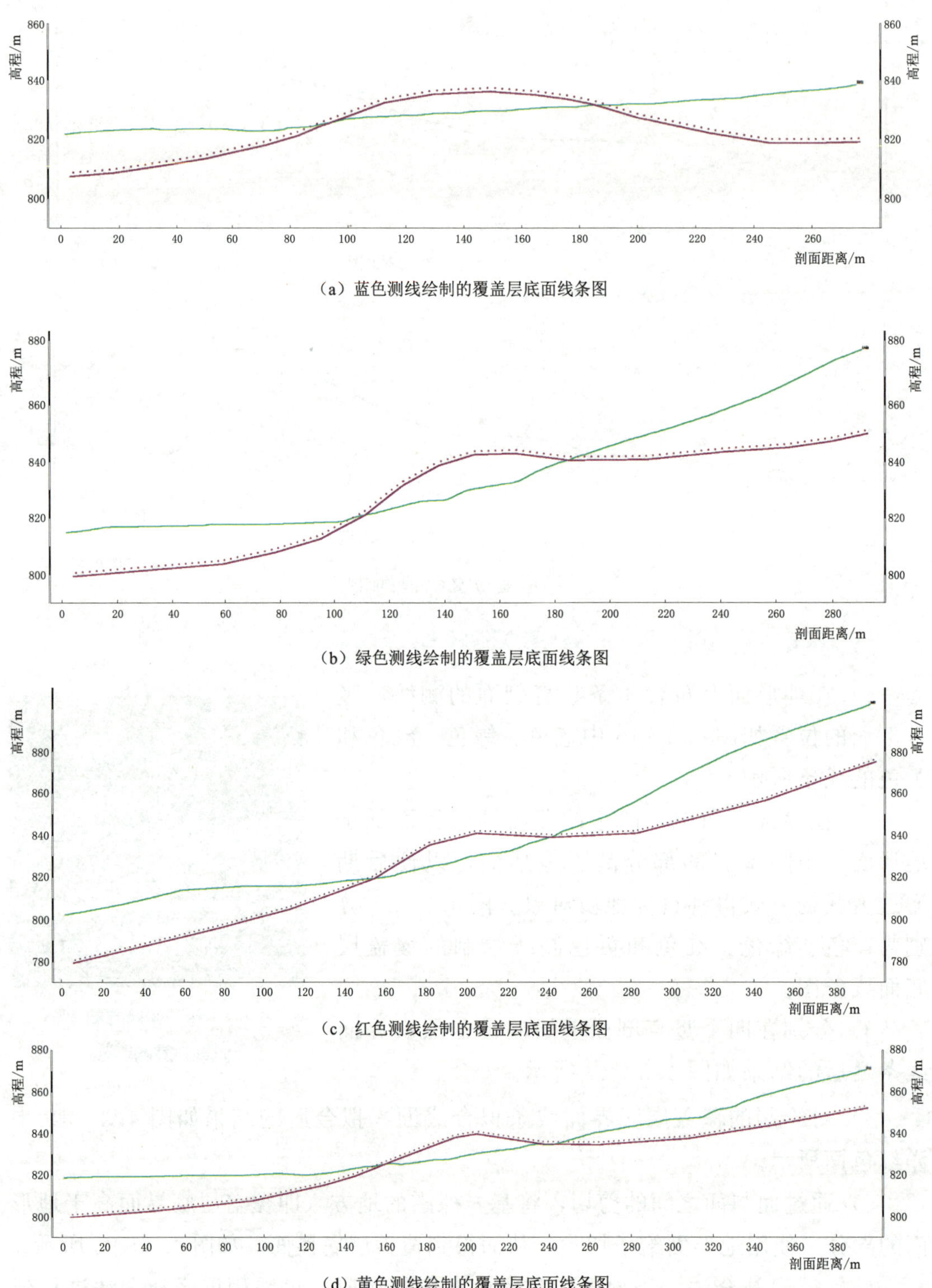

（a）蓝色测线绘制的覆盖层底面线条图

（b）绿色测线绘制的覆盖层底面线条图

（c）红色测线绘制的覆盖层底面线条图

（d）黄色测线绘制的覆盖层底面线条图

图 4.3-17 蓝色、绿色、红色和黄色测线绘制的覆盖层底面线条图

图 4.3-18 四条竖直剖面绘制的覆盖层底面线条

图 4.3-19 覆盖层底面线条拟合成面

图 4.3-20 裁剪之后的覆盖层底界面

上一层位的地层面剪切下一层位的地层面得到下一层位的地层面。

在表 4.3-5 中，工程区共有 13 个地层，钻孔 B14PK2 缺失岩层 2 及岩层 3，在地层底面孔深设置中，将岩层 2 及岩层 3 的埋深高于岩层 1 的埋深，从而实现岩层 2 和岩层 3 的缺失。钻孔 B14PK3 缺失岩层 3 及岩层 4，在地层底面孔深设置中，将岩层 3 及岩层 4 的埋深高于岩层 2 的埋深，从而实现岩层 3 和岩层 4 的缺失。在之后的建模过程中，通过岩层 1 的曲面分别对岩层 2 和岩层 3 的曲面进行剪切，可以完成岩层 2 曲面和岩层 3 曲面在 B14PK2 孔位处的缺失；通过岩层 2 的面分别对岩层 3 和岩层 4 的曲面进行剪切，可以完成岩层 3 曲面和岩层 4 曲面在 B14PK3 孔位处的缺失。

表 4.3-5 钻孔岩层分层及各地层埋深

钻孔编号	岩层序号	岩层名称	地层代号	地层底面孔深/m
B14PK2	1	杂填土	1-0-0	0.15
B14PK2	2	素填土	1-1-0	−3.00
B14PK2	3	填石	1-2-0	−2.00
B14PK2	4	冲填土	1-3-0	1.30
B14PK2	5	淤泥	2-0-0	40.80

续表

钻孔编号	岩层序号	岩层名称	地层代号	地层底面孔深/m
B14PK2	6	黏土 1	3－1－0	42.20
B14PK2	7	黏土 2	3－2－0	43.00
B14PK2	8	细中砂	3－3－0	43.50
B14PK2	9	砾砂	4－0－0	45.00
B14PK2	10	砾质黏性土	5－0－0	51.00
B14PK2	11	花岗岩 Q	6－1－0	57.00
B14PK2	12	花岗岩 R	6－2－0	62.00
B14PK2	13	花岗岩 W	6－3－0	64.00
B14PK3	1	杂填土	1－0－0	0.30
B14PK3	2	素填土	1－1－0	1.80
B14PK3	3	填石	1－2－0	1.00
B14PK3	4	冲填土	1－3－0	1.50
B14PK3	5	淤泥	2－0－0	42.00
B14PK3	6	黏土 1	3－1－0	44.00
B14PK3	7	黏土 2	3－2－0	46.00
B14PK3	8	细中砂	3－3－0	47.00
B14PK3	9	砾砂	4－0－0	51.00
B14PK3	10	砾质黏性土	5－0－0	53.00
B14PK3	11	花岗岩 Q	6－1－0	57.00
B14PK3	12	花岗岩 R	6－2－0	61.00
B14PK3	13	花岗岩 W	6－3－0	68.00

4.3.2.3 基岩面模型

基岩面建模主要是使用地形面及覆盖层底面进行建模，可通过缝补法来进行建模，建模步骤如下：

(1) 选择地形面和覆盖层底面，如图 4.3－21 所示。

图 4.3－21 地形面和覆盖层底面

(2) 对覆盖层底面设置相应属性 JM0，对地形面设置相应属性 DTM，如图 4.3－22 所示。

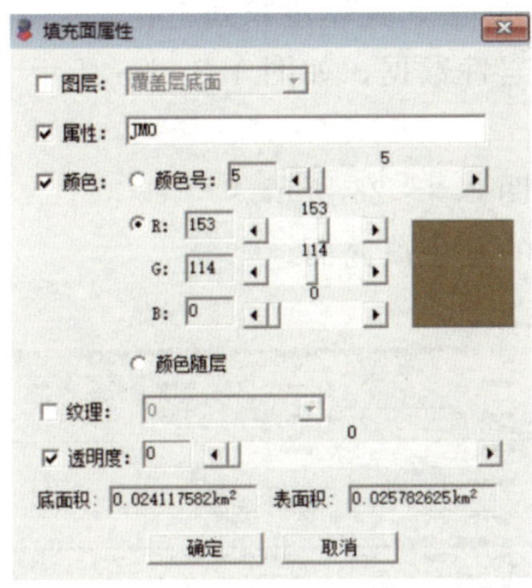

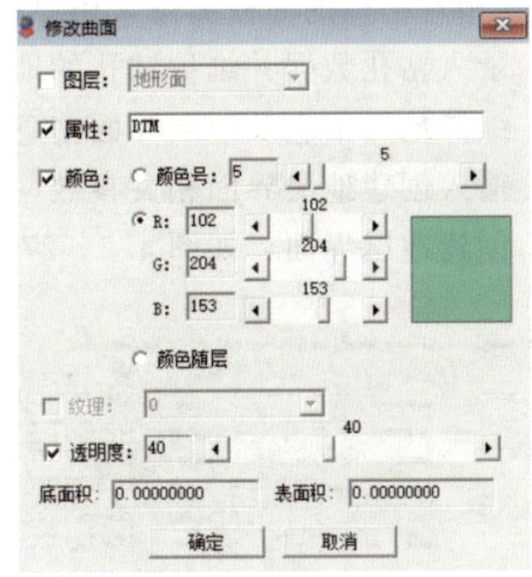

图 4.3-22　覆盖层底面和地形面属性设置界面

(3) 使用基岩面建模功能建立基岩面模型，其基岩面及剖面剖切位置如图 4.3-23 所示。

(4) 以竖直剖面查看基岩面的形态，地形面、基岩面与覆盖层底面剖切后的形态如图 4.3-24 所示。图 4.3-24 中棕色曲线为覆盖层底面，蓝色曲线为基岩面，浅绿色曲线为地形面。可以看出建立起的基岩面综合考虑了覆盖层底面和地形面的因素，即在覆盖层底面位置处和覆盖层底面重合，其余部分则与地形面重合。

图 4.3-23　基岩面及剖面剖切位置

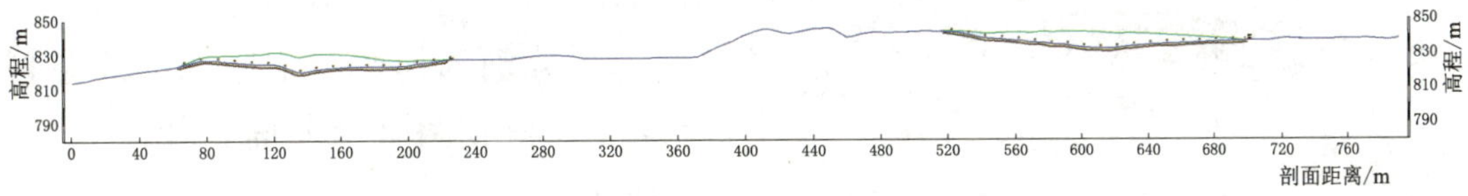

图 4.3-24　竖直剖面查看覆盖层底面及基岩面形态

4.3.2.4　地层面和岩层面模型

地层面和岩层面建模按照其面模型的特点，可分为相对平整的面模型、呈现规律变化的褶曲面模型、受断层影响具有突变特性的面模型等三种类型，根据其空间变化趋势和形态特征可采用单一产状法、平切剖面法和断距法进行建模。

（1）相对平整的面模型可采用单一产状法，具体步骤如下：

1）录入钻孔数据并维护钻孔的地层岩性数据，如图4.3－25所示。

2）维护地层信息及地层界面信息。

3）输入创建地层界面相关参数，如图4.3－26所示。

4）创建地层界面，如图4.3－27中的蓝色填充面。

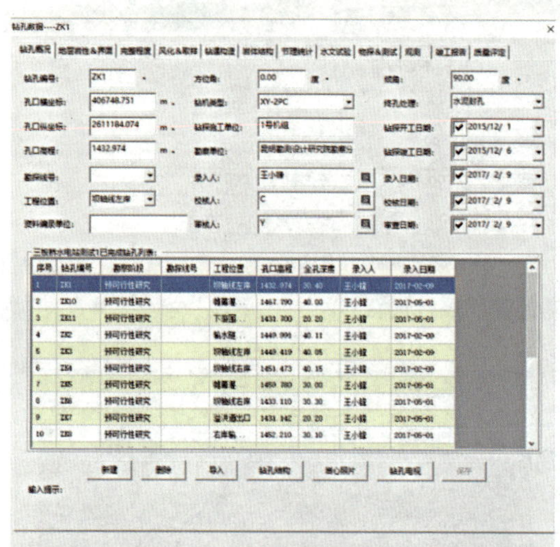

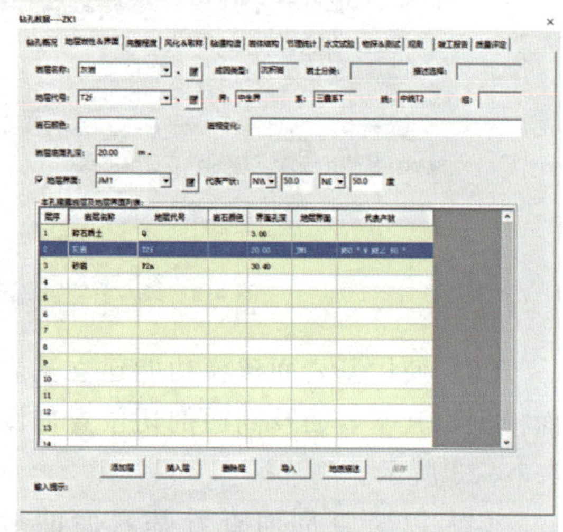

图4.3－25　录入钻孔数据及地层岩性数据

（2）呈现规律变化的褶曲面模型可采用平切剖面法，具体步骤如下：

1）在地形面上绘制褶曲的轴线，并投影到地形面上，如图4.3－28所示。

2）在褶曲的轴线上选择不同高程完成平切图的绘制，如图4.3－29所示。

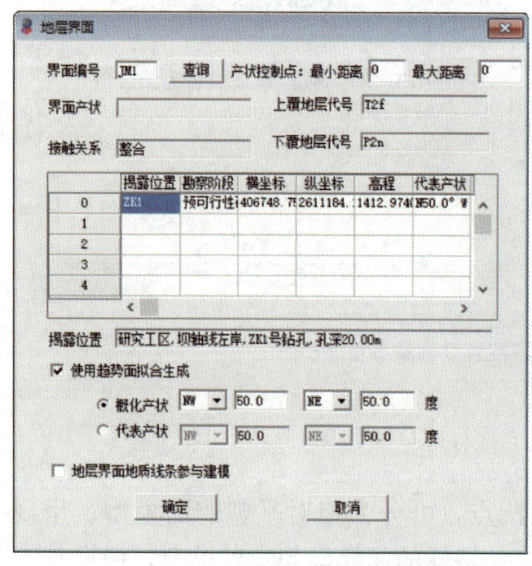

图4.3－26　输入创建地层界面相关参数

3）绘制完成后的线条及褶曲轴线如图4.3－30所示。

4）绘制完成的褶曲线条如图4.3－31所示。

5）分别选择两个褶皱面的线条拟合成面，得到两个褶曲面，如图4.3－32所示。

（3）受断层影响具有突变特性的面模型可采用错距法对初始面进行处理得到面模型。当断层错断地质对象或相近两个地质对象趋于平行时，将地质对象的整体模型或部分模型根据要求在交线的两侧做相反方向的错动。

具体的建模步骤如下：

1）选择地层面和断层面，如图 4.3－33 所示。

2）根据断层的特性进行参数设置，参数设置界面如图 4.3－34 所示。

3）断距处理后的模型及剖面分析的位置如图 4.3－35 所示。

4）剖面上断距处理后的地层面的剖切结果，如图 4.3－36 所示。

图 4.3－27　单一产状法创建地层面

图 4.3－28　褶曲的轴线

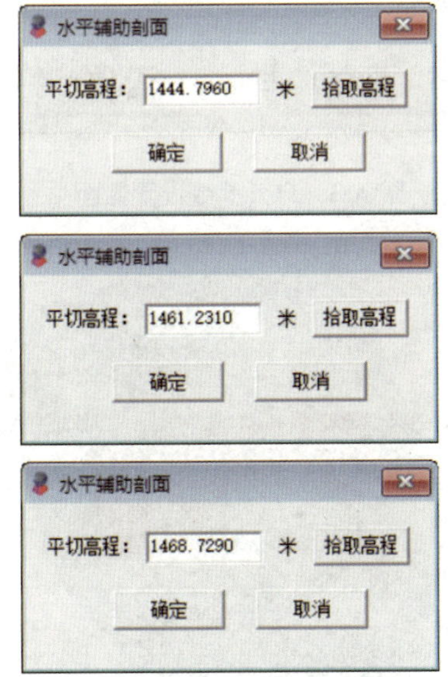

图 4.3－29　选择的不同高程的水平辅助剖面

图 4.3－30　不同高程绘制的线条及褶曲轴线

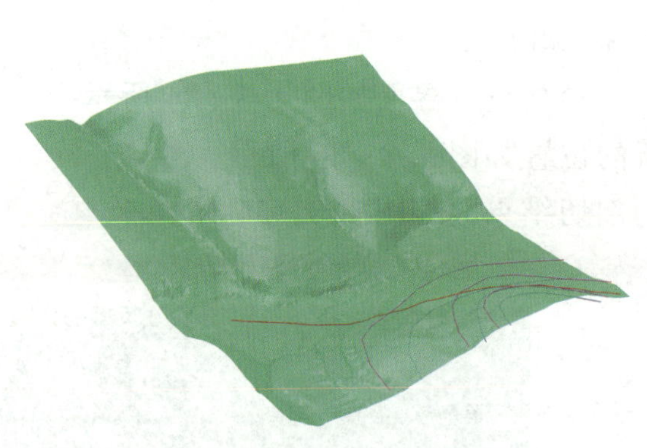

图 4.3－31　绘制完成的褶曲线条

图 4.3－32　绘制的两个褶曲面

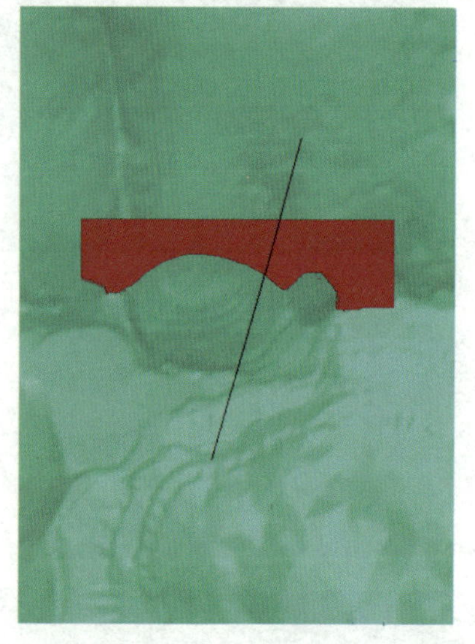

图 4.3－33　地层面和断层面

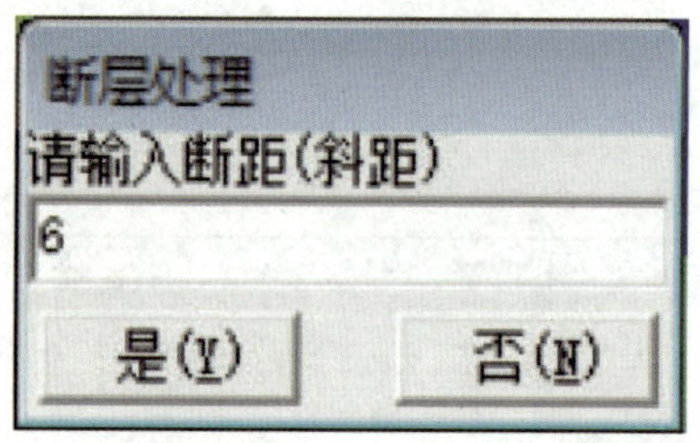

图 4.3－34　参数设置界面

4.3.2.5　断层面模型

建模可根据其空间变化趋势和形态特征使用如下方法进行建模：①起伏较小的断层面可采用单一产状法；②起伏较大的断层面可采用多产状成面法和控制剖面法；③对于有交切关系的断层，可使用错距法处理面模型。

(1) 单一产状法。当地质对象的空间分布为近似平面时，可采用单一

图 4.3－35　断距处理后的模型及剖面分析的位置

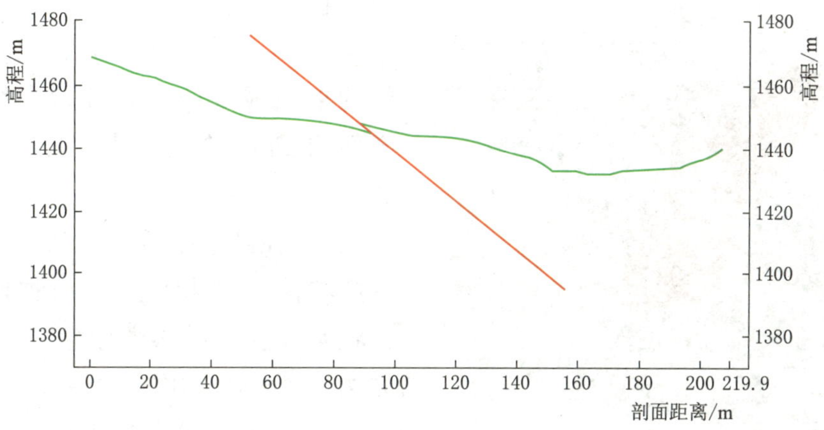

图 4.3-36 断距处理后的地层面的剖切结果

产状法进行建模，直接使用地质对象的产状、走向方向长度、倾向方向长度确定面模型。具体的建模步骤如下：

1）调用数据库信息构造面。首先维护地质点信息，并在此基础上给定构造面的产状参数，直接调用数据库数据进行断层面建模，图 4.3-37～图 4.3-39 所示为地质点及产状信息维护界面及建立的构造面。

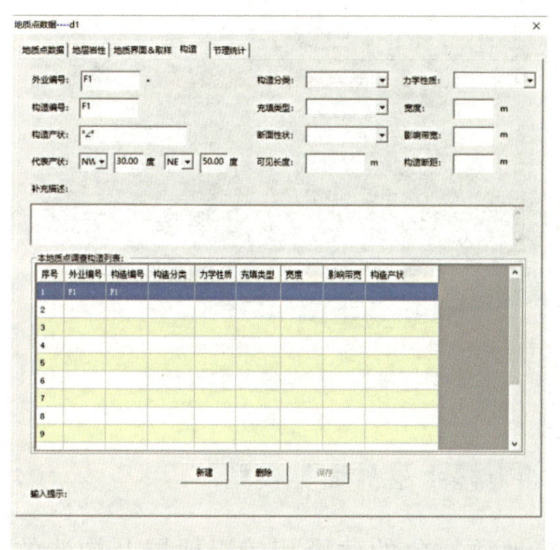

图 4.3-37 维护地质点信息中断层信息

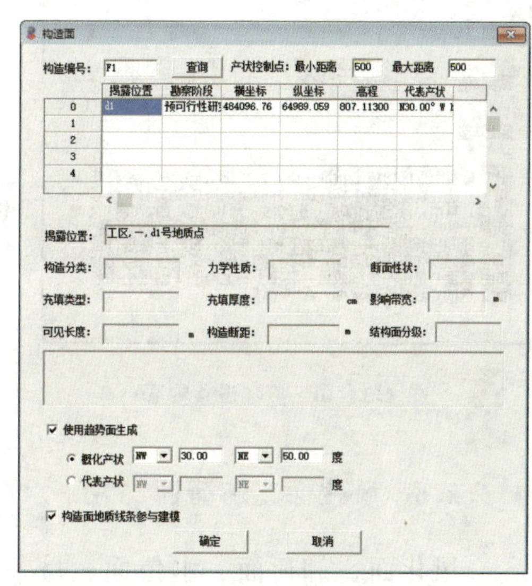

图 4.3-38 构造面创建参数设置

2）拾取点建构造线或小构造面。在地形面上拾取一点，并给定构造面的产状参数，即可建立起构造面，参数设置界面和建立的构造面如图 4.3-40 和图 4.3-41 所示。

（2）多产状成面法。当地质对象在局部为近似平面，在大范围表现为均

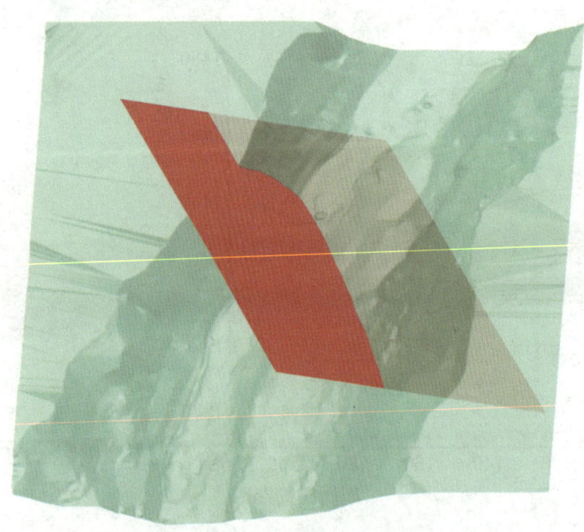

图 4.3-39 单一产状创建的构造面

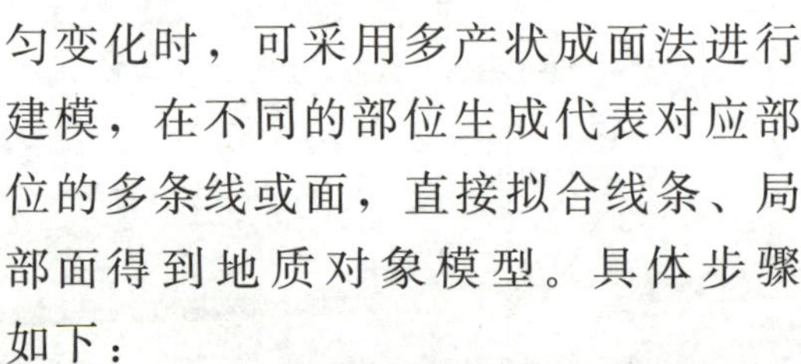

匀变化时，可采用多产状成面法进行建模，在不同的部位生成代表对应部位的多条线或面，直接拟合线条、局部面得到地质对象模型。具体步骤如下：

1）在断层出露的位置分别采用单一产状法创建断层面，根据断层面的产状及设置相关参数创建两个断层面，如图 4.3-42 和图 4.3-43 所示。

2）选中两个断层面直接进行拟合，得到一个断层面，如图 4.3-44 所示。

拾取点并给定产状及延伸长度建构造线或小构造面

倾向 0.000000

倾角 45.000000

☑ 建小构造面

走向延伸长度 400

☐ 倾向按长度延伸

倾向延伸长度 19.429676

确定

顶部Z值 864.786236

取消

底部Z值 764.786236

此功能在图形区内单击拾取一点，并根据给定的产状及延伸信息，建立构造线或小构造面，并放至地质线条图形，参与建模，其中，倾向向北0度，东90度，南180度，西270度；倾角0-90度，走向延伸长度大于0，为走向方向延伸的长度；若倾向按长度延伸，则在之下输入长度，按此长度进行延伸生成倾向线或小构造面，若不打钩，则按深度段范围建倾向线或面；是否产生线或面，取决于右上角的【创建小构造面】选项，若打钩则建面，否则建线.

图 4.3-40 参数设置界面

图 4.3-41 建立的构造面

4.3.2.6 风化面、卸荷面、地下水面、相对隔水层界面等模型

风化面、卸荷面、水位面、吕荣面等地质对象的建模相较于地层及构造的建模，空间形态受地形起伏影响更大，形态特征更加不规则，需要相对更多的数据来控制面模型的空间形态，建模宜由控制线和适量的辅助线进行拟合建模。在绘制控制线和辅助线的过程中，宜同时绘制各分带界线，可采用孔洞补全法和控制剖面法建模。在绘制控制线和辅助线的过程中，宜同时绘制各分带界线，可相互参考，有效减少拟合过程中出现较多的交切的情况。将现有的各类离散点，通过剖面的方式来连接各类散点，既可以增加数据量，又可以给定

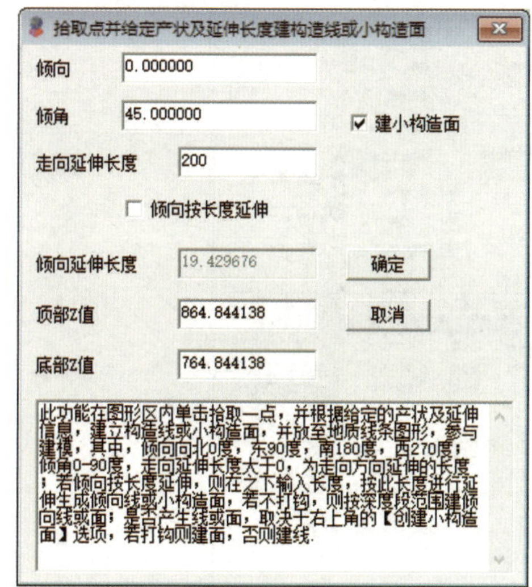

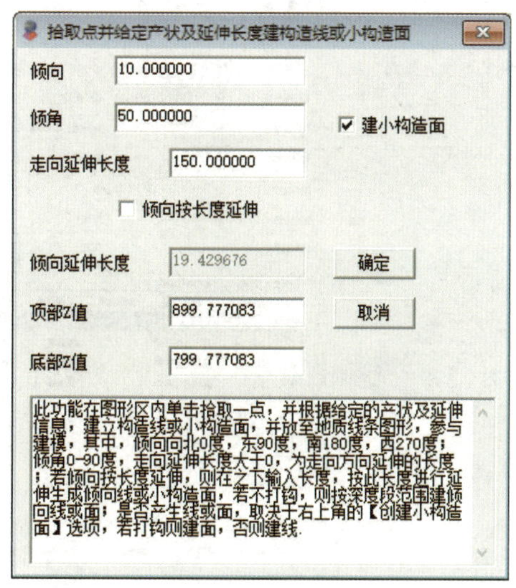

图 4.3-42　产状及相关参数设置

图 4.3-43　创建不同产状的断层面

图 4.3-44　具有多个产状的断层面

拟合的方向，提高拟合成目标面的效率。剖面线建模以现有的勘探点位为控制节点，形成三角化的剖面线网格控制研究区的建模，而对于缺少勘探数据的部位增加适量的辅助剖面来进行数据加密。

当地质对象的空间变化不具有特定的规律时，可采用控制剖面法进行建模，在模型的特征控制点及已有的勘探点部位绘制竖直或水平剖面，根据建模目标的空间变化特征绘制剖面线条，对剖面线条进行拟合得到面模型。步骤如下：

(1) 录入钻孔相关信息，包括地层、风化、卸荷、水位、透水率等各类地质勘察数据，如图 4.3-45 所示。

(2) 根据要求设置相关参数并生成钻孔迹线，参数设置界面如图 4.3-46 所示，生成的钻孔迹线图如图 4.3-47 所示。

(3) 使用钻孔信息，自动生成三角网格勘探线，如图 4.3-48 所示。

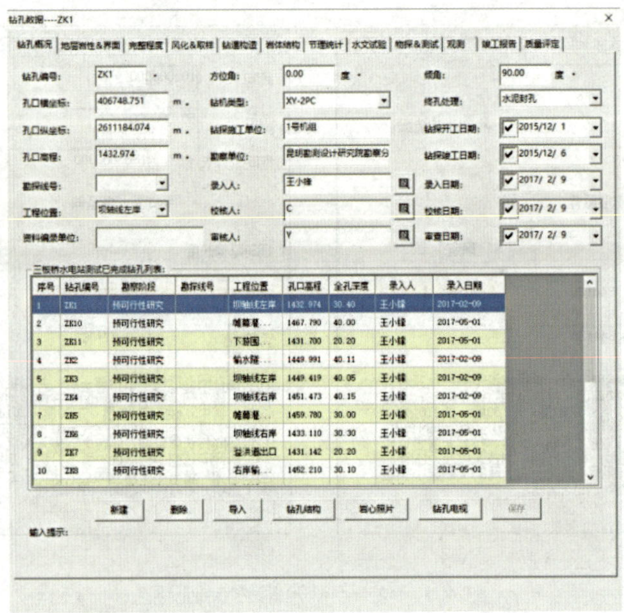

图 4.3-45 钻孔数据录入

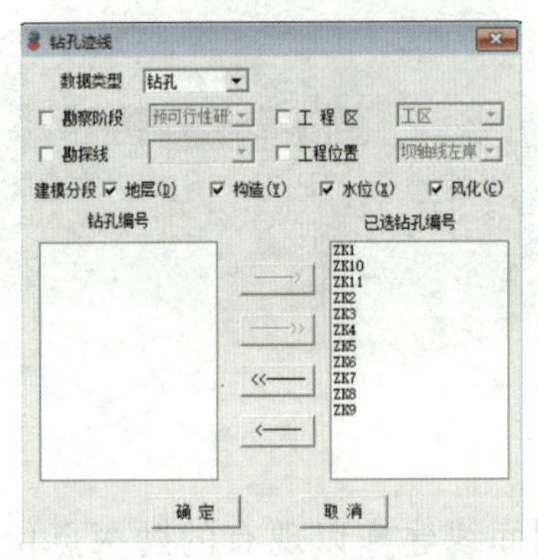

图 4.3-46 参数设置界面

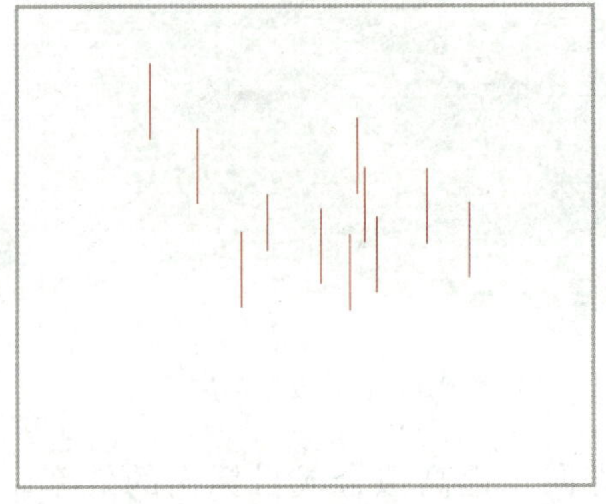

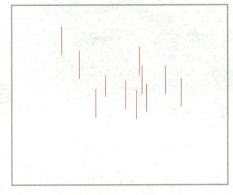

图 4.3-47 钻孔迹线

（4）对生成的勘探线进行连接处理，如图 4.3-49 所示，图中的红色、黄色、粉色、棕色线条为连接后的线条。

（5）对连接后的勘探线进行勘探线布置处理，提取的勘探线数据如图 4.3-50 所示。

（6）选择勘探线并设置相关参数，如图 4.3-51 所示。

（7）在勘探线对应的勘探剖面上使用钻孔的地质信息勾绘出全风化、强风化、弱风化、地下水等地质线条，如图 4.3-52 所示，图中分别以青色、紫红色、粉色对应地下水面、强风化面和弱风化面的线条。

（8）剖面中地下水面、强风化面和弱风化面的线条在三维空间中的形态如图 4.3-53～图 4.3-55 所示。

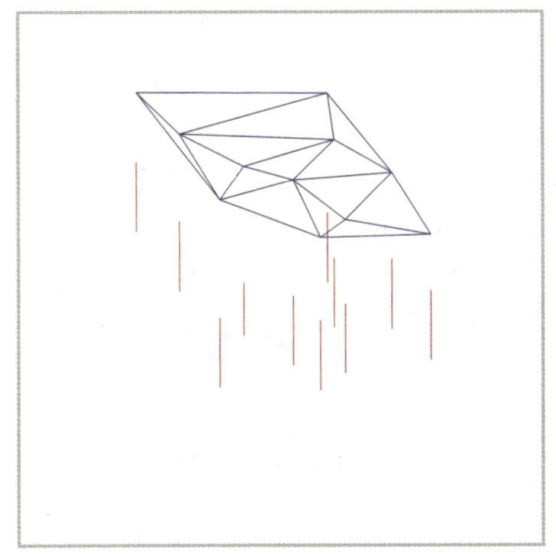

图 4.3-48 三角网格勘探线

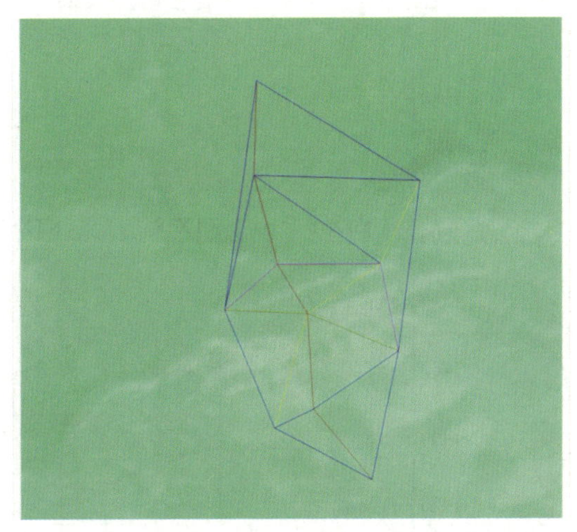

图 4.3-49 处理后的三角网格勘探线

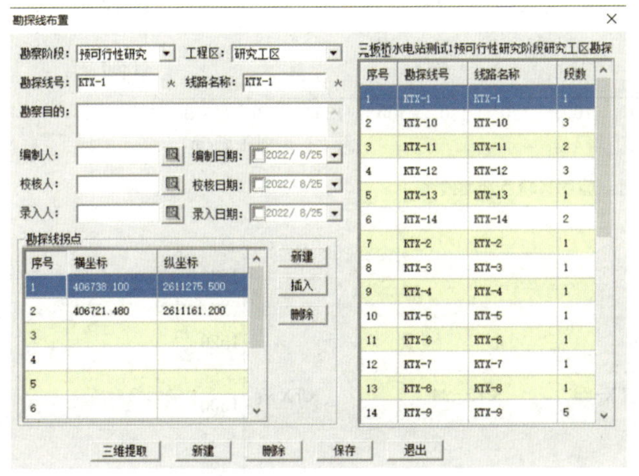

图 4.3-50 提取的勘探线数据

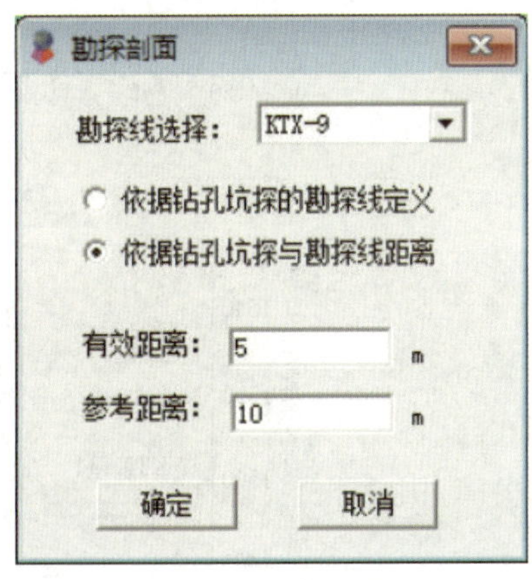

图 4.3-51 勘探剖面参数设置

(9) 分别对地下水面、强风化面和弱风化面的线条进行拟合成面，绘制出地下水面、强风化面和弱风化面，如图 4.3-56～图 4.3-58 所示。

4.3.2.7 特殊对象模型

特殊对象主要考虑透镜体、溶洞及岩脉等地质对象，这类对象的建模方式不同于其他的地质对象，空间的形态特征非常不规则。建模仅根据少量的揭露点，更多结合工程师的判断来进行建模，建模时尽量绘制对象的特征线条和特征截面，通过放样或直接拟合线条的方式来建模。溶洞建模，对于规模较小，勘察数据量较少的溶洞，可采用透镜体法进行建模。对于复杂溶洞，且勘察数据量较多的溶洞，可将溶洞分成多个部分，使用扫掠法进行分段建模，通过拼接得到完整的溶洞模型。

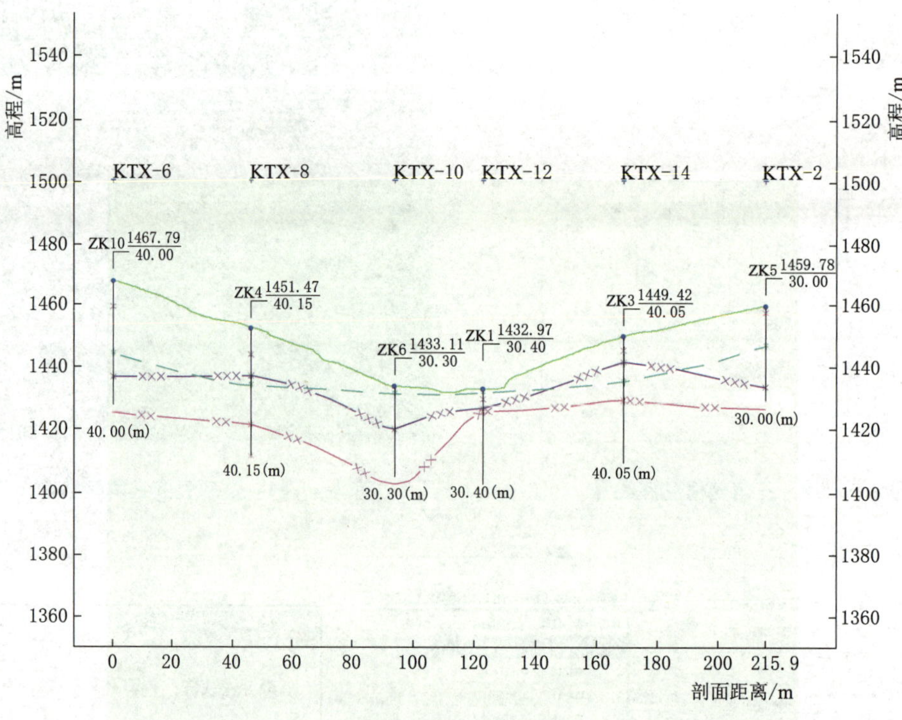

(a) 地质剖面图（粉色地质线条）

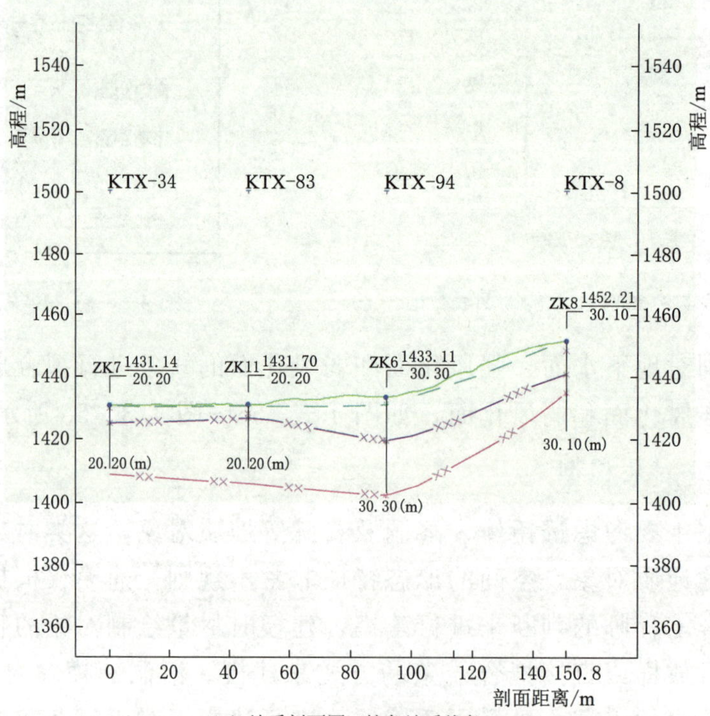

(b) 地质剖面图（棕色地质线条）

图 4.3-52 勘探剖面图地质线条

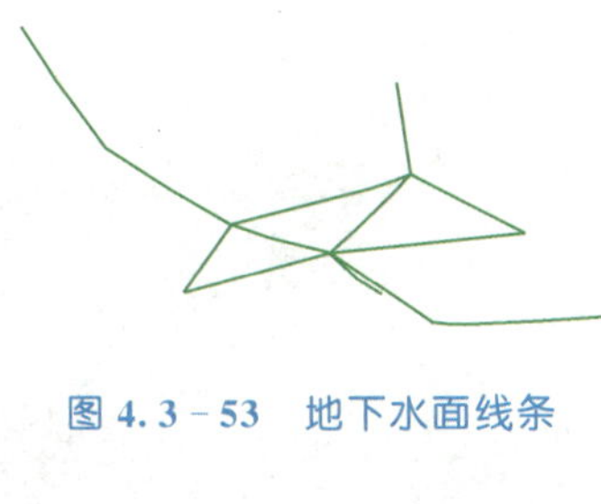

图 4.3-53 地下水面线条

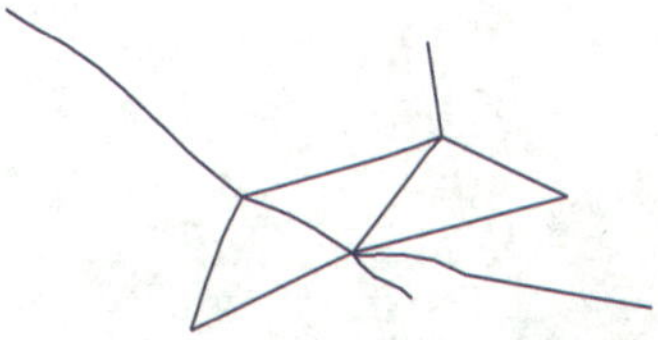

图 4.3-54 强风化面线条

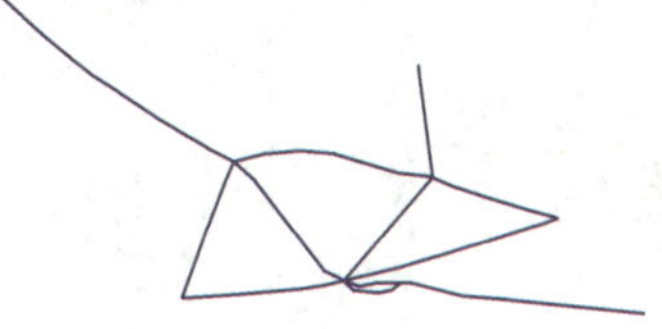

图 4.3-55 弱风化面线条

图 4.3-56 拟合生成的地下水面

图 4.3-57 拟合生成的强风化面

图 4.3-58 拟合生成的弱风化面

1. 透镜体建模

(1) 单弧线透镜体建模，当呈透镜体状的地质对象有一面是依附于另一个面时，采用单弧线透镜体进行建模，具体的建模步骤如下：

1) 在透镜体部位做一条竖直辅助剖面，在二维剖面上绘制透镜体底面线，绘制的二维剖面图如图 4.3-59 所示；三维空间中线条如图 4.3-60 所示。

2) 使用单弧线透镜体功能创建透镜体，如图 4.3-61 所示。

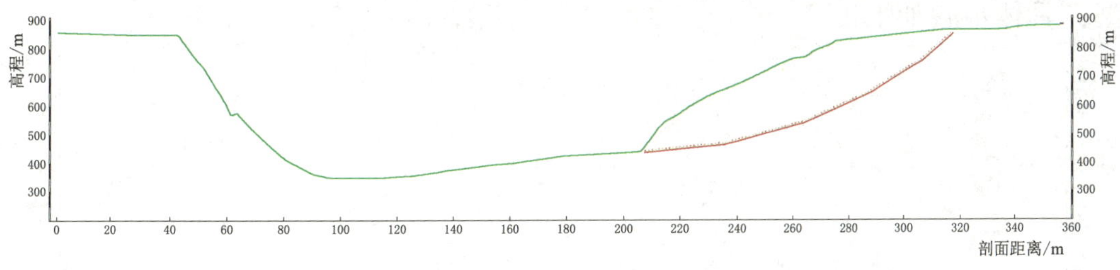

图 4.3-59 二维竖直剖面图

(2) 使用双弧线创建透镜体，该方法的具体步骤如下：

1) 在地形面上设置一条任意方向的竖直剖面，如图 4.3-62 所示，图中的红色线条为竖直剖面的具体位置。

图 4.3-60 三维空间中线条

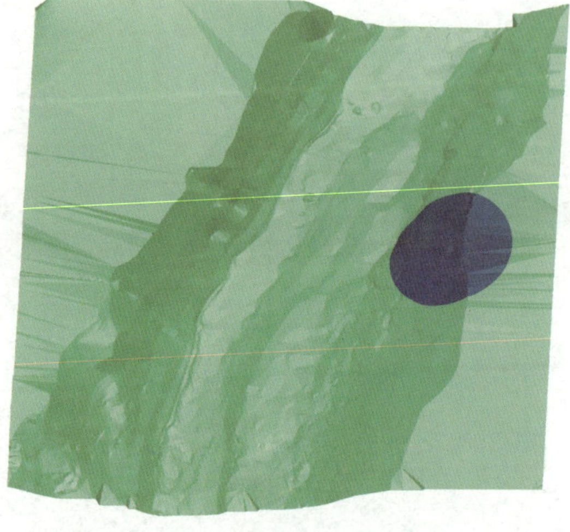

图 4.3-61 创建的透镜体模型

2）二维竖直剖面中，在地形面之下创建上下两条闭合的透镜体线条，在二维竖直剖面及三维空间中的展示如图 4.3-63 和图 4.3-64 所示。

3）选中透镜体线条，使用“多弧线生成透镜体”的方式生成一个透镜体，如图 4.3-65 所示。

图 4.3-62 竖直剖面位置图

2. 特征线拉伸法

当地质对象沿某一特征线呈现出垂直于特征线的截面为近似相同时，可采用特征线放样法进行建模，使用截面的边界线条沿着给定的一条线条进行放样得到面模型。具体步骤如下：

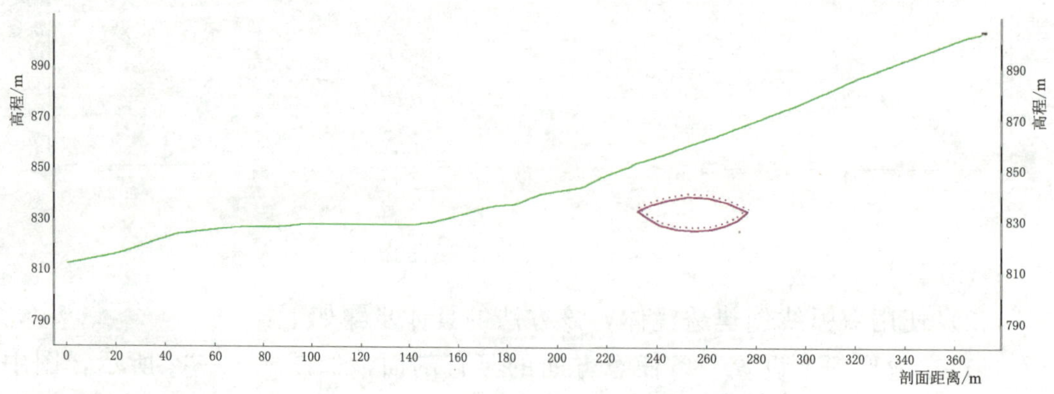

图 4.3-63 二维竖直剖面勾绘的透镜体线条

图 4.3-64 勾绘的透镜体线条在三维空间中的展示

图 4.3-65 使用透镜体线条生成透镜体

（1）给定近乎垂直的截面形状线（蓝色曲线）及走向线（红色曲线），如图 4.3-66 所示。

（2）先选择截面形状线条，再选择走向线，依截面形状生成一个沿走向的曲面，如图 4.3-67 所示。

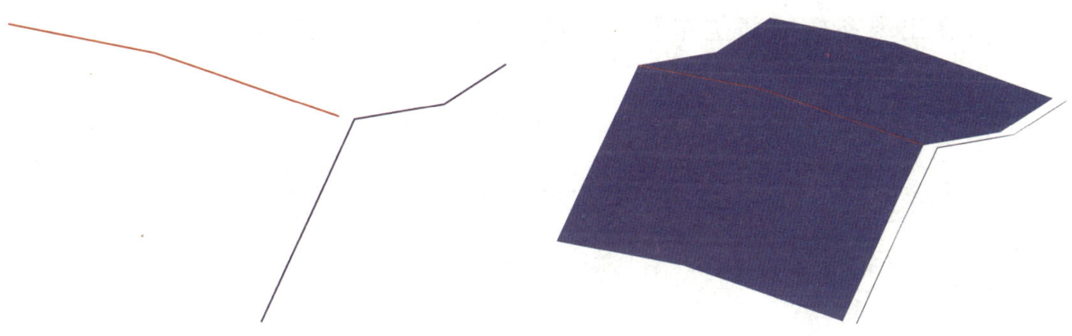

图 4.3-66 截面形状线及走向线

图 4.3-67 特征线拉伸法创建的曲面

3. 特征线放样法

当地质对象沿某一特征线呈现出垂直于特征线的截面为近似相同时，可采用特征线放样法进行建模，使用截面的边界线条沿着给定的一条线条进行放样得到面模型。具体建模步骤如下：

（1）绘制截面线条（蓝色曲线）及控制线（红色曲线），如图 4.3-68 所示，其中截面线条为任意的两根线条，且绕向一致，控制线条为任意多根线条（不能有交叉行为）。

（2）选择截面线条和控制线，完成控制线条建模，创建的曲面模型如图 4.3-69 所示。

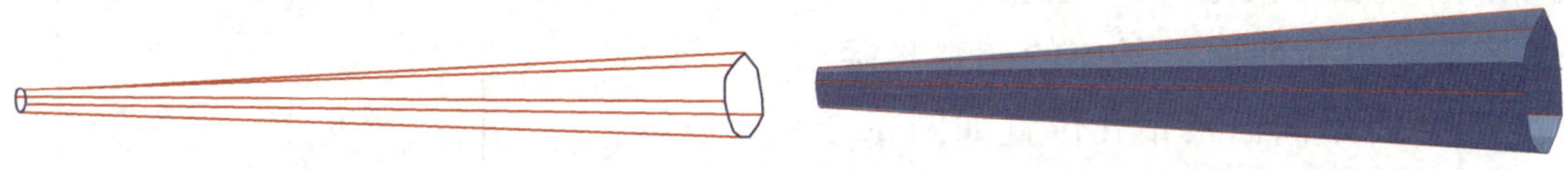

图 4.3-68 截面线条及控制线

图 4.3-69 特征线放样法创建的曲面模型

4. 局部微调法

当拟合完成后的面存在局部的错误时，可采用局部微调法对面进行局部的

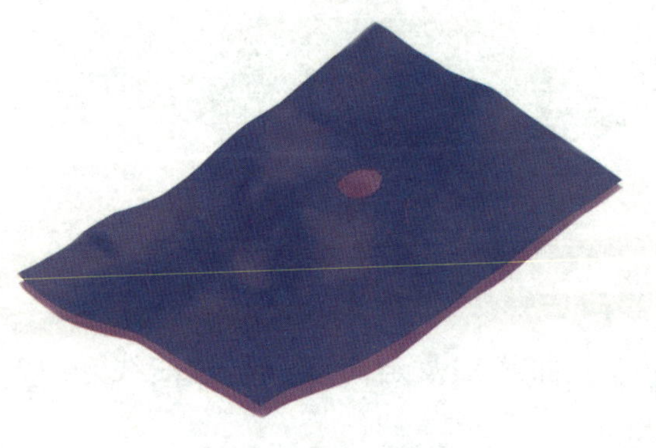

图 4.3－70　存在局部错误的弱风化曲面（洋红）

调整形成新的面对象。具体的实现方法包括下列两种：

（1）简易竖直剖面法。通过对简易辅助剖面中线条的多点进行上提下压或单点精确上提下压交互修改三维面。具体步骤如下：

1）当两个曲面出现了局部的穿插错误时，如图 4.3－70 所示，拟合趋势的不同，导致了下方的弱风化曲面高于强风化面，出现了局部的错误。

2）在出现穿插的部位布置一条简易竖直剖面，二维简易竖直剖面见图 4.3－71。

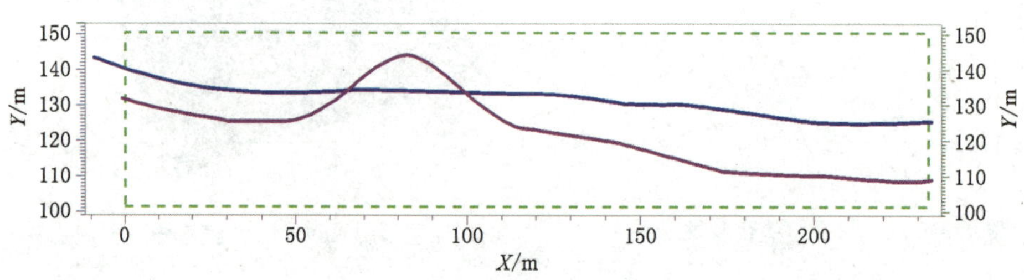

图 4.3－71　二维简易竖直剖面图

3）在二维简易竖直剖面中使用“改点坐标”功能，并选择影响范围参数，对指定点及邻近点的位置进行调整，参数设置如图 4.3－72 所示，可调整的节点如图 4.3－73 所示。

4）调整点后的竖直剖面结果如图 4.3－74 所示。

5）调整二维剖面后，三维模型根据设置参数进行自动调整，调整后的面模型如图 4.3－75 所示。

（2）钻孔调整曲面。当新增钻孔数据与已有曲面存在一定的差距，但是差距较小时，可采用局部的调整来更新曲面。具体的调整步骤如下：

1）原始曲面及钻孔位置如图 4.3－76 所示。

2）钻孔的节点坐标及调整的相关参数如图 4.3－77 所示。

3）按照节点调整后的曲面如图 4.3－78 所示。

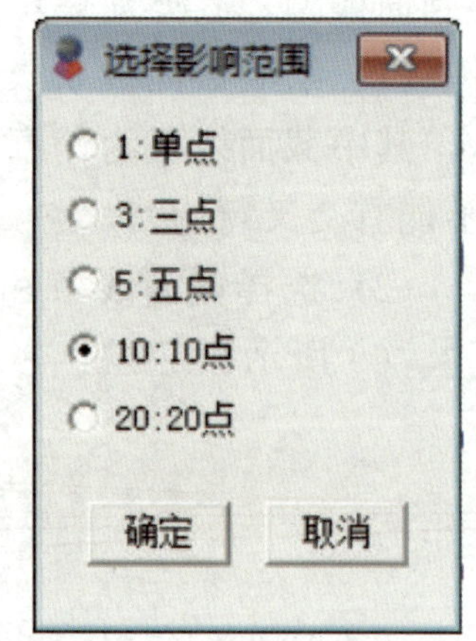

图 4.3－72　“改点坐标”功能参数设置

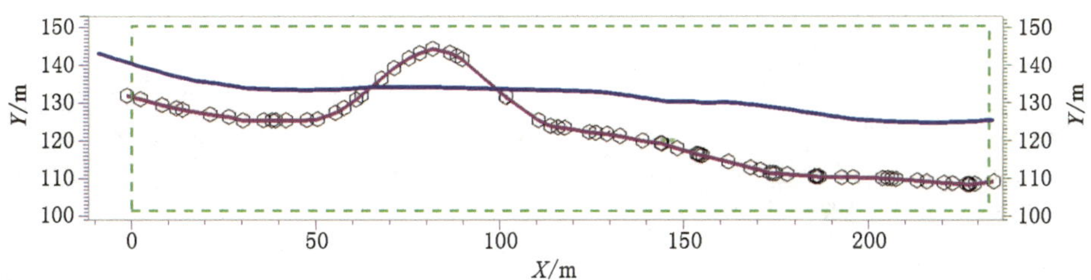

图 4.3-73 可调整的节点

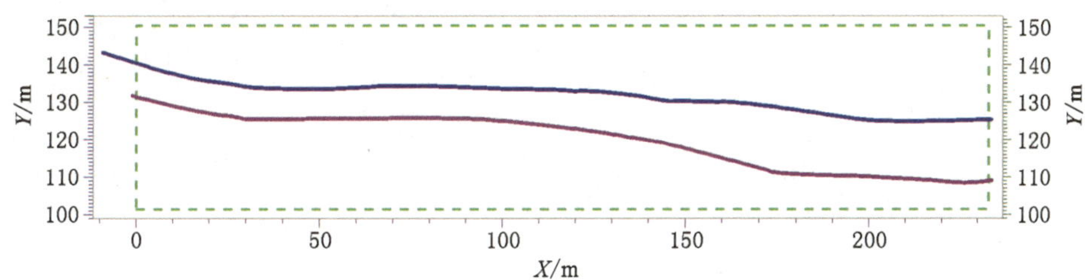

图 4.3-74 调整后的二维剖面图

图 4.3-75 调整后的三维面模型

图 4.3-76 原始曲面及钻孔位置

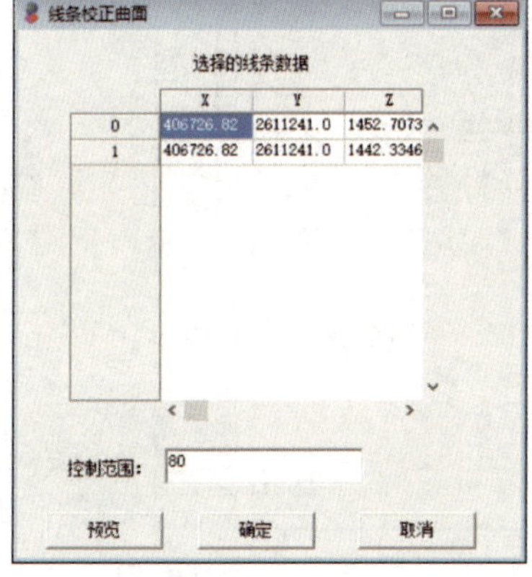

图 4.3-77 钻孔的节点坐标及调整的相关参数

图 4.3-78 按照节点调整后的曲面

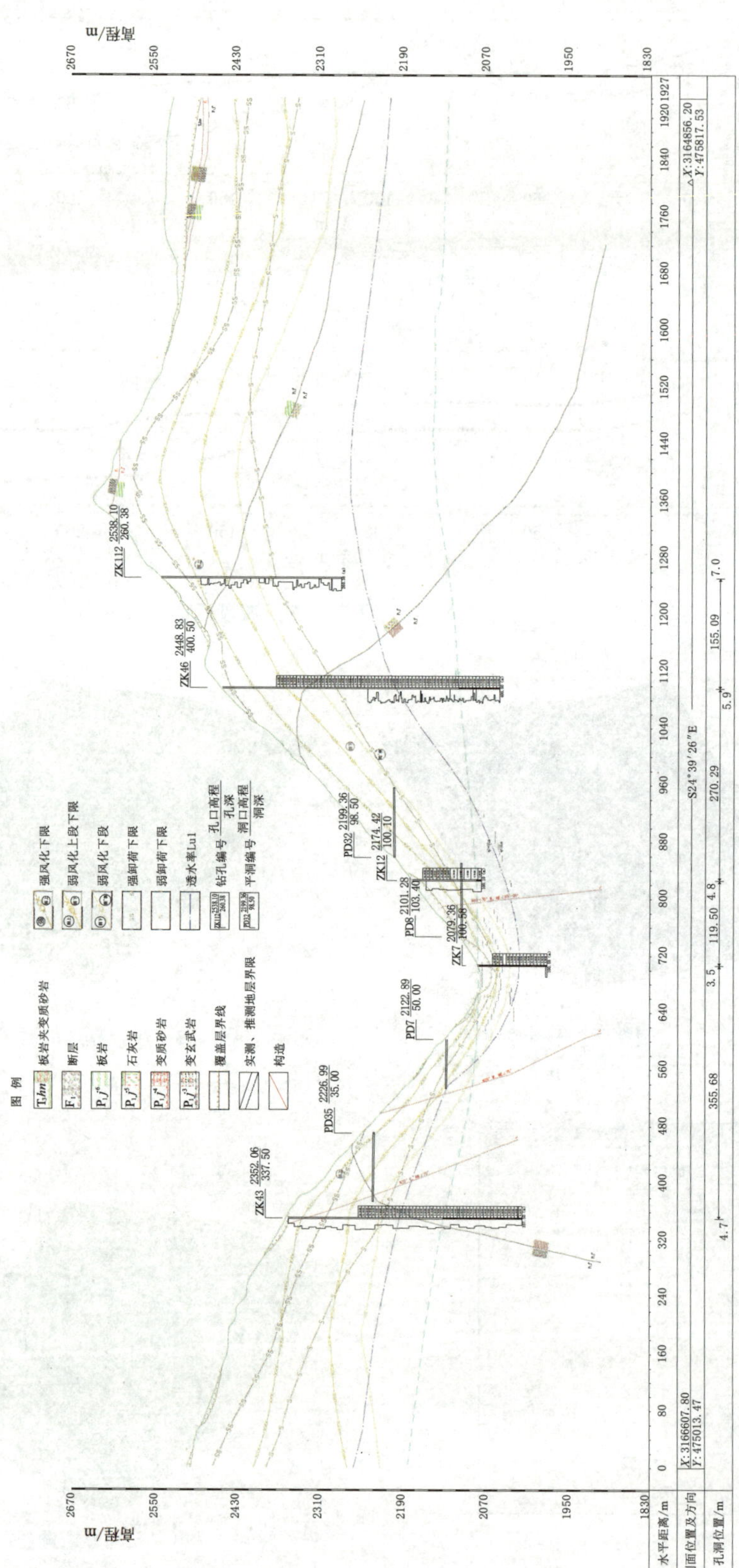

图 4.3－79 ××水电站上坝址Ⅰ—Ⅰ′勘探线地质剖面图

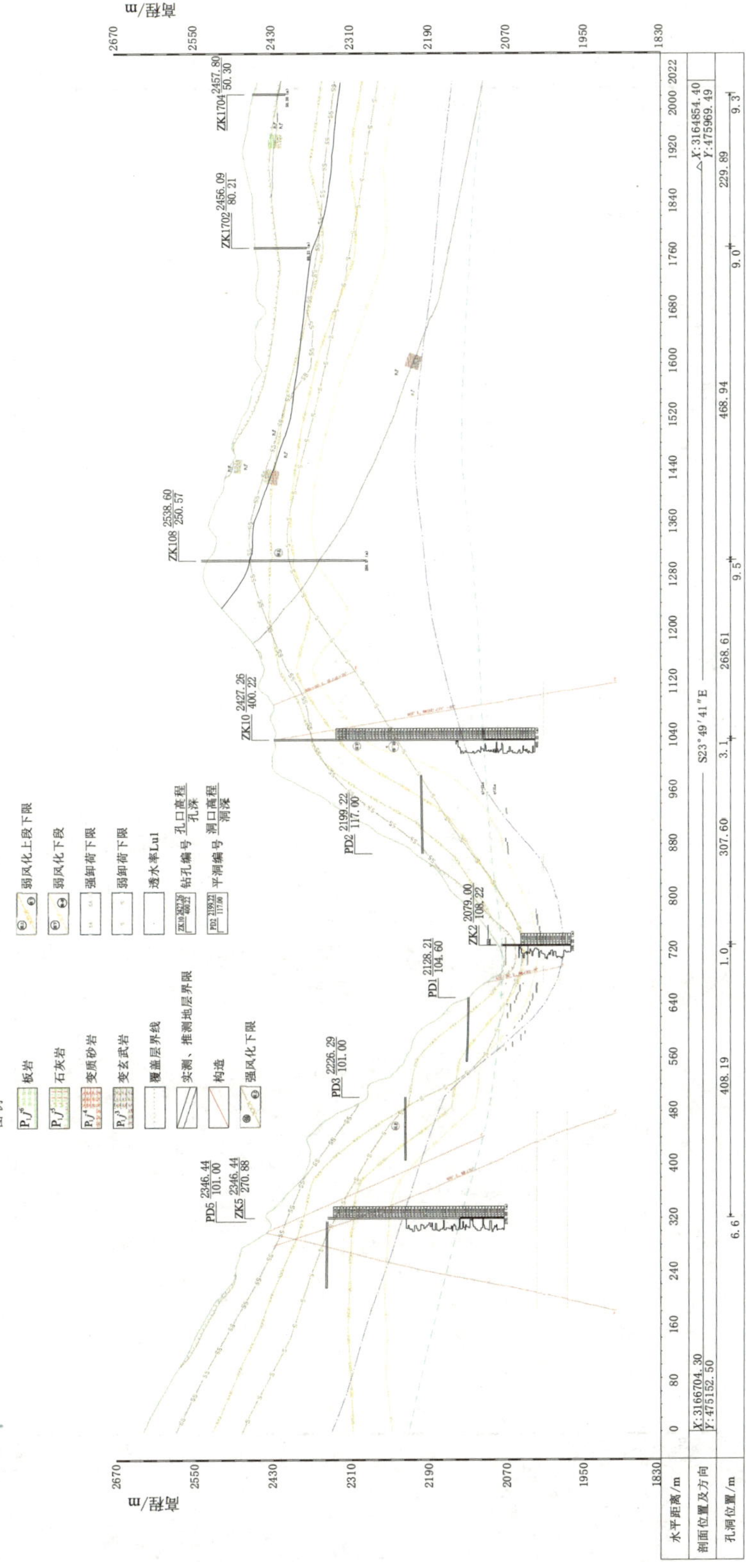

图 4.3-80 ××水电站上坝址Ⅱ-Ⅱ′勘探线地质剖面图

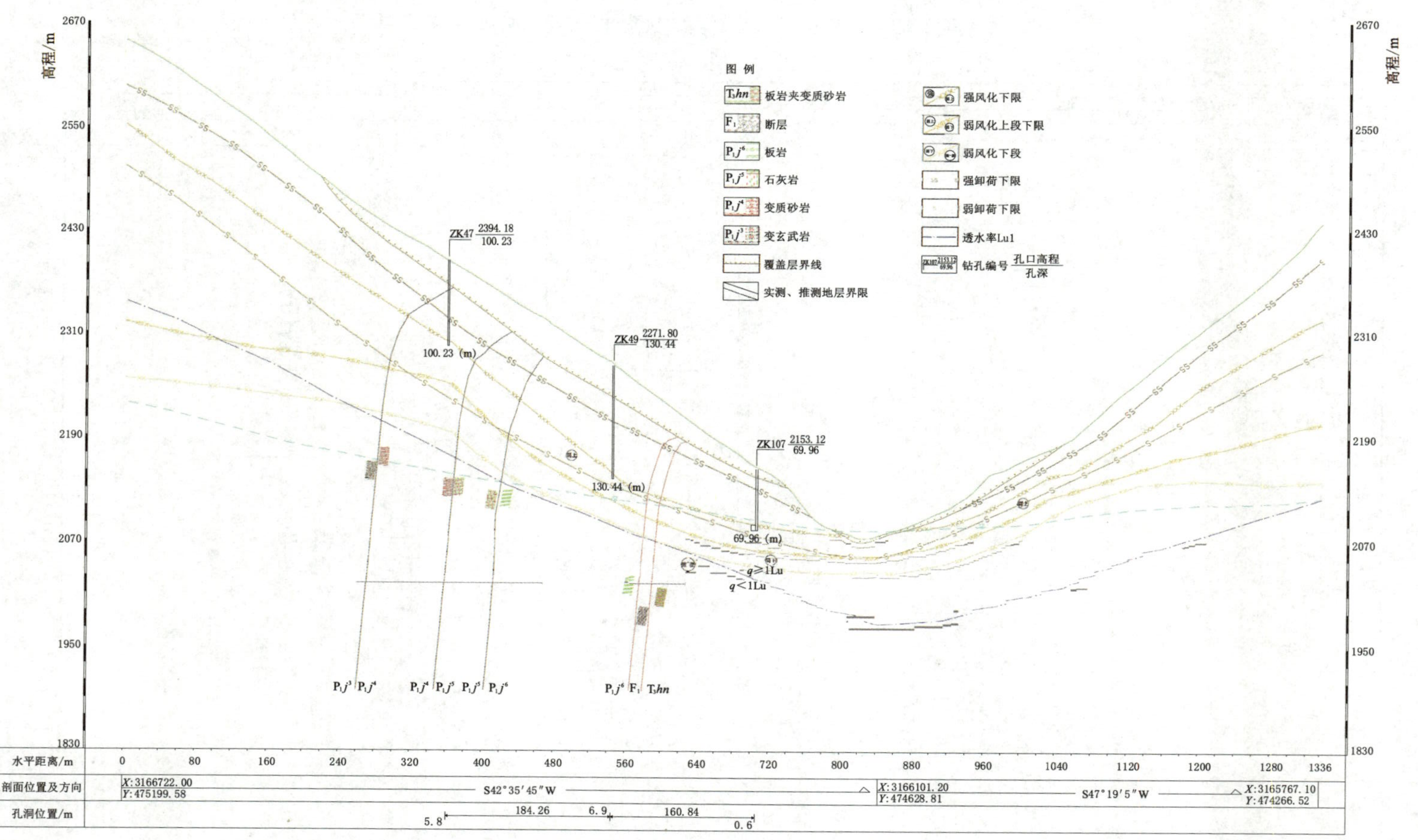

图4.3-81 ××水电站上坝址5—5′地质剖面图

4.3.2.8 模型检查

校审时必须检查前期测绘资料的准确性，检查所有的勘探资料，检查各种数据是否正确，是否正确使用勘探资料，各种剖面是否通过勘探得到的界线点。通过模型分析的方法来了解各种地质对象在空间的变化情况。空间上了解各种对象之间的交切关系。具体采用如下方法：

(1) 控制剖面法。通过检查各个控制剖面上地质内容的客观性、合理性，原始资料引用的正确性。具体的剖面图样式如图 4.3－79～图 4.3－81 所示。

(2) 产状查询法。通过对迹线或面的查询以检查是否与使用的资料相符合。对红色构造面进行产状查询，结果如图 4.3－82 和图 4.3－83 所示。

(3) 剖切分析法，通过在纵向、横向及水平向等不同方向上对面模型进行剖切以查看面模型在空间上的变化趋势，各对象之间的接触关系、交切关系等，可以进行单截面分析、多截面分析、剖面分析、虚拟钻孔、虚拟平洞、栅格剖面分析等操作，在空间上多角度反映地质对象的变化情况，为地质对象的空间分析提供了基础，结果如图 4.3－84～图 4.3－88 所示。

(4) 统计分析法，由软件生成各种统计数据，查看数据的分布特点、变化特点等，以检查一些比较明显的错误。

(5) 等值线法，将面以等值线的方式表达，可查看数据相对于地形面的变化特征，可确定模型的合理性。填充面及转换成等高线的样式如图 4.3－89～图 4.3－91 所示。

(6) 三维整体校审，通过对面模型的显示或隐藏、半透明化等操作，从多角度、多视图来对模型进行整体校审，宏观判断模型的完整性、合理性。整体半透明显示地层、断层的空间分布，如图 4.3－92 所示；对部分地层进行隐藏，显示主要地层、断层与建筑物的关系，如图 4.3－93 所示；通过局部放大，突出展示地层、断层与建筑物的关系，如图 4.3－94 所示。

图 4.3－82 地形面和构造面

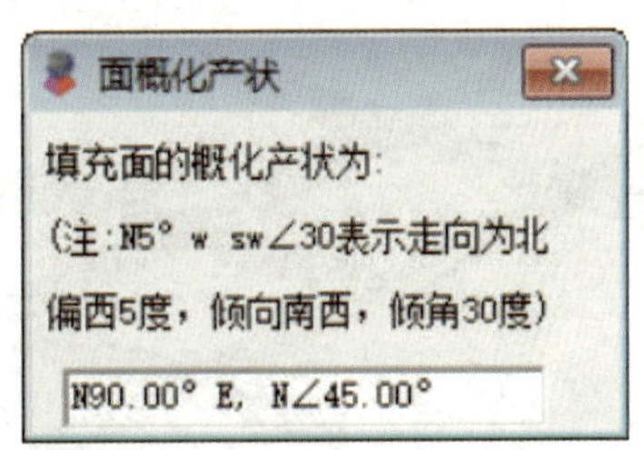

图 4.3－83 面概化产状

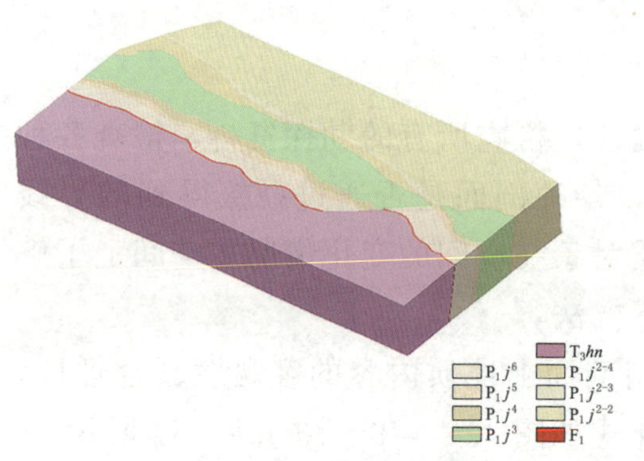

图 4.3-84　单截面分析

图 4.3-85　剖面分析

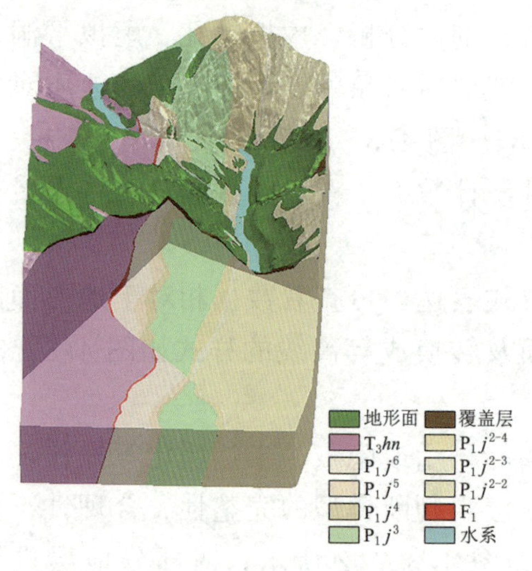

图 4.3-86　多截面分析

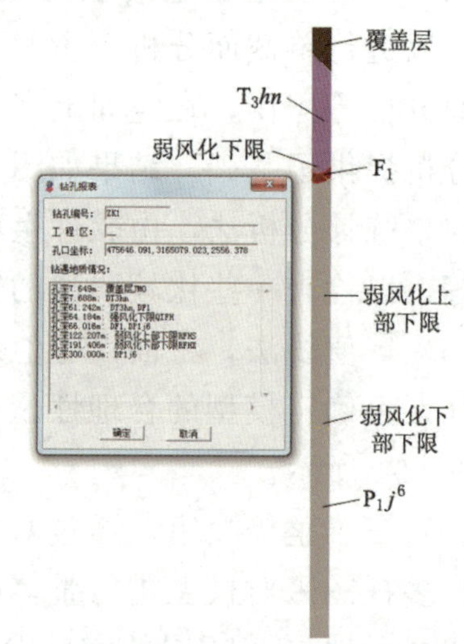

图 4.3-87　虚拟钻孔

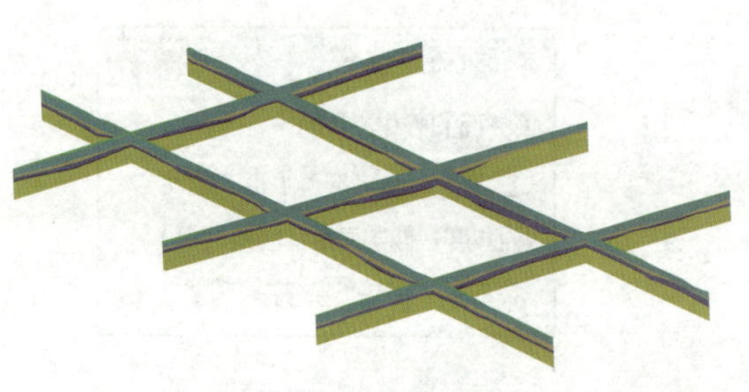

图 4.3-88　栅格剖面分析

图 4.3-89　填充面

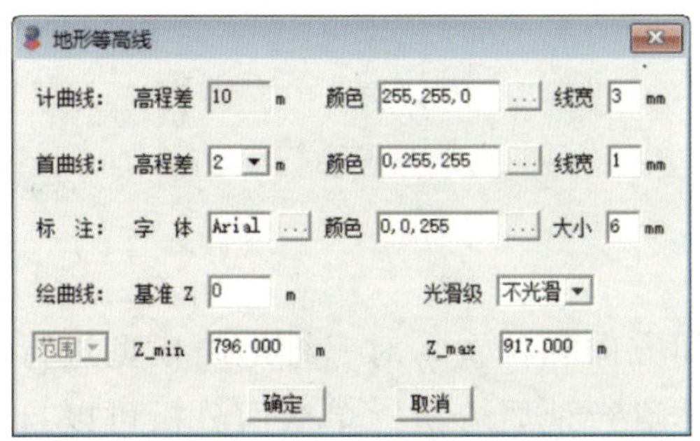

图 4.3-90 生成等高线的参数设置界面

图 4.3-91 填充面及生成的等高线

图 4.3-92 半透明展示整体地质模型

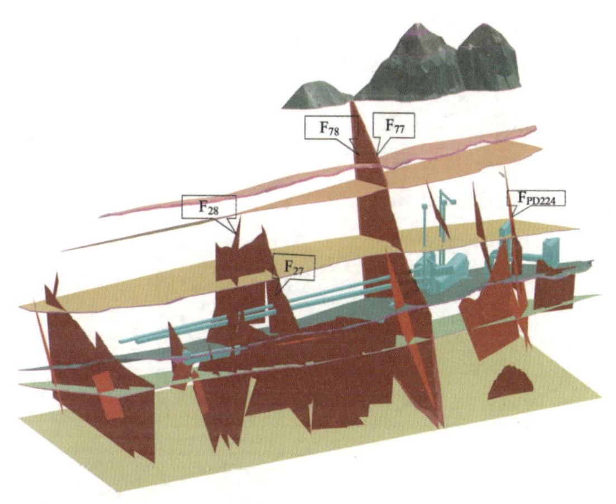

图 4.3-93 部分隐藏展示地层、断层与建筑物的关系

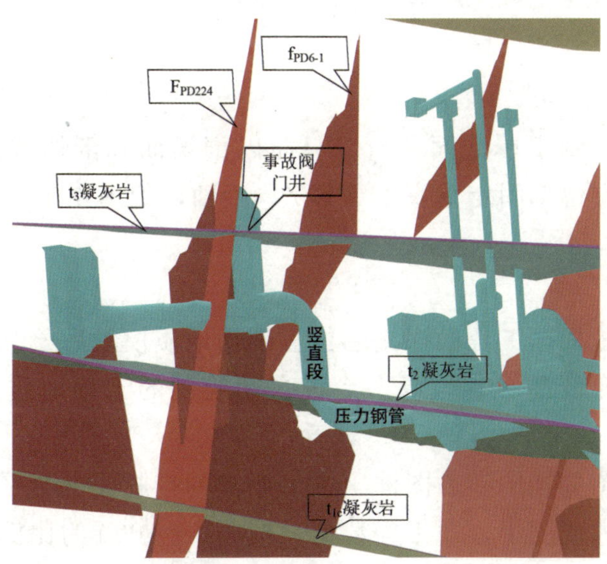

图 4.3-94 局部放大展示地层、断层与建筑物的关系

4.4 模型分析

4.4.1 单截面分析

单截面分析是指，通过设定截面的空间方向和位置，对三维地质模型进行裁切，得到模型的剖切线、剖切面或剖切体进行地质分析。单截面分析可以自由设定截面的空间方位，操作灵活，可以通过鼠标拖拽，或者通过功能界面设置，如图 4.4－1 所示。

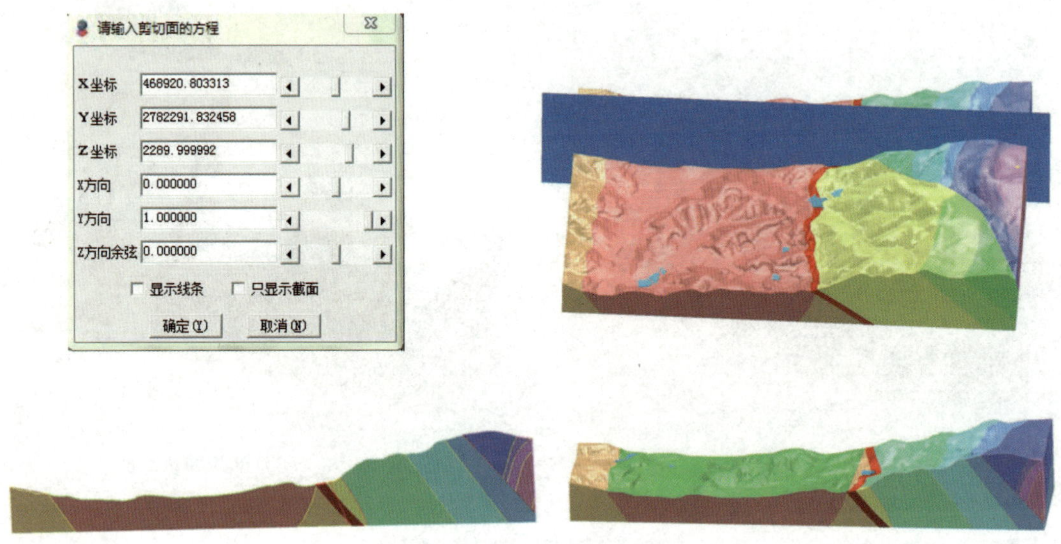

图 4.4－1 单截面分析

4.4.2 多截面分析

多截面分析有别于单截面分析，只能以剖切面和剖切线形式展示分析结果，每个截面的方位都固定垂直于 X、Y、Z 轴，如图 4.4－2 所示。

4.4.3 剖面地质图

剖面地质图是根据工程勘探线的位置剖切地质模型后绘制而成，成果属于一级或二级产品，产品级别较高。系统自动绘制的工程地质剖面图具有如下特点：

（1）图名、图例、图签、图框、文字标注的排版要求与平面图相同，均需要随出图比例放大或缩小，而工程数据只按照 1∶1000 的比例输出，图纸输出时也需要缩放打印。

图 4.4-2 多截面分析

(2) 剖面图中的钻孔和平洞标注需要考虑孔洞到剖面线的水平距离，距离在有效距离范围内的以实线绘制，在参考距离范围内的以虚线绘制，参考距离以外的孔洞不绘制。

(3) 剖面图中的钻孔数据标注，右边固定标注钻孔注水、压水试验获得的渗透系数和透水率，而左边需要用户选择钻孔岩石质量指标 RQD 或者钻孔岩芯采取率。

(4) 系统输出的剖面图允许横纵比例尺不一致，剖面高程和水平距离标注的间隔随横纵比例尺动态变化。

(5) 剖面图图层划分以及各部位文字的字体样式遵循昆明院企业标准。

(6) 用户通过系统对话框，选择需要剖切剖面图的模型图层，被选择的图层数据才会在剖面图中输出。

4.4.4 剖面分析

剖面分析包括竖直剖面分析和水平剖面分析，其中竖直剖面分析是沿着多段线的路径竖直方向切割模型，水平剖面分析是由用户设定平切高程切割模型，分析的结果可以是三维剖切体、剖切面、剖切线和二维分析剖面图。当竖直剖面分析的多段线位置是由已勘探的孔洞位置确定时，这种分析方式称为孔洞连线剖面分析；当以某条线为基线，平行等间距一次性切制众多地质分析剖面图的分析方式在系统中称为多剖面分析。

剖面分析方法分述如下：

(1) 竖直剖面分析。竖直剖面分析与单截面分析具有类似的功能，都具有剖切体（又名 3D 剖面）、剖切面（又名 3D 折剖面），但是其还具有更多的专业特色：①竖直剖面分析能够在用户界面上指定模型中由多个连续切割面分割的内外两部分（凸体和凹体）的去留，如图 4.4-3 (a) 所示；②剖切面固定为竖直面，且剖切线可以连续多段，如图 4.4-3（b）所示；③剖面分析的结果要多一种表达方式，即是以专业规范的图纸格式在二维模块中输出分析剖面图，界面上可以设置孔洞的有效和参考投影距离，当连接数据库操作时会自动标注钻孔平洞，如图 4.4-3（c）所示。

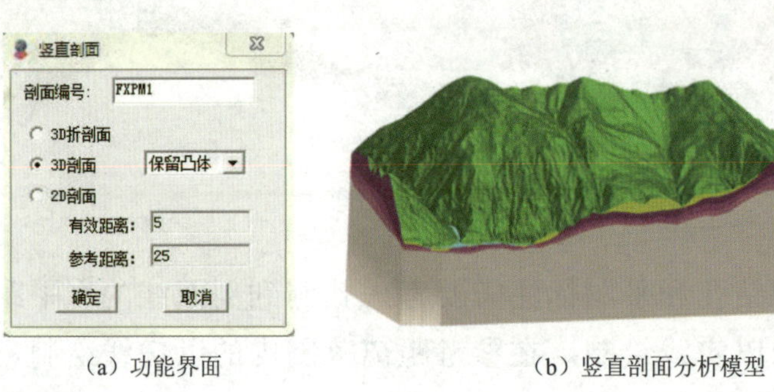

（a）功能界面　　（b）竖直剖面分析模型

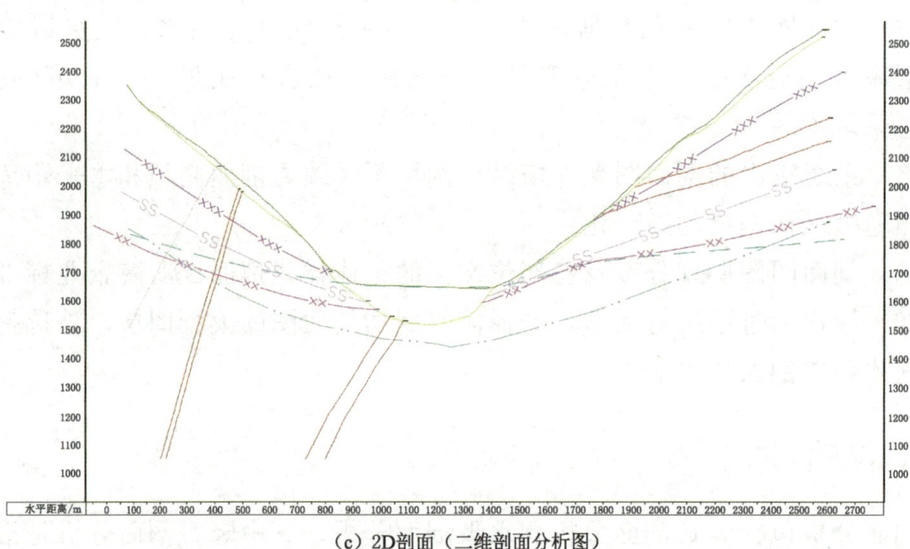

（c）2D剖面（二维剖面分析图）

图 4.4-3　竖直剖面分析

（2）水平剖面分析。水平剖面分析也是从专业需求的角度专门开发的功能，只有一个水平截面，用户在功能界面上输入精确的平切高程，如图 4.4-4（a）所示。水平剖面分析结果表达形式有两种选择，分别是 3D 剖切体和 2D 平切图。根据用户习惯，3D 剖面已经强制删除切割模型的上半部分，仅保留下半部分和切割面上的地质线条，如图 4.4-4（b）、（c）所示。根据专业规范要求，2D 剖面分析图在二维模块中显示，并且自动标注。当数据库保持连接时，2D 剖面分析图将自动完成平面范围内的钻孔和平洞的标注，如图 4.4-4（d）所示。

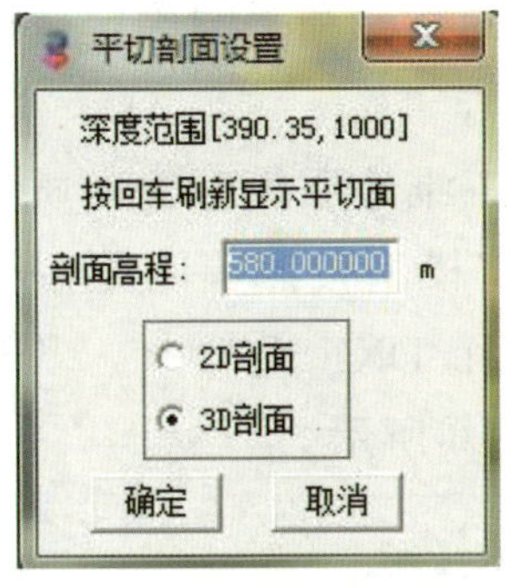

（a）功能界面

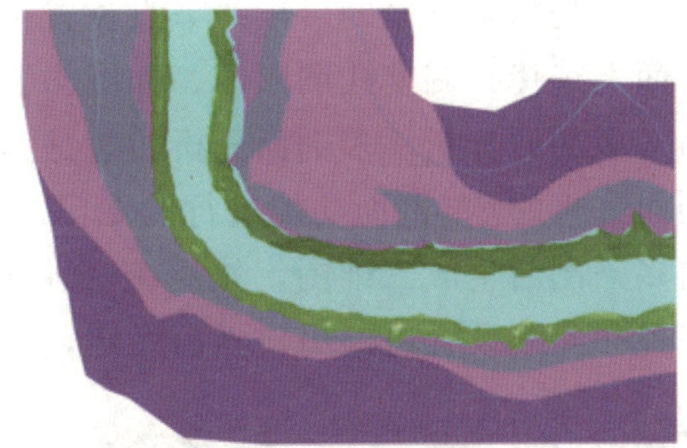

（b）3D剖面（俯视）

（c）3D剖面（侧视）

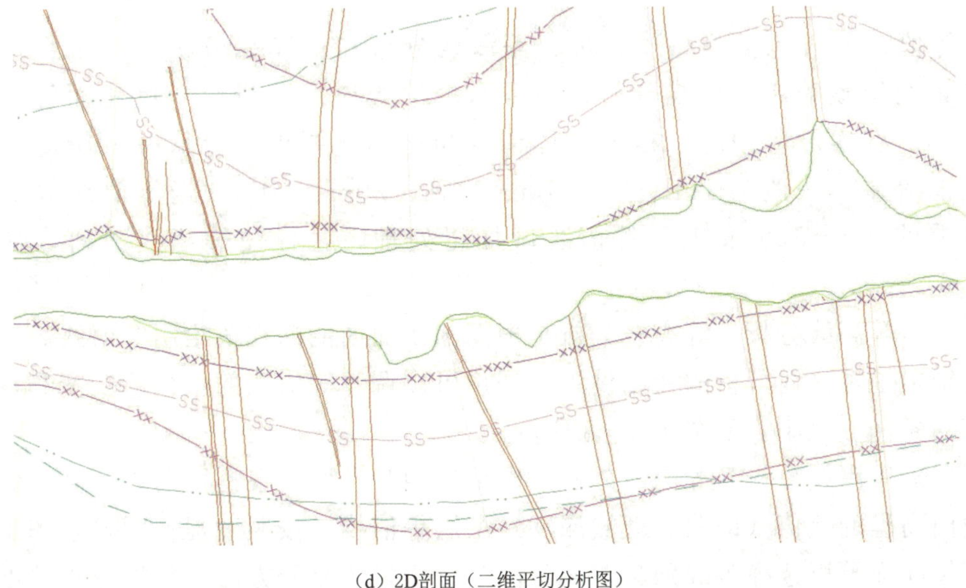

（d）2D剖面（二维平切分析图）

图 4.4-4 水平剖面分析

（3）孔洞连线剖面分析。孔洞连线剖面分析的结果形式与竖直剖面分析完全一样，只是切割剖面的多段线节点位置由已完成的钻孔和平洞确定，用户可以在界面上选择并调整孔洞顺序，如图 4.4－5 所示。

（4）多剖面分析。多剖面分析功能是为了验证三维地质模型建模质量，对竖直剖面分析的 2D 剖面功能进行的专门定制，即将模型按照等间距抽样一次性切出多条剖面生成二维图，然后统一输出到同一个 DXF 文件中。多剖面切割线位置和间距设置通过用户界面设定，如图 4.4－6 所示。

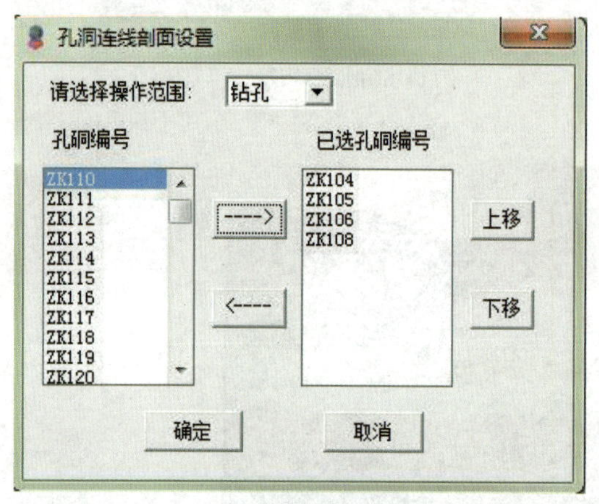

图 4.4－5 孔洞连线剖面分析

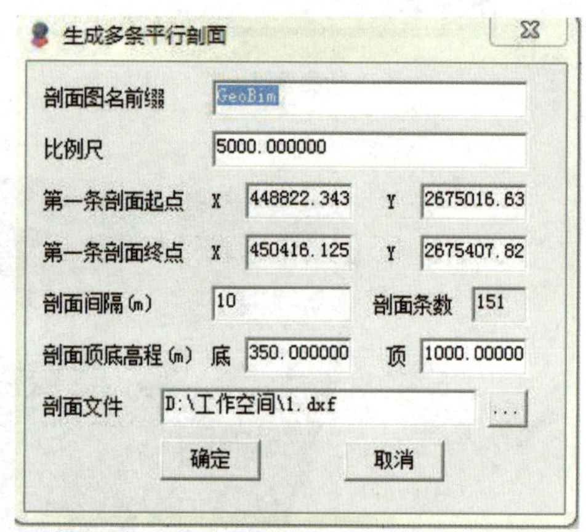

图 4.4－6 生成多条平行剖面界面

4.4.5 等值线分析

等值线分析包括等高线分析、等深线分析和等厚线分析，在工程地质中经常用于覆盖层等厚线分析、地下水埋深等值线分析、弱风化面等高线分析等。在实际应用时，根据工程精度和比例尺要求，等值线分析应采用固定的等差，一般为 1m、2m、5m、10m、20m、50m。当等值线数值等于等差的（$0\pm5n$）倍时，等值线做加粗处理，且标注等值线数值，如图 4.4－7 所示。

（1）等高线分析。等高线分析是根据地质曲面的高程值绘制等值线。功能界面给出了等高线分析的初始设置，用户可以调整等值线的颜色、线宽和标注文字的颜色、大小，如图 4.4－8 所示。

（2）等深线分析。等深线分析是以地形面为参照，根据地形表面高程和地质曲面高程的差值（即曲面埋藏深度）绘制等值线，按照工程精度要求和工作比例尺同样可以选择各级别深差。等深线分析采用差分方法，数据分析精度由用户根据需要设定（图 4.4－9），默认分析精度采用 2m×2m。

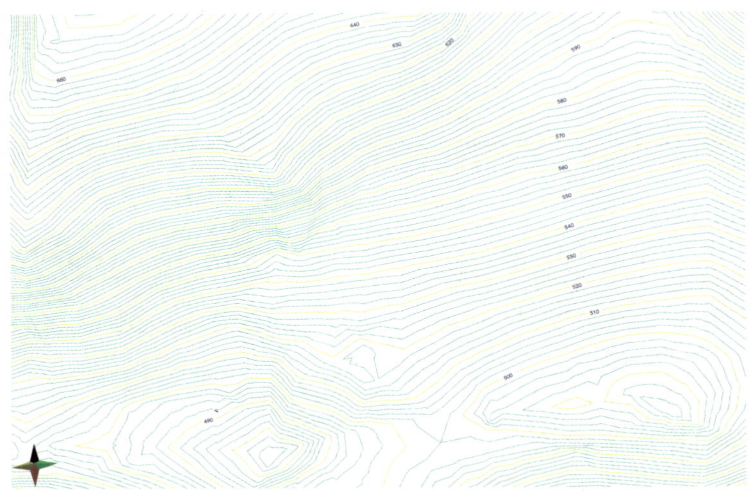

图 4.4-7 等值线分析

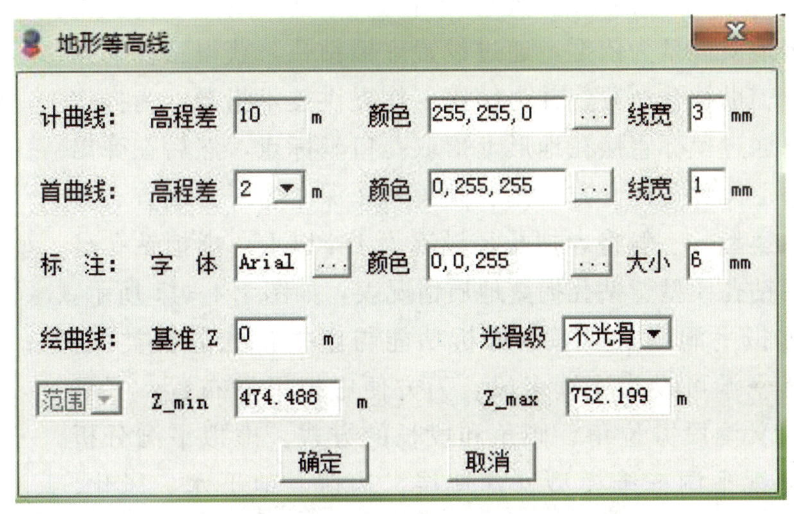

图 4.4-8 等高线分析

(3) 等厚线分析。等厚线分析功能一般用于地层单元在竖直方向的厚度分析，比如分析天然建筑材料有用层或无用层的厚度分布情况。该分析功能也采用差分方法，由用户设置计算精度，默认精度采用 2m×2m，用户界面如图 4.4-10 所示。该分析方法适合较平缓的地层单元进行分析，不适用于单套地层在竖直方向上有不连续的多个分块，或者单套地层产状陡立。

4.4.6 虚拟孔洞分析

虚拟孔洞分析是指在地形的某个部位开口，沿着用户设定的方向、深度和口径虚拟开挖三维地质模型，将虚拟开挖的孔洞模型以三维视图的方式呈现，

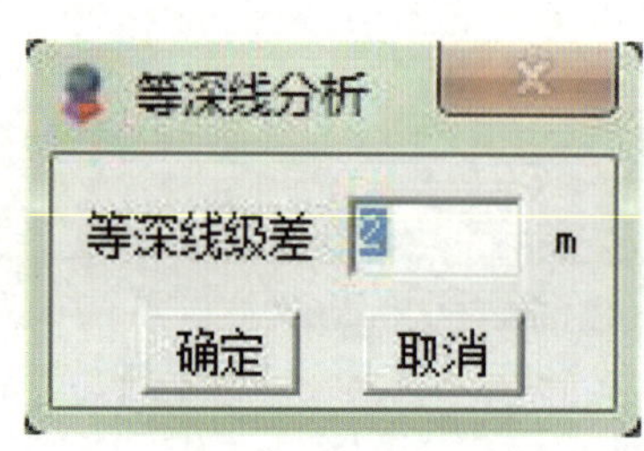

图 4.4-9 等深线分析

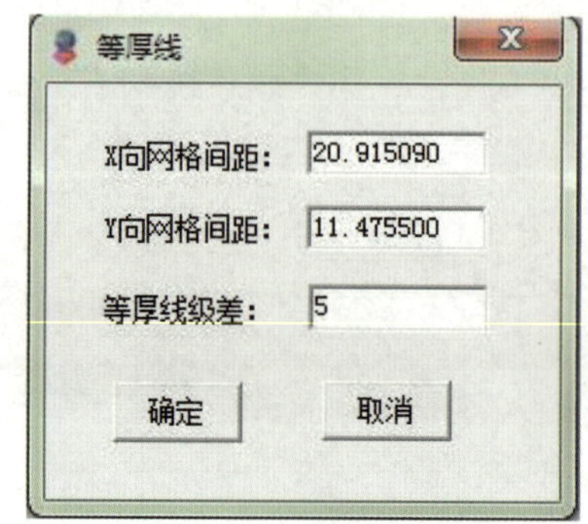

图 4.4-10 等厚线分析

并计算地质界面在虚拟开挖中心线上的交点桩号，然后形成文字报表。虚拟开挖分析考虑了最常用的虚拟钻孔分析和虚拟平洞分析。

（1）虚拟钻孔。虚拟钻孔分析的目的是以前一勘察阶段成果建立的三维地质模型为依据，通过设置虚拟钻孔，获得钻孔揭露地质信息，辅助钻孔布置，并为钻探工作提供技术指导。为操作方便，用户通过鼠标直接在地形上拾取孔口坐标点，然后在弹出的功能界面上设置孔径、方位角、倾角和孔深。为了方便查看虚拟钻孔三维模型，一般将虚拟孔径设置为 1m 以上。虚拟钻孔分析结果包括钻孔模型、钻孔揭露地质情况表，如图 4.4-11 所示。

（2）虚拟平洞。虚拟平洞分析功能与虚拟钻孔分析类似，所不同的是平洞可设为连续多段。为方便虚拟平洞布置，平洞分段采取定义洞段方位角、倾角和段长的方式。虚拟平洞分析结果包括可视平洞三维模型（含地层、构造、地下水、风化、卸荷等）和平洞揭露地质情况报表。

图 4.4-11 虚拟钻孔分析

4.4.7 虚拟开挖分析

虚拟开挖分析是针对工程岩体的施工状态提出来的地质分析功能，通过可视化效果表现岩土体开挖后的状态，利用开挖模型计算开挖部分的总体积以及分岩层体积，可为项目汇报材料提供素材等。虚拟开挖分析根据开挖方式不同分为洞室开挖分析（地下）和基础开挖分析（地表），两种分析在计算机中的处理方式有所不同。

（1）洞室开挖分析。洞室开挖分析要求洞室模型为一个或多个封闭或半封闭的表面模型，只保留开挖面，不包括支护结构。洞室模型由设计专业提供，初始模型一般都是参数化的表面模型。为了提高分析计算的速度，在保证计算精度要求的前提下，需要对洞室模型做三角剖分处理，得到形状近似的三角网格表面模型。洞室开挖分析的具体操作步骤是，在三维设计平台中将洞室模型三角剖分处理，再以常用的 DXF 格式输出，然后导入地质系统，选中要进行分析的洞室模型执行命令。洞室开挖分析模型由洞室表面、地质界面、构造面、风化面、卸荷面、地下水面、相对隔水层顶板等组成，具有空间拓扑关系，与初始三维地质模型一样，仍然可以继续进行其他的分析操作，如剖面分析、等值线分析等。

（2）基础开挖分析。基础开挖分析与洞室开挖分析的曲面处理方法和操作步骤一致，不同的是由计算机执行的过程。因为基础开挖分析的开挖面为半封闭，且开挖表面与地形面大致吻合而不完全，考虑到开挖面朝上开口，所以设定系统功能强制将开挖面沿着开口线垂直向上拉伸若干米，保证开挖面能够将三维地质模型完全切割。

基础开挖分析可以根据问题分析的需要，将表现形式定制为不同的主题，比如开挖面构造分析、风化深度分析、卸荷深度分析、地下水位分析等。

4.4.8 其他模型分析

（1）栅格剖面分析。栅格剖面图是地质上常用来查看地质体内部地质结构的重要工具，图面由多个垂直或水平方向切制的剖面按照空间位置组合，如图 4.4-12 所示。这种分析工具能够以剖面的视图表达地质结构面的空间位置关系，适合作为工程汇报材料和专题报告插图。

（2）试验曲线分析。试验曲线功能也是系统提供的工程地质问题分析工具。如图 4.4-13 所示实例，钻孔声波测试试验数据点沿着钻孔基线在三维中连接成折线，折线的起伏代表了孔内声波速度随洞深的变化。在系统中同时打开钻孔模型、构造面模型和测试曲线模型时，用户可以分析数据值突然变化的原因，查明工程地质情况。此图实例说明，在断层面通过的位置，钻孔附近岩体受断层影响较大，上盘的岩体表现更差，表现为破碎岩体的波速特征。

（3）块体分析。边坡或洞室地质块体分析需要明确交代几个方面的情况：①获取块体精确的几何特征值，比如顶点坐标、棱边长、块体体积以及各滑面或裂面的概化产状；②明确块体滑裂面所处岩性层及其物理力学性质指标；③交代块体边界条件（即与其他块体或临空面的空间位置关系）以及块体所处的地质条件（主要是水文条件）。

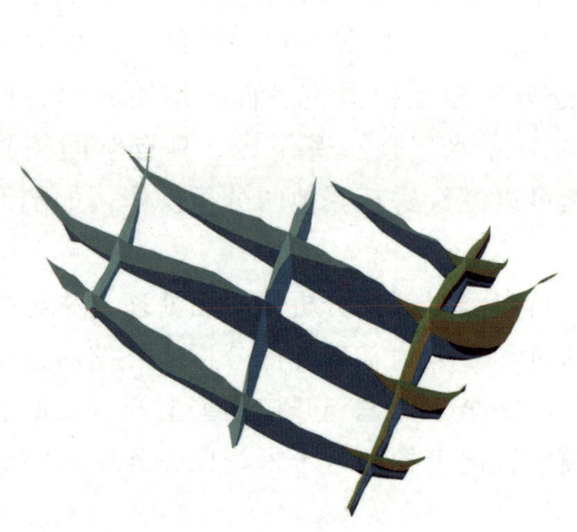

图 4.4-12 栅格剖面分析

图 4.4-13 钻孔声波曲线与断层面示例

在本系统中，通过建立块体的三维模型，查询块体的空间位置以及组成结构面的空间关系，计算块体的角点坐标、棱线长度、滑面面积和块体体积等参数，再将这些参数与岩体物理力学参数一起输入专业块体分析软件即可得到块体的稳定性计算结果。

本系统未直接提供块体分析的计算功能，需要借助其他专业软件实现块体稳定性计算。系统能够在这个过程中提供实际完成的可转换数据格式的三维模型和其他参数，缩短了以往计算分析所需要花费的专门建模时间。

4.4.9 几何查询统计

几何数据查询主要是在本地的三维空间模型上进行的。本系统根据需求分析和实际应用情况主要设计了以下几种几何数据查询：点坐标、两点距离、线段产状、两线投影夹角、面概化产状、陡坡（大于某坡度）面积、围合面体积、土石方量。这几类查询在工程中使用频率较高，本系统特别根据这几类几何数据查询的特点进行设计，可以快速方便准确地获得查询结果，部分几何数据查询结果如图 4.4-14 所示。

对于查询结果，用户可以直接复制到文档中使用。其中土石方量的查询不仅计算整个开挖体的方量，还根据岩性、风化以及地下水情况对开挖体进行了分层体积计算，为开挖施工提供一定的参考，最后可以输出成 EXCEL 报表供计算或者报告中使用。通过与多种软件的计算结果相比较，该系统的查询结果能够满足工程建设的精度要求。

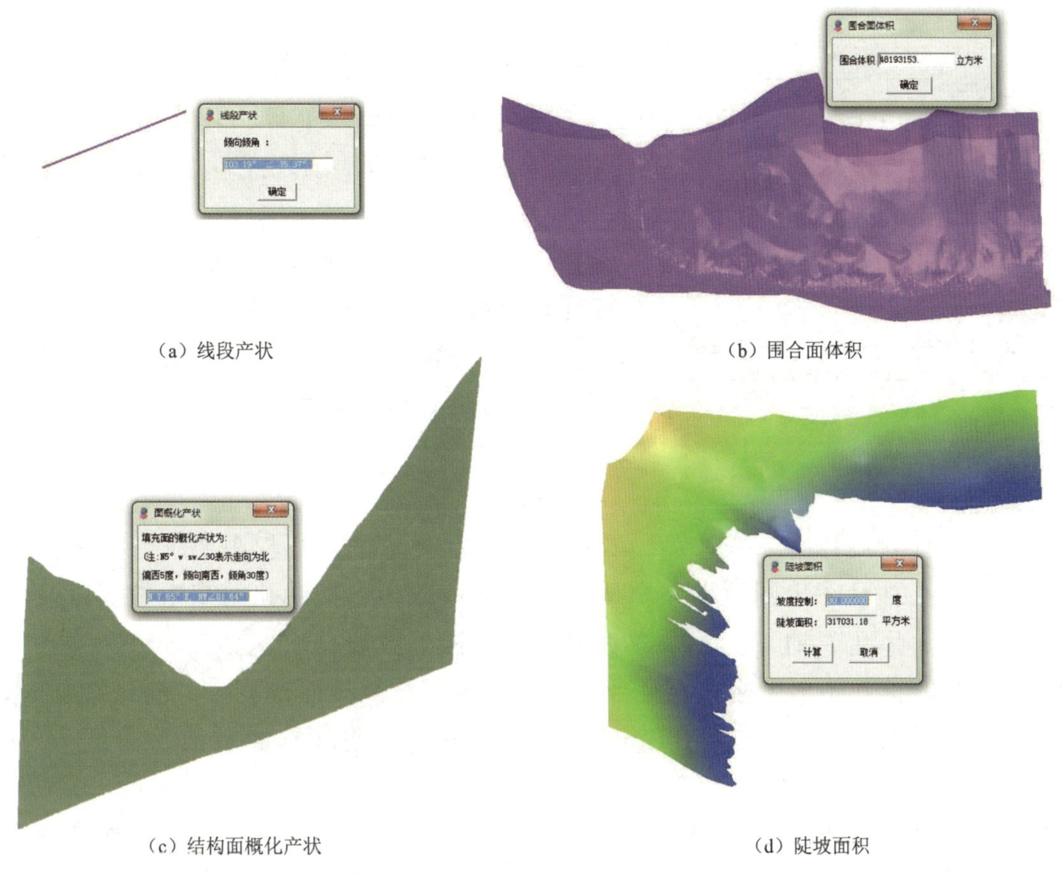

(a) 线段产状　　(b) 围合面体积

(c) 结构面概化产状　　(d) 陡坡面积

图 4.4-14　几何数据查询示例

4.5　图件编绘

系统二维出图总体思路是以数据库和三维模型为核心，二维平面图数据从数据库中读取或从三维模型中提取得到，然后按照地质专业出图规范要求自动绘制地质点、线和花纹，自动标注地质线条的属性文字，按照企业标准排版图面的图名、图例、图签和图框，最终直接在 Auto CAD 中打开、显示、保存、打印出图。

4.5.1　综合地层柱状图

综合地层柱状图的绘图数据完全来自已经入库的项目地层单元数据。根据数据库结构，地层单元划分为大层、亚层、小层和岩性层四个层级，具有地层编号的前三个层级为综合地层柱状图出图选择项，如图 4.5-1 所示。

系统自动绘制完成的综合地层柱状图具有如下特点：

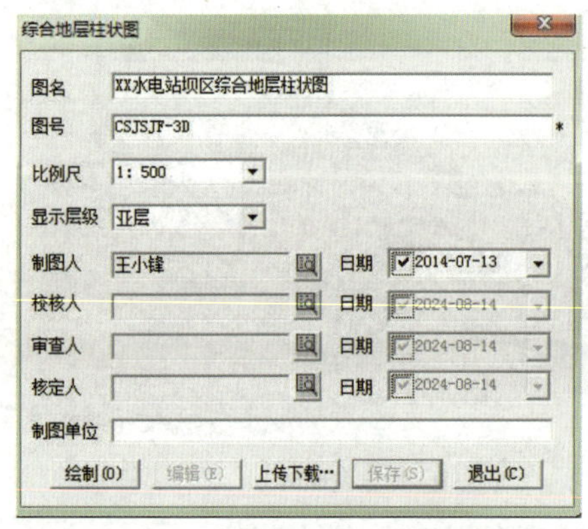

图 4.5-1　综合地层柱状图界面

（1）图名和制图单位默认给出，图号必须由用户输入后才能绘制。

（2）综合地层柱状图可以选择三个层级出图，要求显示的层级不同，图的排版格式也自动变化。

（3）系统输出的综合地层柱状图长度随出图比例尺变化，而图宽度不变。

（4）综合地层柱状图的责任栏自动填写责任人的姓名和任务完成日期。

4.5.2　钻孔柱状图

钻孔柱状图作为三级产品，具有三级产品要求的用户权限要求，不需要核定人。钻孔柱状图出图数据完全从数据库中读取，包括钻孔的基本数据以及地层、构造、风化、地下水、取样、试验、物探等数据。

钻孔的柱状图出图格式随是否有声波、地震波测试而改变，有测试数据时，在钻孔柱状图的最右边会出现“物探综合测井声波（或地震波）曲线 m/s”栏目。

钻孔柱状图出图设置如图 4.5-2 所示，在出图界面上用户可以浏览整个工程项目各阶段完成的钻孔，以及查询钻孔的出图状态（有图号的表示待出图或已经出图）。

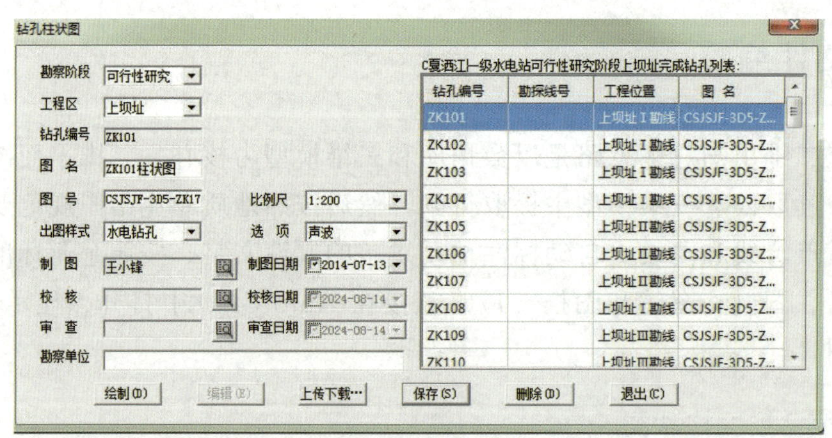

图 4.5-2　钻孔柱状图出图设置界面

系统自动输出的钻孔柱状图具有如下特点：

（1）钻孔柱状图出图数据完全来自数据库表，系统自动读取所需要的各种数据，不需要用户专门指定和管理。

（2）根据数据库读取的数据，出图功能就可以自动编排地质描述文字，形成文字段落，自动排版到各自的主题数据栏内。

（3）相比传统的钻孔柱状图绘图功能，系统数据分析能力更强，能够根据岩性或风化段自动统计钻孔质量指标 RQD、岩芯采取率、透水率、节理、声波值等数据的分布情况，分析结果以表格形式绘制在地质描述栏的下方，如图 4.5－3 所示。

（4）钻孔柱状图宽度尺寸固定，而长度随用户选择的出图比例变化。

>10Lu：11.04m/2 段；
1～10Lu：87.51m/17 段；
<1Lu：19.65m/4 段

（a）按透水率范围统计压水试验段段数

	采取率/%	RQD
弱风化下带：	96.5	46.8
微风化带：	76.4	19.3
新鲜岩石：	73.6	22.1
全孔基岩：	92.2	46.8

（b）按风化段统计采取率和 RQD

风化程度	声波统计/m		变异系数/%
	V_p 范围	V_p 均值	
覆盖层	1333～2882	2160	13.3
弱风化下	4444～5263	4715	7.8
微风化	4000～5556	4933	4.0

（c）按风化段统计声波值

图 4.5－3　钻孔柱状图数据统计样式

4.5.3　平洞展示图

（1）地质编录。平洞内采集的地质数据包括洞深桩号、结构面地质描述和地质素描图。其中地质素描图直接作为平洞展示图的底图，将底图地质线条数字化后加上结构面编号就能完成展示图的主体部分。

在系统中，地质素描图作为底图数字化的过程是在系统的二维平台中完成，利用专门开发的工具绘制基覆界线、地层界线、构造迹线、风化界线、卸荷界线、地下水点、岩性标注点等地质对象都能自动赋上地质属性，比如基覆界线的属性为 JMO。系统编录的地质对象除了具有对应的地质属性外，还自动匹配点符号、线型、花纹填充和颜色。

（2）自动出图。图 4.5－4 所示的是平洞展示图的出图界面，界面总体结构与钻孔柱状图的出图界面类似，能够通过右边的平洞列表查看整个项目已完成录入的平洞出图状态。平洞展示图属于三级产品，不需要核定人。在出图界面的左下方有许多复选项，分别是平洞展示图的数据栏选项和附图选项，用户可以根据需要勾选，系统出图时自动将选中的数据项和附图绘制在展示图中。

系统自动绘制平洞展示图具有如下特点：

1）平洞展示图出图选项丰富，展示图结构组成灵活，用户设置简单。

2）平洞展示图绘图数据不仅来自数据库，也可能从三维模型中提取，如绘制平洞中心线位置的地质剖面附图。

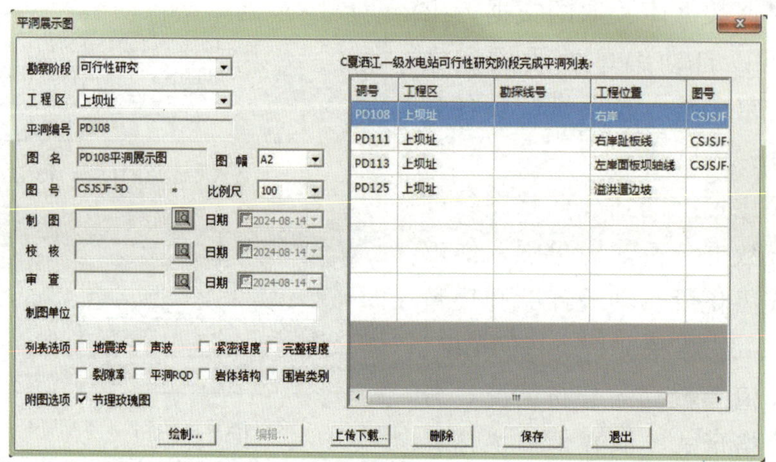

图 4.5-4　平洞展示图出图界面

3）平洞地质描述内容从数据库中读取，按照标准的格式排版，其中节理表和构造表的记录是按照专业描述规则将多个字段组合而成。

4）展示图图例根据地质内容自动调整，图例、图签和附图都直接放在最后一页。

4.5.4　探井展示图

探井展示图的出图界面如图 4.5-5 所示，界面功能基本与平洞展示图一致，包括探井展示图地质编录过程也类似，所不同的是出图的格式。

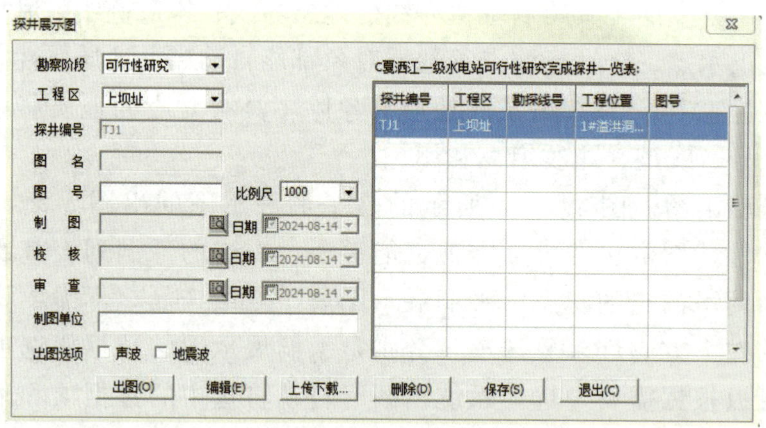

图 4.5-5　探井展示图出图界面

系统输出探井展示图具有如下特点：

(1) 探井展示图有两个固定的宽度尺寸，由是否绘制声波或地震波曲线确定，展示图的长度随比例尺自动变化。

（2）地质线条和文字标注内容根据地质编录的数据自动绘制。

（3）地质描述内容从数据库中读取，按照标准的格式排版，其中节理和构造记录是按照专业描述规则将多个字段组合而成。

4.5.5 探槽探坑展示图

由于探槽和探坑展示图在工程中不常用，而且图面内容简单，一般手工绘制并不复杂，因此在本系统中没有提供相应的地质编录和自动绘图功能，仅提供了这两种图的图纸文件入库界面，如图 4.5-6 和图 4.5-7 所示。

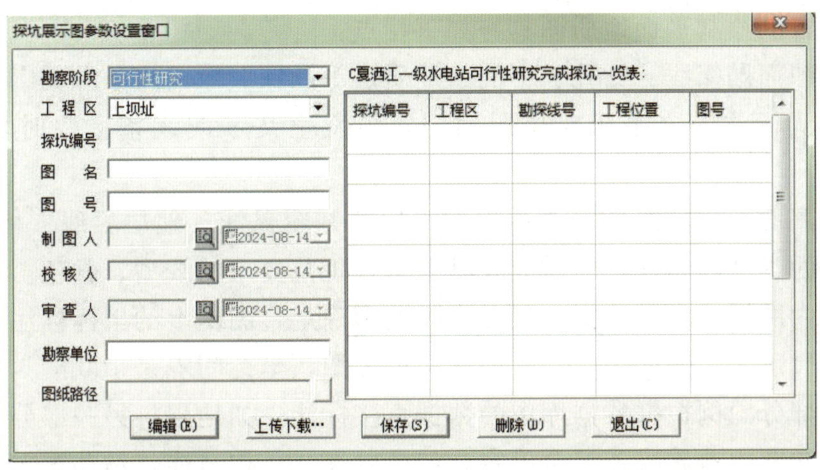

图 4.5-6 探坑展示图出图界面

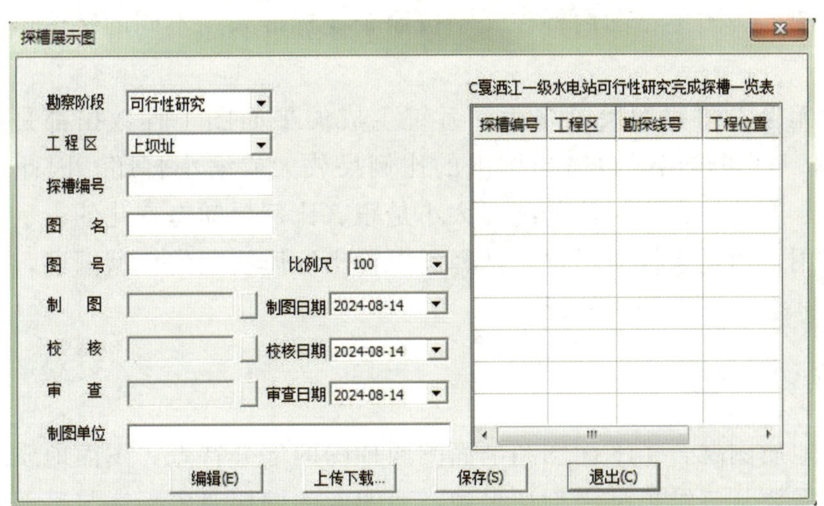

图 4.5-7 探槽展示图出图界面

4.5.6 平面地质图

平面地质图为工程勘察一级产品，是最重要的成果之一，在系统中自动绘制必须遵循专业地质规范、出图标准和企业标准。

平面地质图出图数据来源于数据库中保存的地层单元、地层界面、构造、钻探、坑探、物探、取样和试验数据，以及从三维模型中提取的空间地质线条。系统生成平面图的用户界面很简洁，充分体现了系统自动绘图的效率。出图界面的右边列表给出了工程项目当前勘察阶段开展工作的各个工程区，选中工程区记录就可以对基本出图要求进行设置和保存。

系统自动绘制平面地质图具有如下特点：

(1) 图面勘探线、钻孔、平洞、地质点等勘探对象的线条和文字标注自动完成，默认标注的文字相对位置固定，当发生文字或线条重叠时需要手工调整。

(2) 图面地质界线从三维中提取，比如基覆界线、地层界线、构造迹线，根据对象的类型和属性，地质线条具有符合规范要求的线型、颜色。

(3) 内图框大小是根据工程区实际范围确定，图框上的坐标标注间隔根据出图比例尺确定，例如1∶1000的比例尺出图，坐标间隔是100m。

(4) 部分图例根据数据库中的数据直接标注，如地层，另一部分图例是根据数据库和图内地质线条综合确定，如地层界线、构造线、钻孔等。

(5) 平面图图层按照规范和企业标准划分。

(6) 图签大小根据选择的出图图幅确定。

(7) 图名、图签、图内标注文字按照企业标准采用不同的字体样式和文字宽高比。

(8) 无论出图比例尺是多少，系统生成的平面图工程数据都是按照1∶1000绘制，打印输出时再考虑图纸的比例尺放大或缩小打印，因此图框、图名、图例、图签、文字标注的绝对大小是跟着比例尺动态变化的。

(9) 用户通过系统对话框，选择需要输出地质线条的模型图层，被选择的图层数据才会在平面图中输出。

4.5.7 平切地质图

平切地质图融合了平面图和剖面图两种图的部分特点，图面地质线条与剖面图一样需要从三维模型中剖切得到，而图面的勘探对象标注与平面图基本相同。当勘探对象与设定的平切高程平面垂直距离在“有效距离”内时勘探对象的基线绘制成实线，在参考距离内时绘制成虚线，在参考距离之外时则不绘制。

系统输出的平切地质图具有如下特点：

（1）在出图界面上可以设定任意多个平切高程出图，系统将所有平切图集中保存，排序管理，随时调阅和编辑。

（2）平切图的范围默认为工程区的地形数据范围，用户可以再设定。

（3）平切图的地质数据不考虑出图比例尺，一律按照1∶1000输出，方便电子化的数据进行量测和使用，因此图纸输出时需要缩放打印，图名、图例、图签、文字、线型比例、花纹填充比例均与出图比例尺有关。

（4）平切图仅绘制在参考距离范围内的勘探对象（钻孔、平洞、探坑、探槽、地质点等）。

（5）用户通过系统对话框，选择需要切制平切图的模型图层，被选择的图层数据才会在平切图中输出。

4.5.8 等值线图

等值线分为等高线、等深线和等厚线。等高线图是以选定地质曲面的实际坐标高程绘制高程相等的曲线。等深线图是以选定的地质曲面与地形面比较，计算地质曲面在地形以下的埋深，然后根据埋深绘制等深度的曲线。等厚线图一般用于表示某个地层单元的厚度分布情况，因此需要计算地层单元的上下表面的高程差，然后以等高程差绘制曲线。

系统的等值线出图功能包含了上述三种等值线图的输出，等值线类型在出图界面上设置。在界面的右边是完成出图设置或出图完成的等值线图列表，用户可以再次选中记录重新设置、重新出图。出图界面上的“曲面对象”设置是等值线图出图的关键，根据地质属性确定了三维模型中用于生成等值线图的一个或多个地质曲面。等值线图出图坐标范围默认为当前工程区的地形范围，允许用户在界面上再修改。

系统输出等值线图功能具有如下特点：

（1）等值间距可由用户任意设定，而默认出图的粗等值线值为5个等值间距的整数倍，这样的固定设置符合工程地质等值线图出图的要求。

（2）等值线图默认将图面范围内的孔洞等勘探对象绘制出来。

（3）等值线图的地质数据不考虑出图比例尺，一律按照1∶1000输出，目的是便于对电子化的数据进行量测和使用。因此图纸输出时需要缩放打印，缩放打印后的图名、图例、图签、文字、线型比例、花纹填充比例才能符合出图要求。

（4）为了提高系统生成等值线图的速度，复杂的等值线图边界没有做处理，系统仅将地质曲面的内外边界输出，用户需要对边界以外的不合理连线进行剪切删除处理。

4.5.9 施工洞展示图

施工洞室展示图绘图数据来源于地质测绘时记录的洞深桩号、地质描述数据和地质素描的底图数据，这些数据都保存在系统数据库中。施工洞室的地质编录在系统二维平台中完成，操作过程与平洞和探井的地质编录过程类似，用户利用系统提供的专门编录工具，将地质素描底图反映的地质线条描绘出来。地质编录完成的图形数据入库，可以供后续的展示图出图、线裂隙率统计等功能多次使用。

施工洞室展示图涉及数据库表设计、洞室截面参数设计、设计洞室参数文件格式定义、洞室数据维护界面开发、洞室地质编录、洞室参数化建模、洞室参数化平面展示、洞室三维迹线概化处理、概化数据自动入库等开发环节。

4.5.10 施工边坡展示图

施工边坡一般是由多个连续的斜面组成，开挖后的地形在斜坡上表现为一定的起伏。当施工边坡为开挖的基坑时，会出现倾角较小的缓坡面，如果地质素描还是按照通常的做法以竖直面来替代斜坡面就不合适。为了能够适应各种类型的施工边坡展示图，系统地质编录和展示图出图都是按照斜坡面绘制，但是以实际的高程和水平距离标注，因此施工边坡展示图需要考虑坡段的斜面倾角。施工边坡各坡段的坡角数据从数据库中读取得到。

图 4.5-8 为施工边坡展示图的出图界面，界面右边列表给出了工程项目

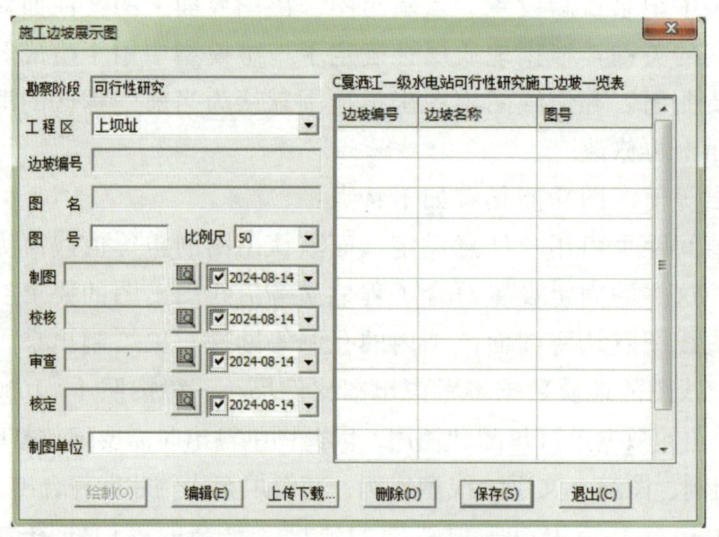

图 4.5-8 施工边坡展示图出图界面

施工阶段完成数据采集的所有边坡编号，记录的图号反映了该边坡是否完成出图设置。出图界面左边是当前选中边坡记录的出图设置或默认设置情况。

系统自动生成的施工边坡展示图具有如下特点：

(1) 施工边坡展示图按照边坡分段情况自动分割成多幅边坡展示图，每幅展示图上都有图例和图签标注。

(2) 施工地质边坡的规模有大小，因此系统生成的展示图没有固定图外框，外框的高度根据选定的图幅确定，外框的长度则根据边坡的段长自动调整。

4.5.11 节理玫瑰花图

节理玫瑰花图是分析工程区节理裂隙分布规律的常用地质工具，分析数据通过平洞、探井、施工边坡、施工洞室的地质编录和地质点、实测剖面的地质测绘采集入库。由于节理裂隙在工程区的不同地形位置和工程建筑部位的分布不均匀，系统通过设定节理裂隙数据提取的范围，得到局部岩体更准确的节理裂隙分布信息，如图 4.5-9 所示。

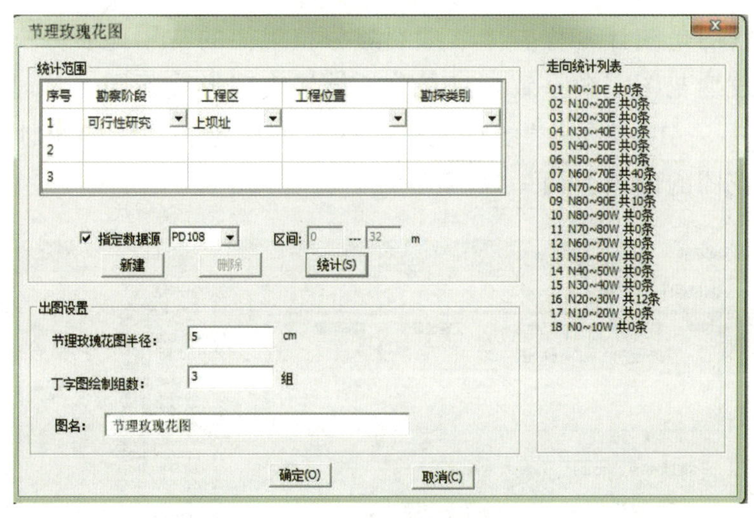

图 4.5-9 节理玫瑰花图出图界面

系统自动生成节理玫瑰花图具有如下特点：

(1) 单个数据统计范围条件可以自由设定，可以是整个工程区，也可以详细到具体的工程位置和勘探类型，甚至指定某个平洞的洞段。

(2) 同时设定多个数据统计范围条件时，所确定的数据统计范围为所有数据范围的并集，同一个数据来源不重复计算。

(3) 节理玫瑰花图中的优势节理裂隙组通过绘制丁字图来表示，其组数可由用户在出图界面上设定，默认为 3 组。

（4）系统生成的节理玫瑰花图效果如图 4.5－10 所示。

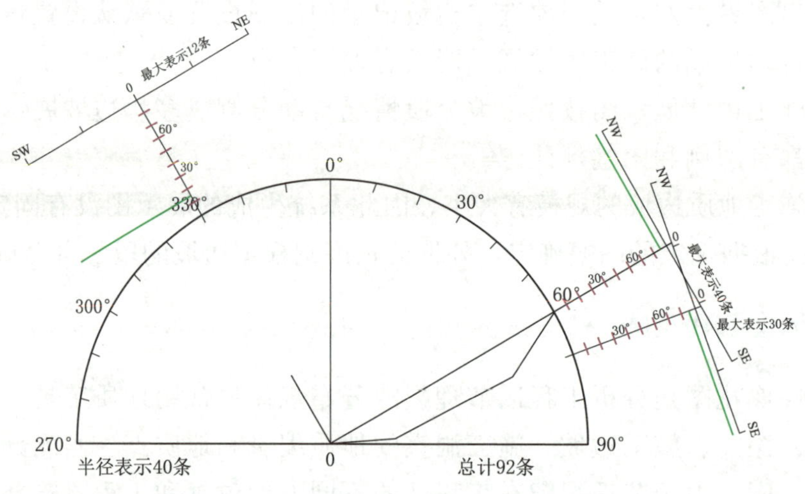

图 4.5－10 系统生成的节理玫瑰花图示例

4.5.12 节理等密图

节理等密图是统计工程岩体节理裂隙分布规律的常用地质分析工具，数据来源与节理玫瑰花图完全一致，只是分析结果表现形式不同。节理等密图的出图界面如图 4.5－11 所示，“统计范围”的条件设定和“走向统计列表”栏目与节理玫瑰花图的出图界面一致。

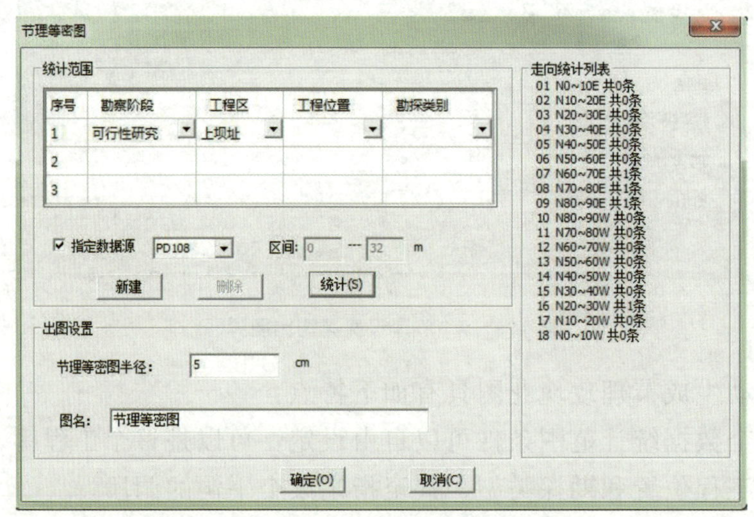

图 4.5－11 节理等密图出图界面

系统自动生成节理等密图具有如下特点：

（1）单个数据统计范围条件可以自由设定，可以是整个工程区，也可以详细到具体的工程位置和勘探类型，甚至指定某个平洞的洞段。

（2）同时设定多个数据统计范围条件时，所确定的数据统计范围为所有数据范围的并集，同一个数据来源不重复计算。

（3）节理等密图根据数据统计范围内的全部节理裂隙产状在等密图上绘制点云，根据点的分布密度绘制等密度线。一幅等密图反映了全部节理裂隙的分布情况，这与节理玫瑰花图仅反映优势节理裂隙组有所不同。

4.5.13 赤平投影图

赤平投影图是常用的专业分析工具，用于分析和评价地质结构面组合块体的稳定性。在工程岩体边坡或洞室围岩中，某个地质结构面可能与其他结构面反复构成多个不同的潜在不稳定块体。为使结构面编号和定义统一，减少同一个结构面反复输入，系统出图界面上提供了地质结构面的定义和块体组合功能，如图 4.5－12（a）、（b）所示。

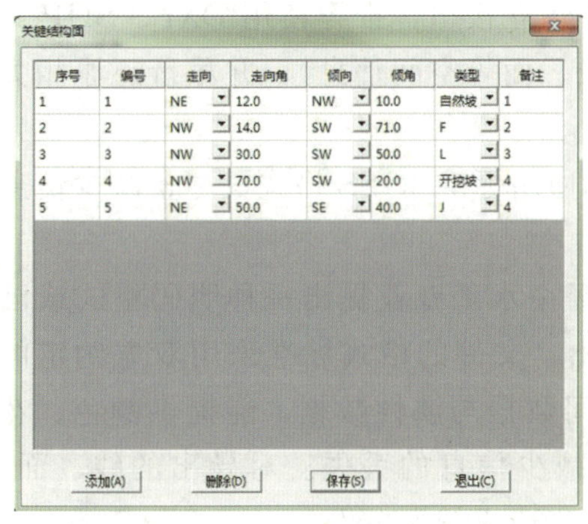

（a）结构面

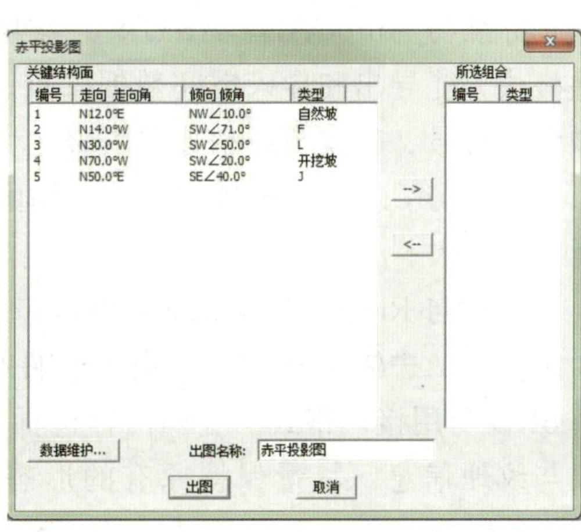

（b）结构面块体组合

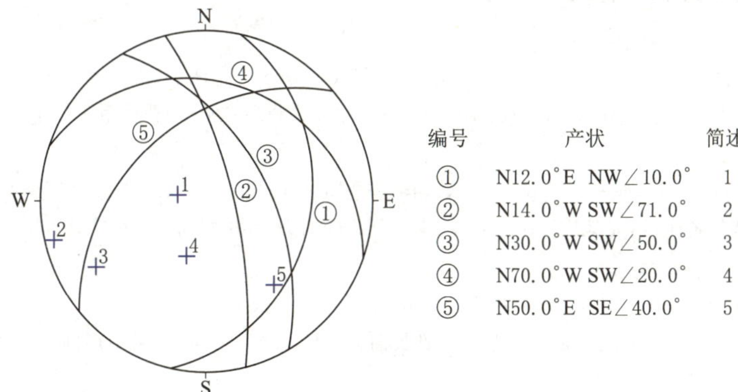

（c）系统生成的赤平投影图

图 4.5－12 赤平投影图出图界面

系统输出的赤平投影图包括图和文字说明两个部分，文字说明包括图中关键结构面的编号以及对应的结构面产状和工程编号，如图 4.5-12（c）所示。

系统生成极平投影图功能具有如下特点：

（1）关键结构面数据一次定义，多次组合利用。

（2）赤平投影图表示不同类型的地质结构面的弧线用不同颜色区分，代表自然边坡和开挖边坡的弧线用专门的线型表示。

4.6 系统接口

系统接口（System Interface）指的是允许在不同层次的软件或硬件组件之间进行通信和数据交换的一组规则和约定。接口支持多态性，允许与其他软件协同工作，从而在功能上实现联动和集成。

（1）与 AutoCAD、ArcGIS 软件接口。主要实现使用已经约定俗成的数据格式标准与 AutoCAD、ArcGIS 二维图件建立接口，推荐使用 DXF、SHP 文件格式。能导出和导入空间数据（点、线、面等空间信息），并尽量还原相关颜色、符号、花纹与线型等制图表达。

（2）与 Civil 3D 软件接口。采用国际通用标准 IGES 格式，尽量减少信息元素的损失。

（3）与 Revit、Inventor 软件接口。经由水工专业提出一种明码格式或已知结构的二进制格式文件，由本软件导出。文件的格式标准采用双方约定的 GeoKD 专用接口格式。主要内容包括空间数据与属性数据，能提供颜色、花纹与纹理信息。尽量保持原有的形态并减少信息的丢失。对导出的线、面、点、体精度尽量与上一工序保持一致，不应造成较大出入。

GeoKD 专用接口格式如下：

```
<? xml version="1.0" encoding="utf-8"? >
<GEOKD Version="" ProjectName="" Description="" Revision="" Date=""><! --Version 表示软件版本;ProjectName 项目名称;Description 项目描述;Revision 第几版地质模型;Date 地质模型发布日期-->
  <GeoSolids>
    <GeoSolid ID="" Name="" Type="" Texture="" DeclivityRate="" EditTime=""><! --ID 地质实体的 ID;Name 地质实体的名称;Type 地质实体的类型,是一个 Enum;Texture 材质;DeclivityRate 放坡系数;EditTime 修改时间-->
      <SurroundingSurfaces><! --描述这个实体由哪些面组成-->
        <Surface>45345</Surface><! --此处的 ID 与后续的 Surface 中的 ID 对应-->
        <Surface>54456</Surface>
        <Surface>.....</Surface>
      </SurroundingSurfaces>
      <Properties>          <! --开始这个实体的属性描述,Property 是可以任意扩展的,满足后续扩展需
```

```
要-->
            <Property Name="" DataType="" PropertyValue="" Description=""></Property><!--Name 属性名称;DataType 数据类型;PropertyValue 数据值;属性描述-->
            <Property Name="..." DataType="" PropertyValue="" Description=""></Property>
            <Property Name="..." DataType="" PropertyValue="" Description=""></Property>
            ......
          </Properties>
        </GeoSolid>
        <GeoSolid>
            ......
            ......
        </GeoSolid>
      </GeoSolids>
      <GeoSurfaces>
        <GeoSurface ID="" Name="" Type="" Color="" Texture="" EditTime=""><!--ID 地质面的 ID;Name 地质面的名称;Type 地质面的类型,是一个 Enum;Texture 材质;EditTime 修改时间-->
          <Points Count="">          <!--Count 点的数目-->
            <Point X="" Y="" Z="">23</Point>          <!--每个 Elment 的数值表述其点的编号,比如 23,56......-->
            <Point X="" Y="" Z="">56</Point>
            <Point X="" Y="" Z="">7</Point>
            ......
          </Points>
          <Meshs Count=""><!--Count 三角网面的个数-->
            <Mesh Point1="" Point2="" Point3="">42</Mesh>          <!--每个 Elment 的数值表述其点的编号,比如 42,90......-->
            <Mesh Point1="" Point2="" Point3="">90</Mesh>
            <Mesh Point1="" Point2="" Point3="">37</Mesh>
          </Meshs>
          <Properties>          <!--开始这个实体的属性描述,Property 是可以任意扩展的,满足后续扩展需要-->
            <Property Name="" DataType="" PropertyValue="" Description=""></Property><!--Name 属性名称;DataType 数据类型;PropertyValue 数据值;属性描述-->
            <Property Name="..." DataType="" PropertyValue="" Description=""></Property>
            <Property Name="..." DataType="" PropertyValue="" Description=""></Property>
            ......
          </Properties>
        </GeoSurface>
      </GeoSurfaces>
</GEOKD>
```

第 5 章

三维地质系统应用

5.1 水电工程

不同的水电工程有不同的工程地质问题，除了一些常见的地质对象和普遍的工程地质问题以外，还有一些特殊的地质对象及独有的工程地质问题。由于不同的勘察设计阶段工作内容不同，开展的地质勘察的深度不同，进行三维地质建模工作所利用的基础资料也有差别，故按照水电工程的五个阶段分别进行说明，包括规划阶段、预可行性研究阶段、可行性研究阶段、招标设计阶段、施工详图设计阶段等。每个阶段按照规程要求提出各阶段的勘察工作要求，并对应提出三维地质建模要求。

5.1.1 规划阶段

5.1.1.1 地质勘察工作内容

各梯级坝址地质勘察工作应包括下列内容：

（1）了解坝址的地形地貌特征。

（2）了解坝址的地层岩性，基岩类型、软弱岩层的分布情况及第四纪沉积物的成因类型，两岸及河床覆盖层的厚度、层次和组成物质，特殊土的分布等。

（3）了解坝址的地质构造类型、规模和性状，特别是区域性断层和第四纪断层。

（4）了解坝址岩体的风化、卸荷、松动变形及滑坡、崩塌、冲沟泥石流等物理地质现象和岸坡稳定情况。

（5）了解坝址的地震动参数和相应的地震基本烈度。

（6）了解可溶岩地区的岩溶发育情况，透水层和隔水层的分布情况。

（7）了解坝址岩土体的渗透性、地下水埋深及水化学特性等水文地质条件。

（8）了解坝址附近天然建筑材料的种类及数量。

近期开发工程和控制性工程坝址勘察除应符合上述要求外，尚应包括下列内容：

(1) 坝基中主要软弱夹层的层位、性状和分布情况。

(2) 坝基中主要断层特别是缓倾角断层的性状及其延伸情况。

(3) 坝基岩体的稳定条件。

(4) 建筑在第四纪沉积物上的坝（闸）的地基土层的层次、厚度、性状、渗透性及物理力学特性。

5.1.1.2 三维地质建模要求

规划阶段地质勘察任务主要是了解工程场址区的主要工程地质条件及主要工程地质问题，分析成库建坝的条件。在三维地质建模过程中，应反映主要问题，针对重点的地质对象进行建模，且不必开展详细建模。

本阶段由于基础地质资料较少，在建模的过程中多以工程师经验对面模型进行数据补充，人为干预地质对象的创建，更多反映工程师对于工程的认识和理解。建模过程中主要利用已有的区域资料、地质测绘成果及少量的勘探成果进行建模。

5.1.1.3 应用案例

1. 工程概况

LK 水电站总库容为 0.0856 亿 m^3，挡水建筑物初拟为混凝土重力坝，最大坝高约为 45m，总装机容量为 180MW，该工程规模属中型工程。

枢纽区河床开阔，两岸山坡左缓右陡，主河道靠近右岸，河床冲积层厚为 8～24m，主河道厚度较小，左岸漫滩部位较厚达 36m，主要为巨砾混合土，局部有透镜状粉土质砾砂分布。枢纽区岩性为三叠系中统河湾街组下段的灰质粉晶白云岩、藻屑粉晶—微晶灰岩，岩块中等坚硬—坚硬。枢纽区构造为单斜构造，岩层产状一般为 N15°～60°W，SW∠50°～62°。地质构造受断裂带的控制，主要构造方向北北西至南北向。区域性的田米断裂、称戛断裂在坝址右岸通过，大兴地断裂在坝址左岸外围通过，上述 3 条断裂在坝址下游交汇。

2. 三维地质建模

该工程的建模重点是坝址区的 3 条区域断裂以及河床部位的挤压破碎带。规划阶段由于勘探工作量相对较少，建模的基础数据为已有的地质图界线、地质测绘成果及少量的勘探成果，需要建模人员根据其工作经验进行一定量的辅助剖面建模。

该工程规划阶段的三维地质建模工作主要是完成了坝址区的三维地质建模，完成了地形面、地层面、断层面、挤压带、风化面、水位面等地质对象的建模，包括5个地层、4条断层、强风化面及弱风化面等。各地质对象的面模型如图5.1-1～图5.1-5所示。

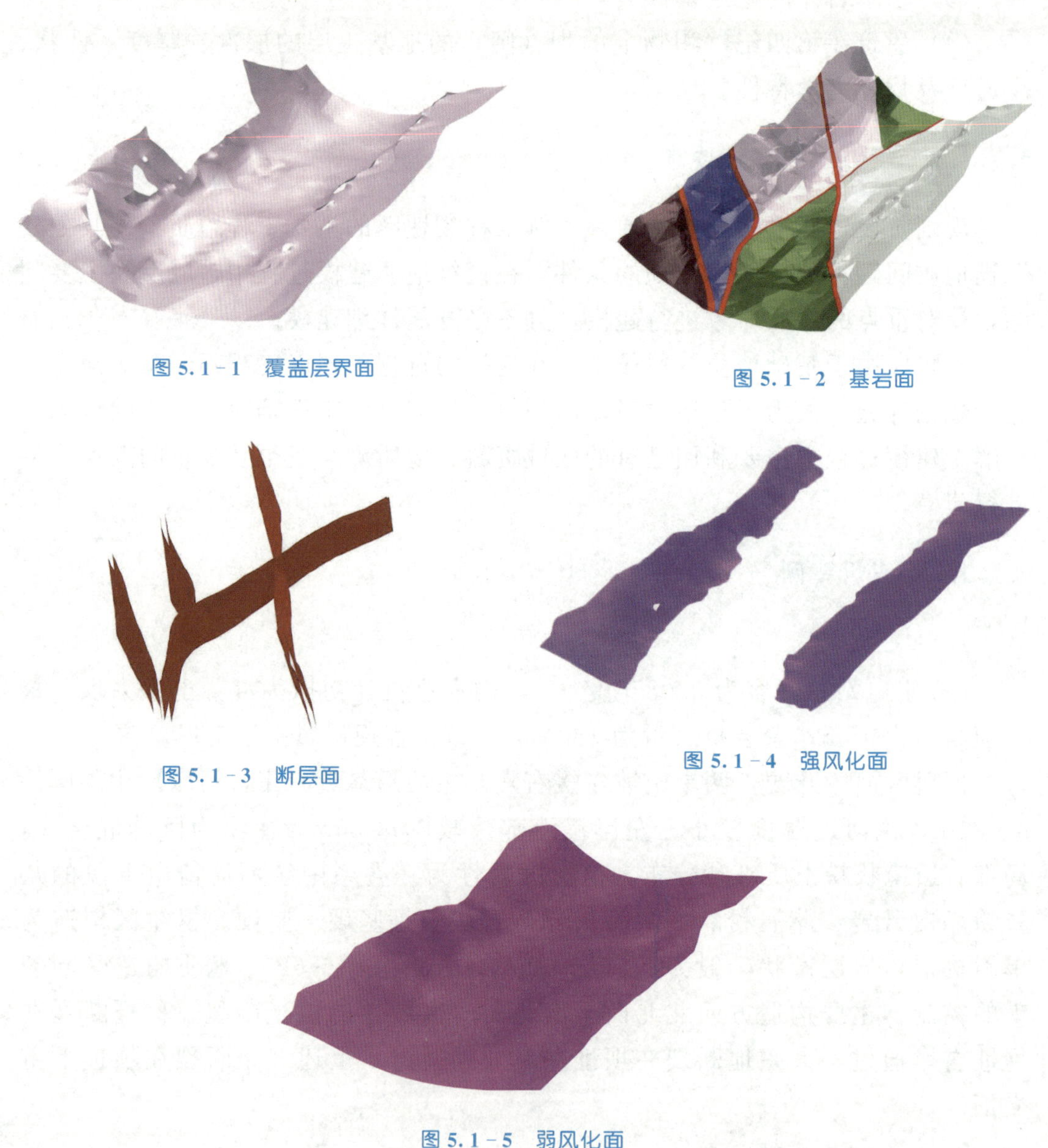

图5.1-1 覆盖层界面

图5.1-2 基岩面

图5.1-3 断层面

图5.1-4 强风化面

图5.1-5 弱风化面

3. 三维地质建模成果图件

三维地质建模成果图如图5.1-6～图5.1-13所示。

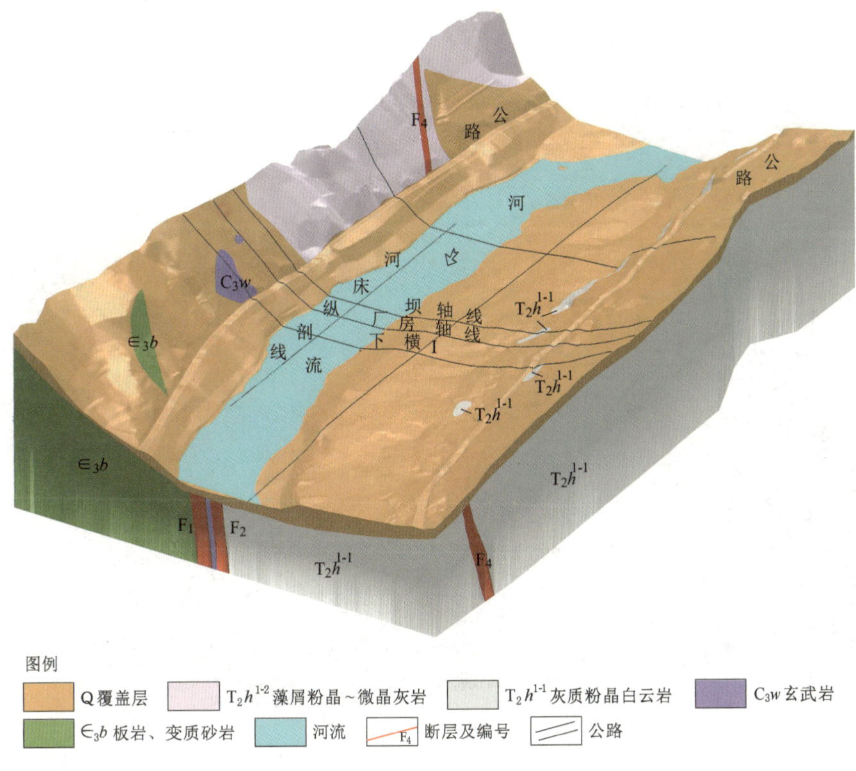

图 5.1-6 LK 水电站枢纽区三维地质图

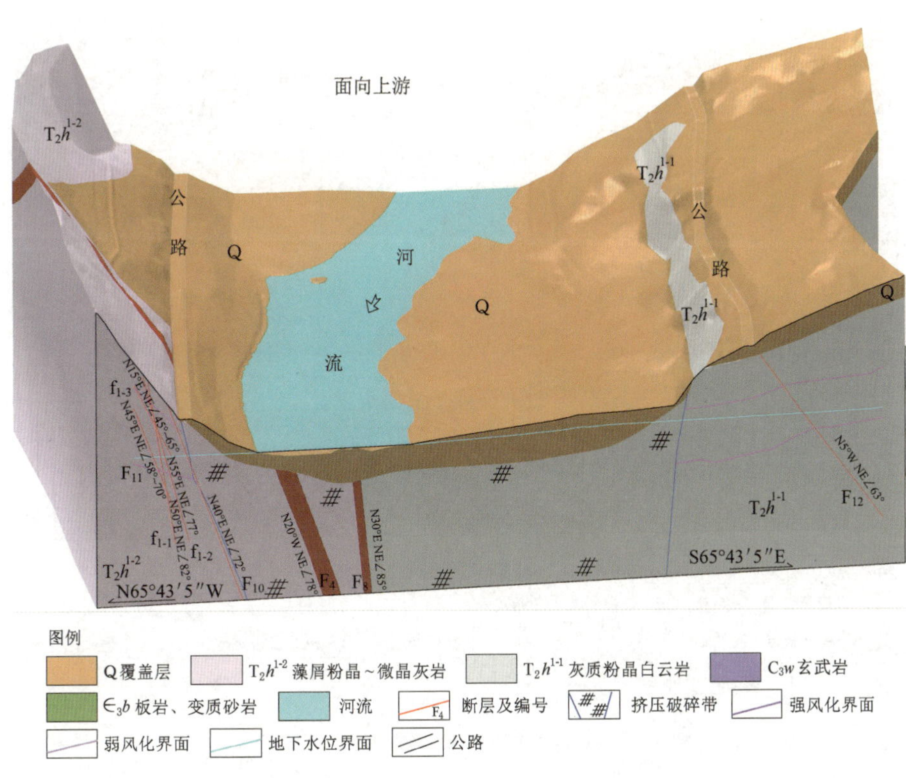

图 5.1-7 LK 水电站上坝线三维地质剖面图

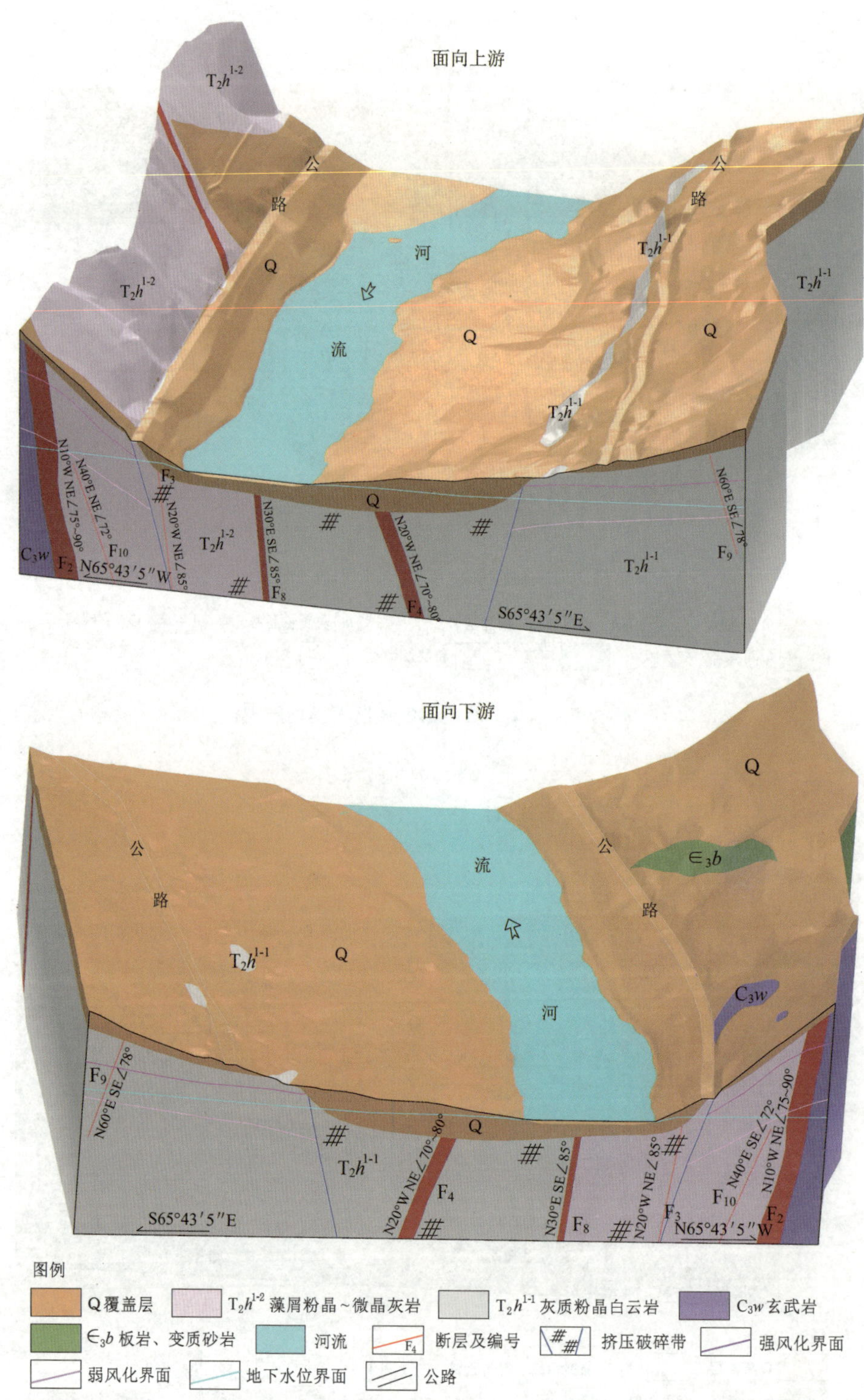

图 5.1-8 LK 水电站下坝线三维地质剖面图

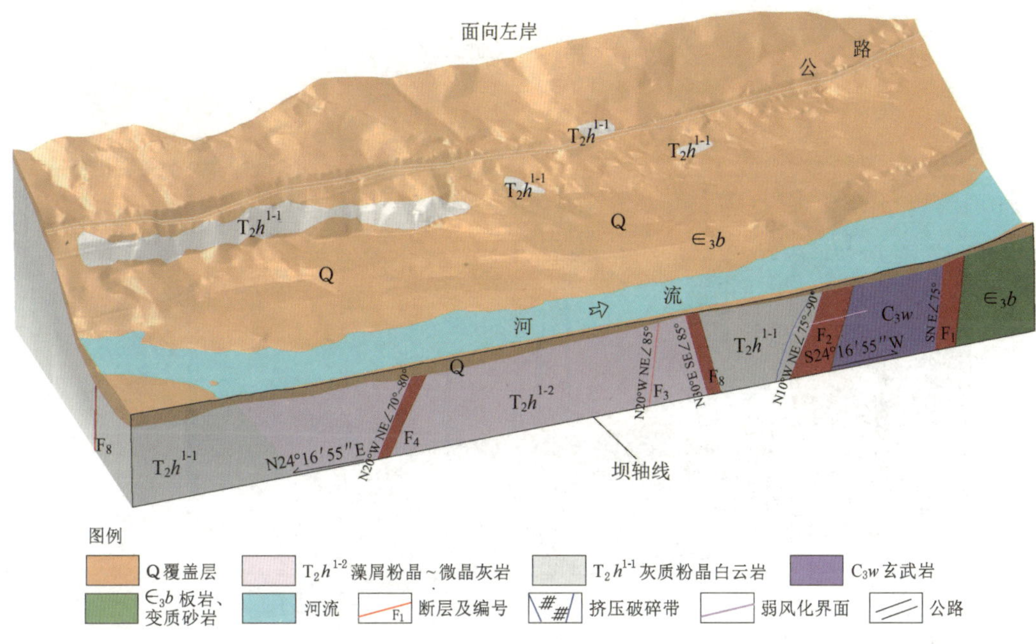

图 5.1-9　LK 水电站下坝线河床三维地质纵剖面图（左）

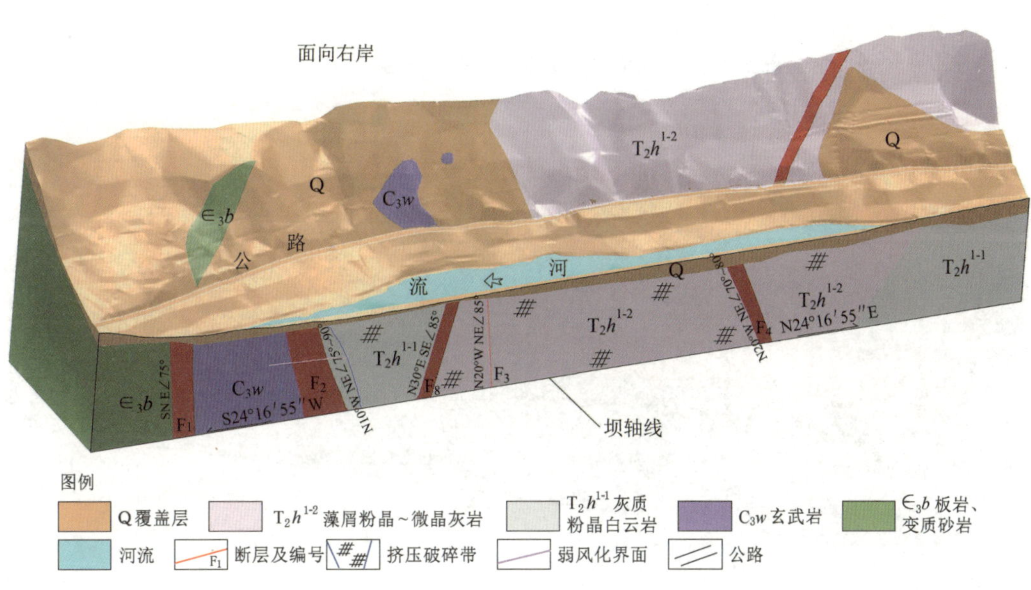

图 5.1-10　LK 水电站下坝线河床三维地质纵剖面图（右）

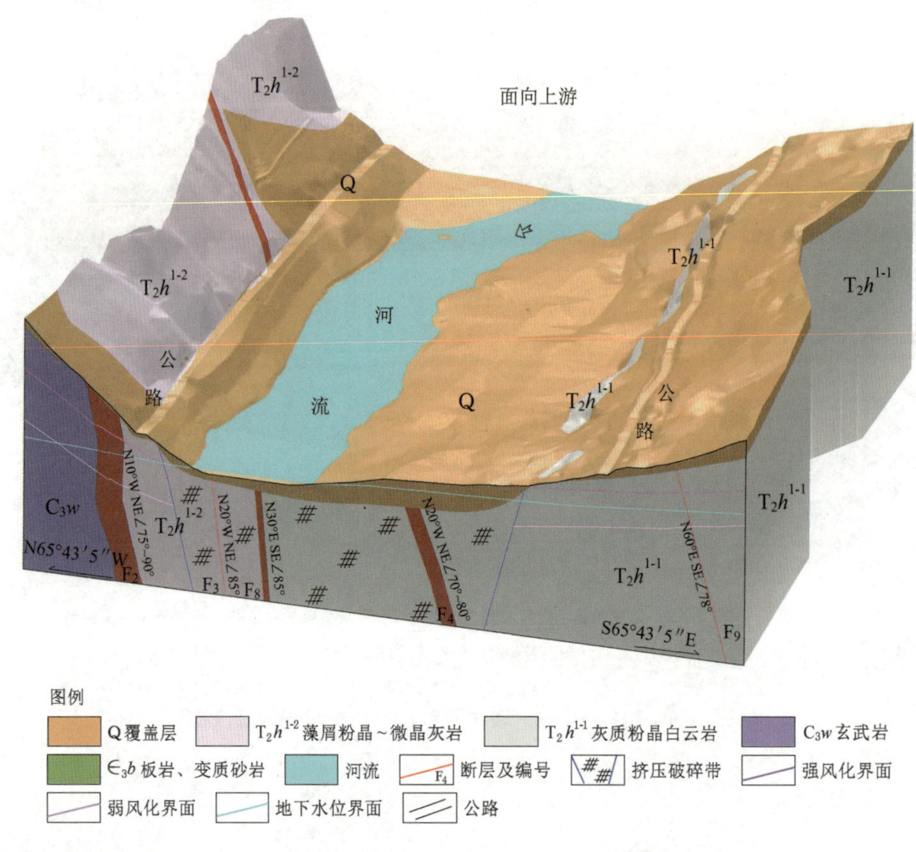

图 5.1-11 LK水电站下坝线厂房三维地质剖面图

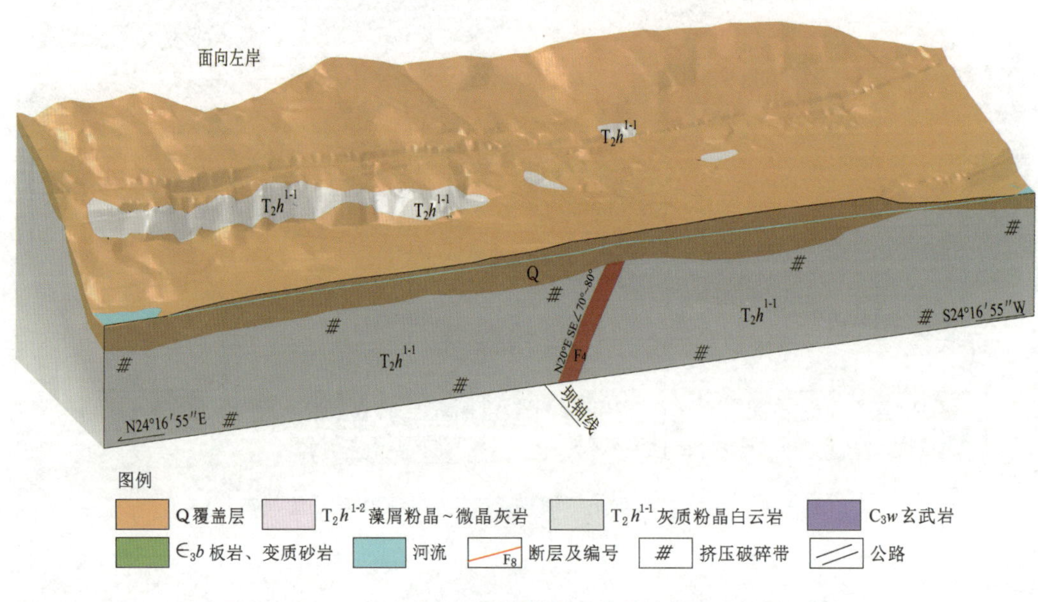

图 5.1-12 LK水电站下坝线纵向围堰轴线三维地质剖面图

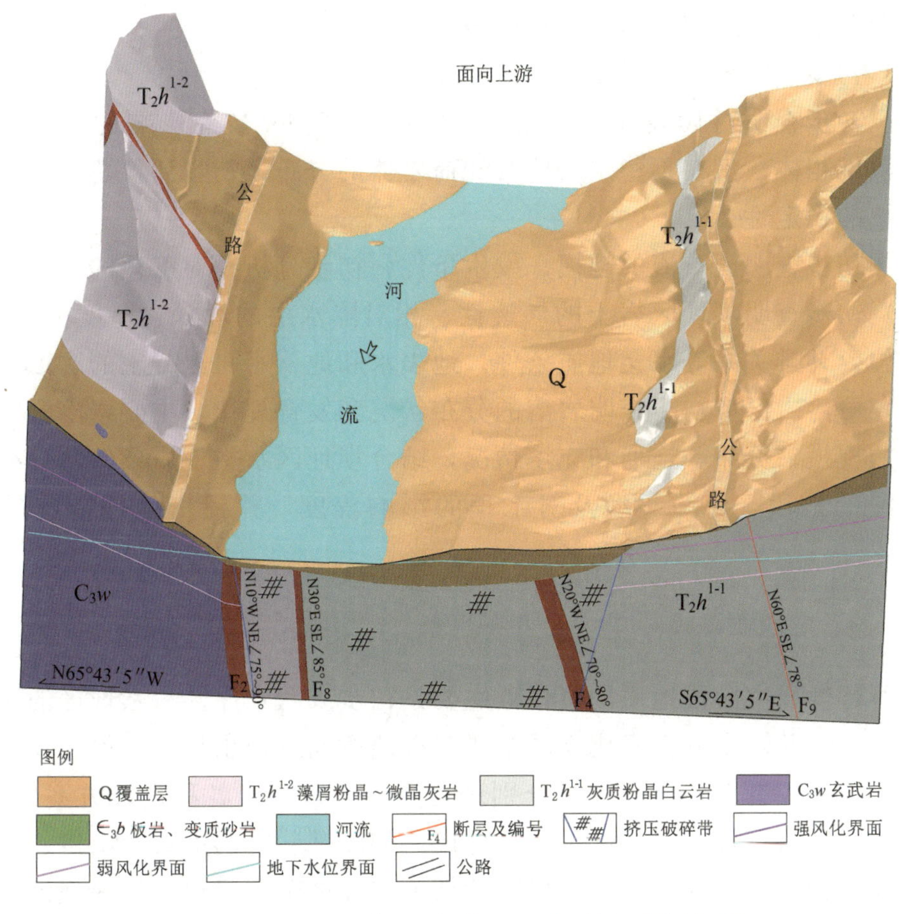

图 5.1-13　LK 水电站下坝线Ⅰ－Ⅰ′三维地质横剖面图

5.1.2　预可行性研究阶段

5.1.2.1　地质勘察工作内容

坝址地质勘察工作应包括下列内容：

（1）初步查明河床和两岸第四纪沉积物的分布、厚度、层次结构、组成物质、成因类型等，湿陷性黄土、软土、膨胀土，分散性土、粉细砂和架空层等的分布和河床深槽、埋藏谷、古河道的分布。

（2）初步查明基岩岩性、岩相特征，进行工程地质岩组划分。初步查明软岩、易溶岩、膨胀性岩层和软弱夹层等的分布和厚度，分析其对坝基或边坡岩体稳定的可能影响。

（3）初步查明坝址区主要断层、挤压破碎带的产状、性质、规模、延伸情况、充填和胶结情况以及断层晚更新世以来的活动性，应特别注意对顺河断层和中、缓倾角断层的调查；进行节理裂隙统计和结构面分级；分析各类结构面及其组合对坝基、边坡岩体稳定和渗漏的影响。

(4) 初步查明岩体的风化、卸荷深度和程度。

(5) 初步查明对代表性坝址选择和枢纽建筑物布置有影响的滑坡、倾倒体、松散堆积体、潜在不稳定岩体及卸荷岩体的分布，初步评价建筑物和周边自然边坡的稳定性。

(6) 初步查明泥石流的规模、发生条件，初步分析其对工程的影响。

(7) 初步查明坝址区岩土的渗透性、相对隔水层的埋深、厚度和连续性，地下水位、补排关系等水文地质条件，地表水和地下水对混凝土的腐蚀性。

(8) 可溶岩区应初步查明岩溶的分布状况和发育规律，主要岩溶洞穴和岩溶通道的规模、分布、连通和充填情况，结合坝址区水文地质条件，分析可能发生渗漏的地段、渗漏类型及对工程的影响程度，并提出处理措施的有关建议。

5.1.2.2 三维地质建模要求

预可行性研究阶段地质勘察任务主要是初步查明水库区、坝址区的主要工程地质条件，并对影响方案成立的主要工程地质问题作出初步评价。在三维地质建模过程中，针对各比选坝址分别进行建模，以用于各种设计方案的布置。在方案比选阶段可针对重点部位进行建模，如坝基、隧洞进口及出口、地下厂房等存在较大开挖量的部位。对代表性坝址应开展全面建模，反映坝址区的主要工程地质条件，并对影响设计方案的重点地质对象进行详细建模，反映地质对象与建筑物之间的关系。

本阶段针对坝址区开展了重点部位的勘探工作，并进行了大比例尺的地质测绘工作，各种基础地质资料较为丰富，在建模过程中辅以工程师经验对面模型进行数据补充，适当地人为干预地质对象的创建，模型符合地质对象空间变化基本规律，满足本阶段设计要求。建模过程中主要利用地质测绘成果及勘探成果进行建模。

5.1.2.3 应用案例

1. 工程概况

QZK水电站位于西藏自治区昌都市芒康县曲孜卡乡境内，地处澜沧江上，采用堤坝式开发，水库正常蓄水位为2345.00m，相应库容为0.3亿m^3；校核洪水位为2347.35m，总库容为0.34亿m^3，电站装机容量为405MW。拦河大坝初拟为混凝土重力坝，最大坝高为72m。

推荐坝址河谷较宽阔为斜向谷，左、右岸发育Ⅱ级阶地，牛场断裂由右岸坝肩部位通过，断裂以西为印支期花岗闪长岩（$\gamma\delta_5^1$），以东为侏罗系中统花开左组（J_2h）泥岩夹砂岩；巴美断裂由左岸坝肩部位通过，断裂以西为侏罗系中统花开左组（J_2h）泥岩夹砂岩，以东为三叠系上统小定西组（T_3x）玄武岩，两断裂间坝基部位均为相对软弱的侏罗系中统花开左组（J_2h）泥岩夹砂岩。由于两条区域性断裂分别从两岸坝肩及坝顶部位通过，两岸岩体风化、卸荷强烈，岩体破碎，完整性差，坝基岩体则相对破碎，完整性较差；坝址左岸下游侧发育一个大型的崩塌堆积体 B1；3Lu 岩体相对隔水层顶界埋深较大，两岸地下水水位低平，坝址上、下游左岸江边出露温泉。坝基主要为泥岩夹砂岩，较软弱，岩层斜向陡倾展布，坝基岩体的均一性较好。故下坝址经适当的工程处理及坝体合理设计后，基本具备修建 70m 级混凝土重力坝的地形、地质条件。

2. 三维地质建模

QZK 水电站工程区岩性主要有花岗闪长岩、泥岩夹砂岩、玄武岩，坝基主要位于泥岩与砂岩上，且两条区域性断裂分别从两岸坝肩及坝顶部位通过，岩性的分界与区域断裂的展布为该工程建模的重点。建模要求：充分利用地质测绘、钻孔、平洞及物探等勘察手段查明的坝址区的工程地质条件，来进行该阶段三维地质建模。

该阶段三维地质建模对象，主要包括地形面、地层、断层、风化、地下水位面等，具体如图 5.1-14～图 5.1-18 所示。

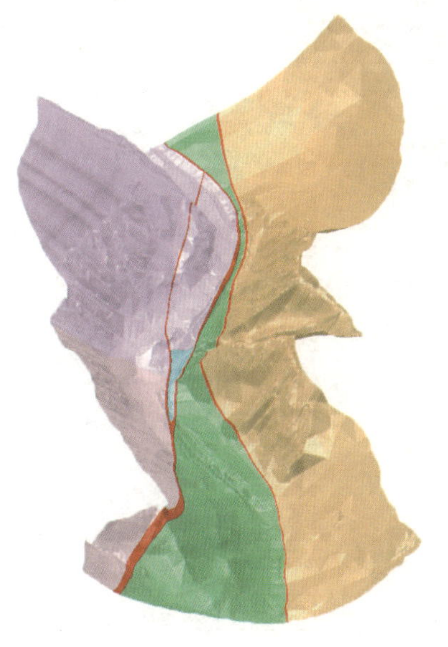

图 5.1-14　基岩面

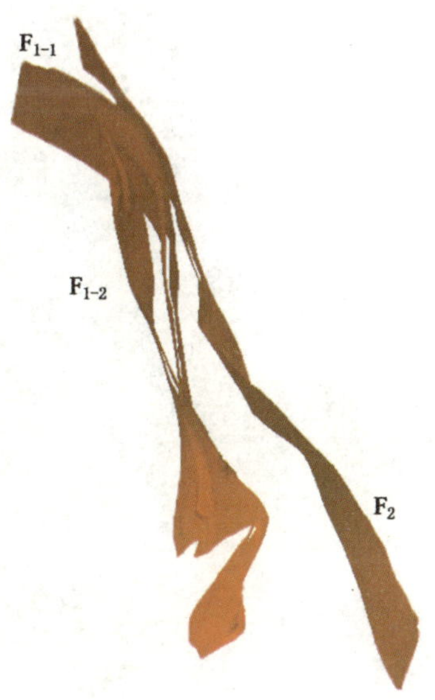

图 5.1-15　断层

图 5.1-16 强风化底面

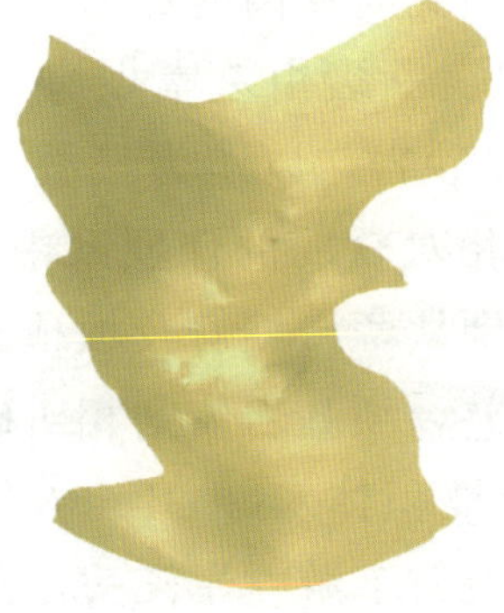

图 5.1-17 弱风化底面

图 5.1-18 地下水位面

3. 三维地质建模成果图件

三维地质建模成果图如图 5.1-19～图 5.1-23 所示。

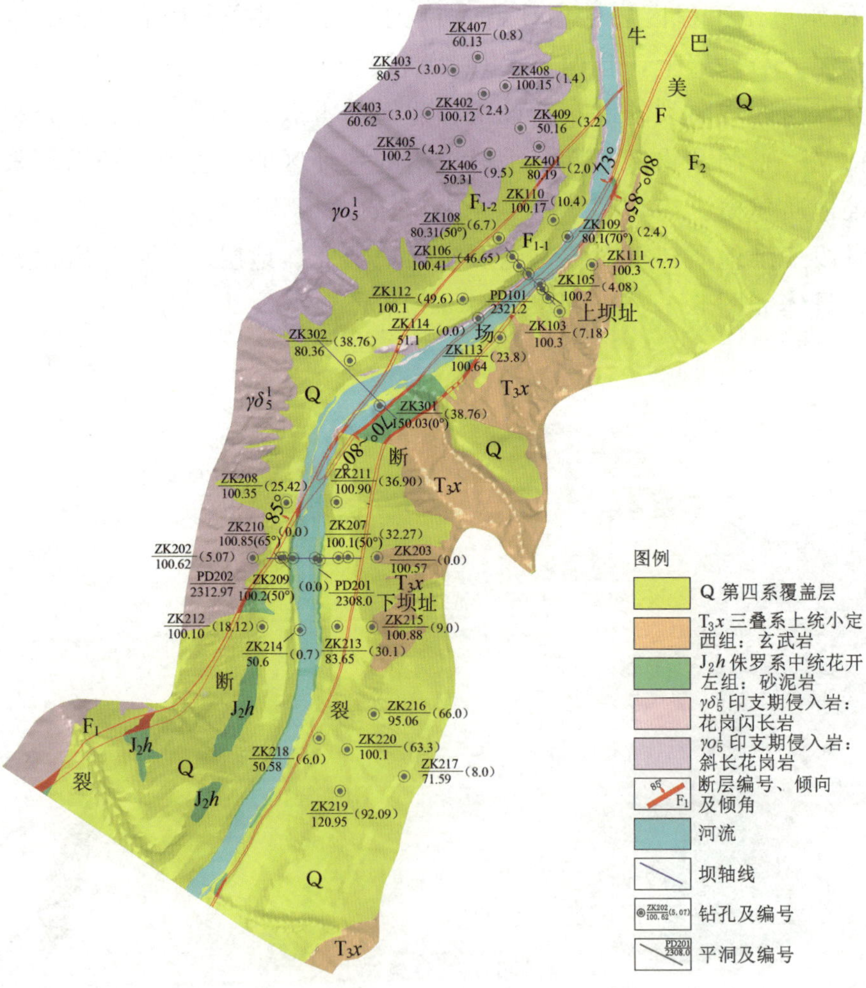

图 5.1-19 QZK 水电站坝段三维地质模型图

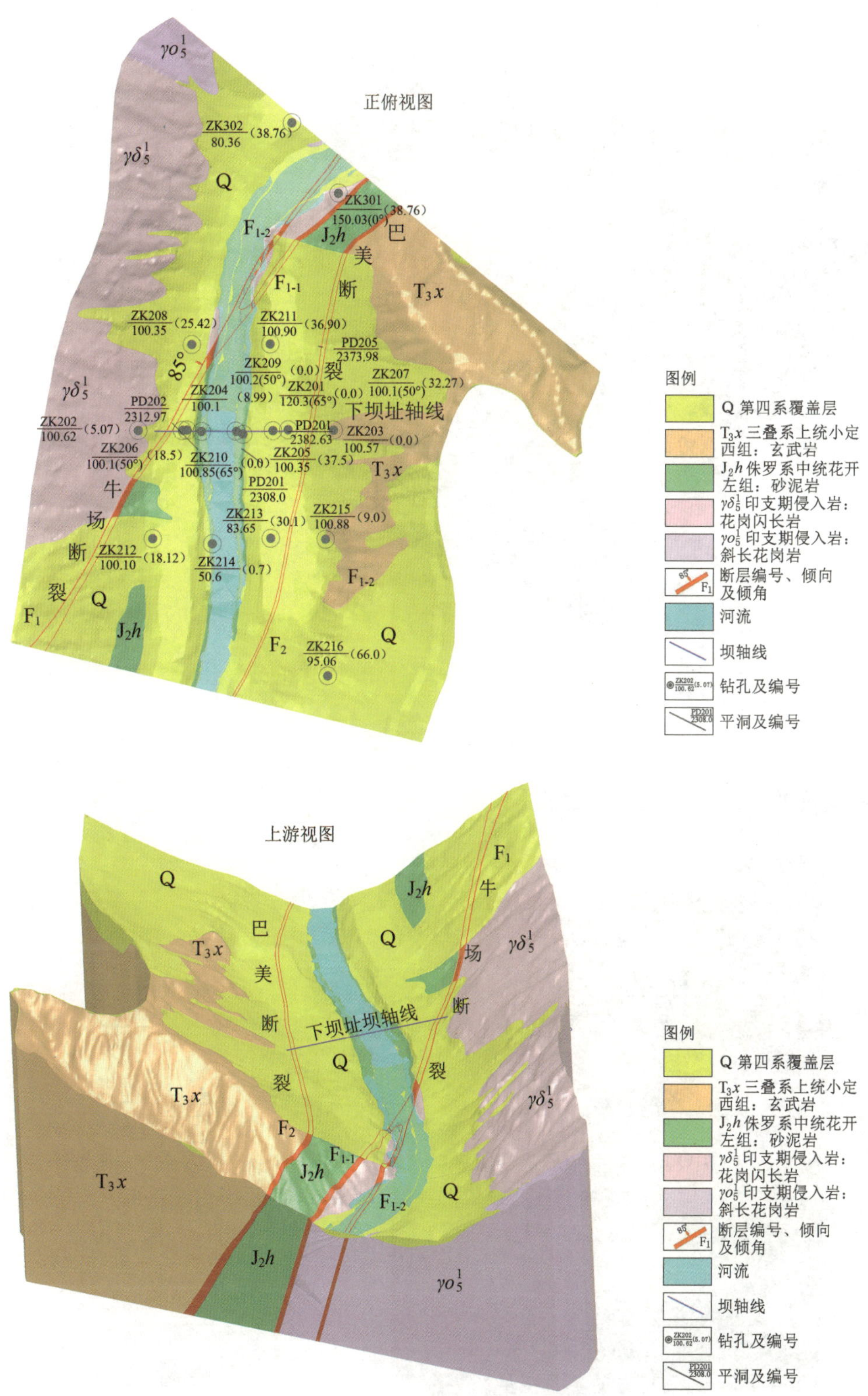

图 5.1-20（一） QZK 水电站下坝址三维地质模型图

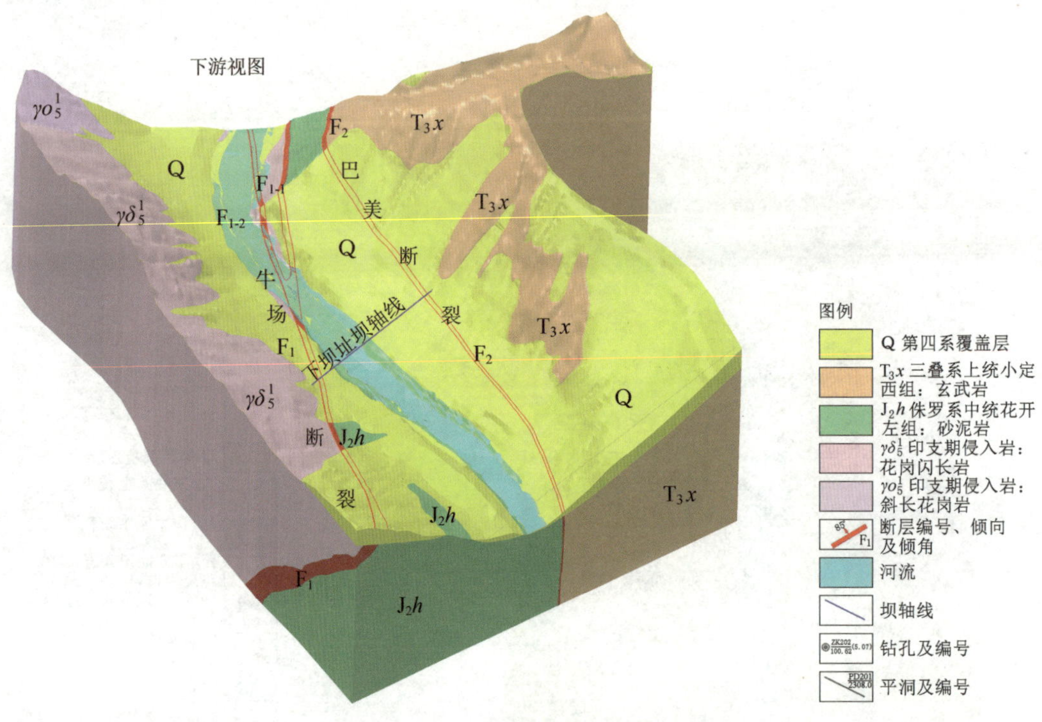

图 5.1-20（二） QZK 水电站下坝址三维地质模型图

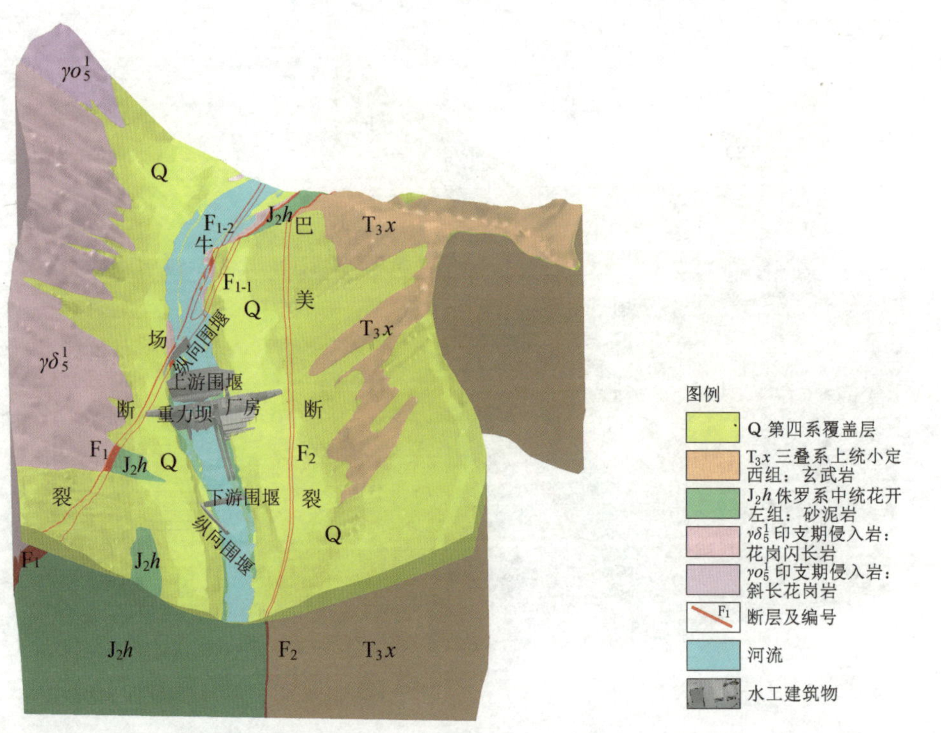

图 5.1-21 QZK 水电站下坝址枢纽建筑物布置三维工程地质图

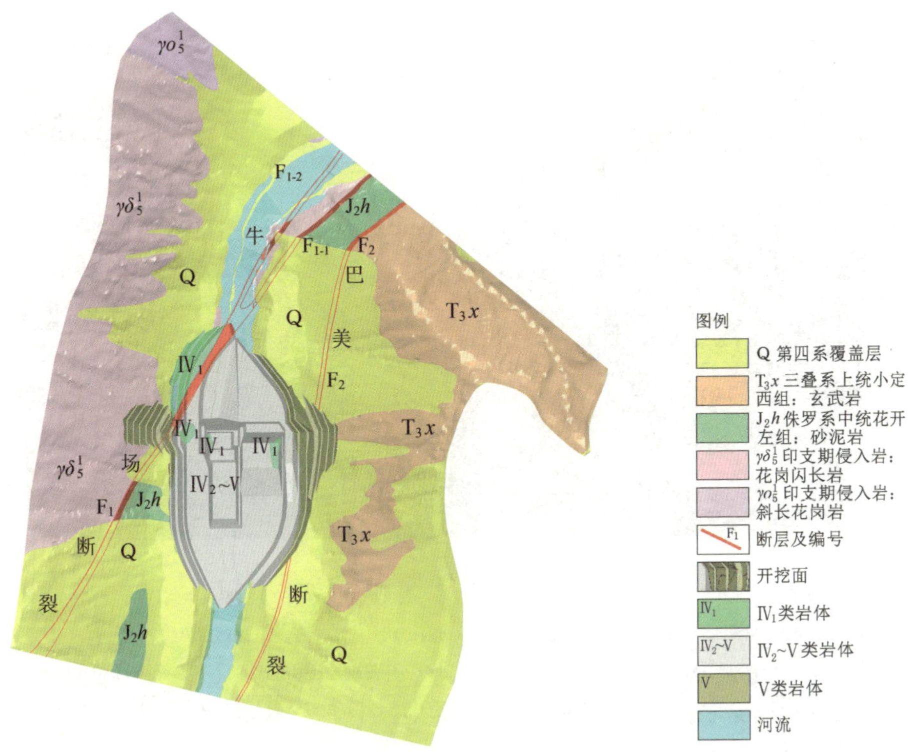

图 5.1-22 QZK 水电站下坝址枢纽建筑物开挖三维工程地质图

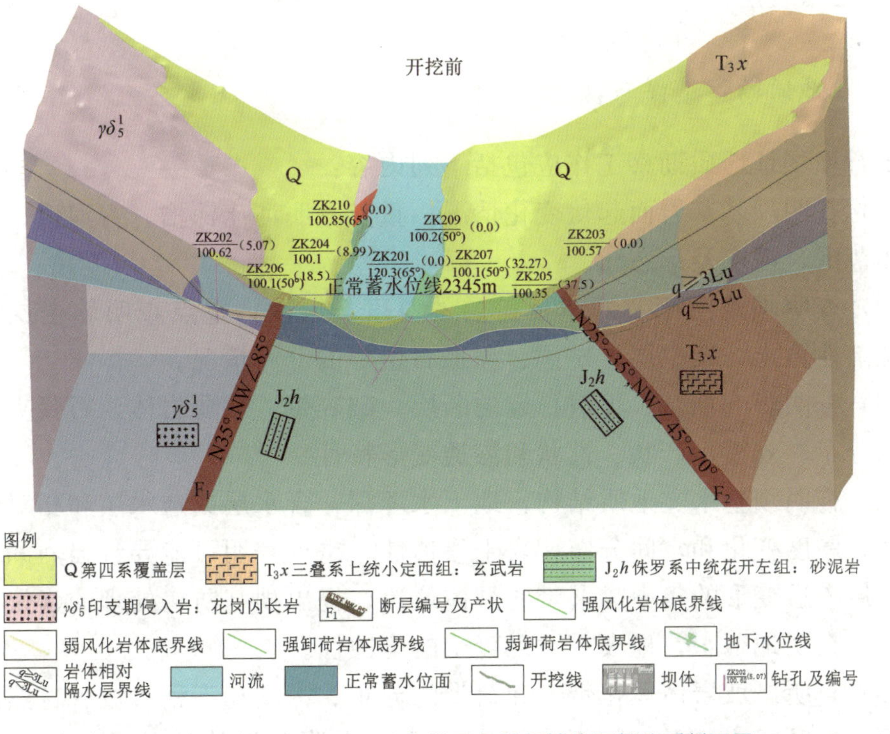

图 5.1-23（一） QZK 水电站下坝址坝轴线三维地质剖面图

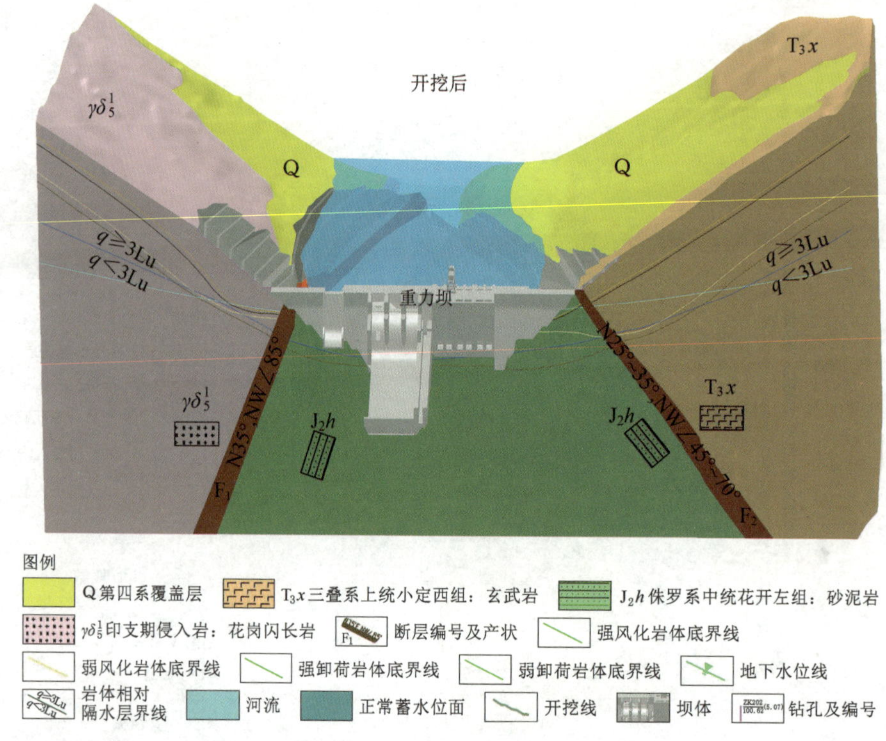

图 5.1-23（二） QZK 水电站下坝址坝轴线三维地质剖面图

5.1.3 可行性研究阶段

5.1.3.1 地质勘察工作内容

土石坝坝址地质勘察工作应包括下列内容：

（1）查明坝基基岩面起伏变化情况，重点查明河床深槽、古河道、埋藏谷的具体范围、深度及形态。

（2）查明坝基河床及两岸覆盖层的厚度、层次，重点查明软土层，粉细砂、湿陷性黄土、架空层、矿洞、漂孤石层等的分布情况。

（3）查明影响坝基、坝肩稳定的断层、破碎带、软弱岩体、石膏夹层、夹泥层的分布、规模、产状、性状和渗透变形特性。

（4）查明坝基水文地质结构，地下水埋深，含水层或透水层和相对隔水层的岩性，厚度变化和空间分布，岩土渗透性，重点查明可能导致强烈漏水和坝基、坝肩渗透变形的集中渗漏带的具体位置，提出坝基防渗处理的建议。

（5）查明地下水，地表水对混凝土的腐蚀性。

（6）查明岸坡岩体风化带、卸荷带的分布、深度和工程边坡、自然边坡特别是面板坝趾板上游边坡的稳定条件，重点查明防渗体地基，包括心墙、斜墙、面板趾板及反滤层、垫层、过渡层地基和岸坡连接地段有无断层破碎带、软弱岩带、全强风化岩及其变形和渗透特性。

(7) 查明坝区岩溶发育规律，主要岩溶洞穴和通道的分布与规模，岩溶泉的位置和补给、径流、排泄特征，相对隔水层的埋藏条件，提出防渗处理建议。

(8) 提出坝基岩土体的渗透系数、允许渗透水力比降和承载力、变形模量、强度等各种物理力学性质参数，对地基的沉陷、湿陷、抗滑稳定、渗漏、渗透变形、液化、震陷等问题作出评价，并提出坝基处理的建议。

5.1.3.2 三维地质建模要求

可行性研究阶段地质勘察任务主要是查明水库区、各比选坝址的主要工程地质条件，查明选定坝址建筑物区的工程地质条件并进行评价。在三维地质建模过程中，针对各比选坝址结合补充勘察资料对预可行性研究阶段模型进行更新，以用于各种设计方案的布置。在方案比选阶段应针对重点部位进行细化，如坝基、隧洞进口及出口、地下厂房等存在较大开挖量的部位。对选定坝址应开展全面建模，反映坝址区的主要工程地质条件，并对主要的建筑物地段的地质对象模型进行细化，对影响设计方案的重点地质对象进行详细建模，反映地质对象与建筑物之间的关系。

本阶段针对坝址区开展了对建筑物的详细勘探工作，并进行了更大比例尺的地质测绘工作，各种基础地质资料更加丰富，在建模过程中辅以少量工程师经验对面模型进行数据补充，适量地人为干预地质对象的创建，模型可反映地质对象的空间展布，满足本阶段设计要求。建模过程中主要利用地质测绘成果及勘探成果对预可行性研究阶段地质模型进行更新。

5.1.3.3 应用案例

1. 工程概况

GS 水电站位于滇西北与西藏邻接的边缘部位，坝址位于云南省德钦县北西方向佛山乡溜筒江行政村澜沧江上游河段上。坝址北距西藏自治区芒康县城约 170km，距德钦县佛山乡 19km；下游距德钦县城约 45km，距昆明市约 851km，214 国道从坝址左岸通过，交通条件较为便利。

电站正常蓄水位为 2267m，回水至西藏芒康县盐井乡，接盐井至曲孜卡天然河道，库长约 68km，总库容为 18.38 亿 m^3，调节库容为 6.72 亿 m^3。上坝址以面板堆石坝为推荐方案，最大坝高为 240m，装机容量为 2200MW。

GS 水电站位于滇西北、川西南、藏东南和缅东北接壤地带，区域地质构造背景十分复杂。工程区地处青藏和川西高原区，地势总体北高南低，新构造抬升运动强烈，山顶面海拔为4000～6000m，区内最高为梅里雪山主峰，海拔为6740m。山体走向以北北西—近南北向为主，河流深切呈V形，属典型的高山峡谷区。上坝址区分为上游河段、中游河段及下游河段。其中上游、下游两河段右岸陡左岸稍缓，河道地形相对开阔，呈不对称的V形河谷，属斜向谷或顺向谷，中游河段属横向谷，高程2500m以下地形为基本对称的V形峡谷，两岸地形陡峻。分布的地层主要有二叠系下统吉东龙组及三叠系上统红坡组（T_3hn）。坝段地区处于飞来寺背斜的西翼，在工程区属单斜构造，岩层总体产状为N15°～30°W，SW∠65°～90°，上坝址区构造发育，构造形迹总体方向为N30°W，规模较大的Ⅰ级结构面有红山—古水断裂，Ⅱ级、Ⅲ级结构面较发育。上坝址区物理地质作用较强烈，物理地质现象发育，发育有大型争岗滑坡堆积体、坝前冰水堆积及倾倒体、哑贡倾倒体，岩体风化、卸荷、倾倒强烈。在江中岩层产状近直立，在江两岸岩层向江内发生不同程度的倾倒。地下水类型主要为基岩裂隙潜水，孔隙水及上层滞水，补给来源主要为雪水，其次为大气降水，地下水补给江水。地下水位线的形态总体上呈低平状，地下水埋深较大。

2. 三维地质建模

GS水电站地层岩性复杂，发育红山—古水断裂，物理地质现象发育。因此该工程的建模重点为地层接触关系、区域断裂、岩层倾倒的展示、滑坡堆积体等。工程区地勘资料丰富、利用丰富的地勘资料进行各地质对象的建模，能够满足该阶段的三维建模要求。

该阶段三维地质建模主要有地形面、地层、岩性、断层、风化与卸荷、地下水位面等地质对象，具体如图5.1-24～图5.1-32所示。

图5.1-24 地形面

图5.1-25 基岩面

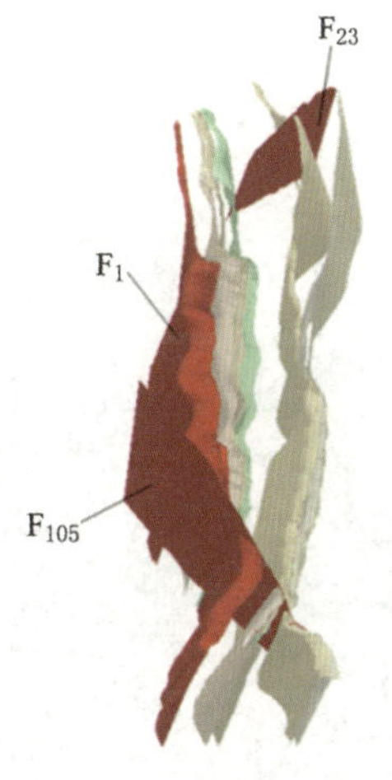

图 5.1-26 地层模型

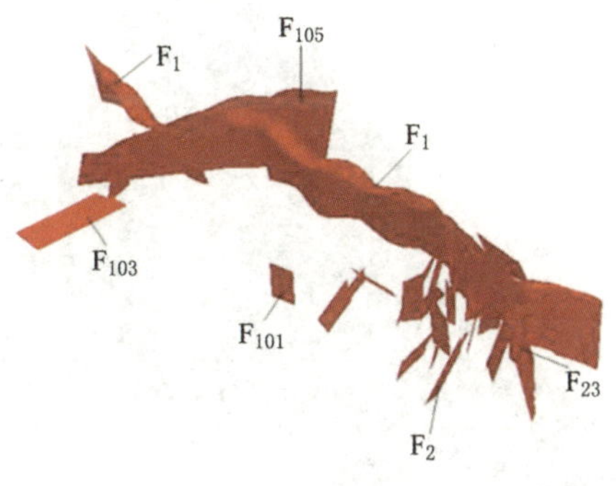

图 5.1-27 断层模型

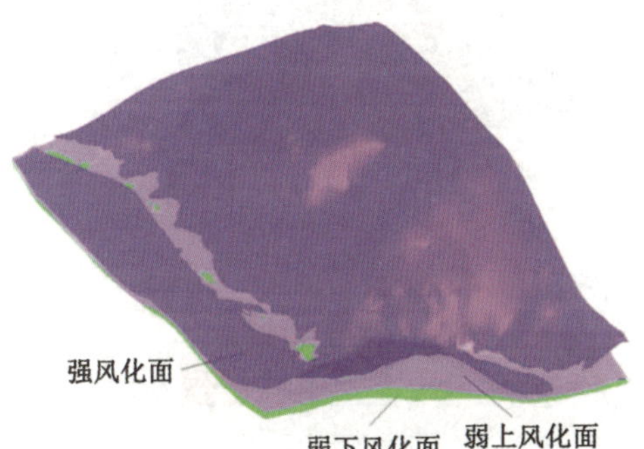

图 5.1-28 风化模型

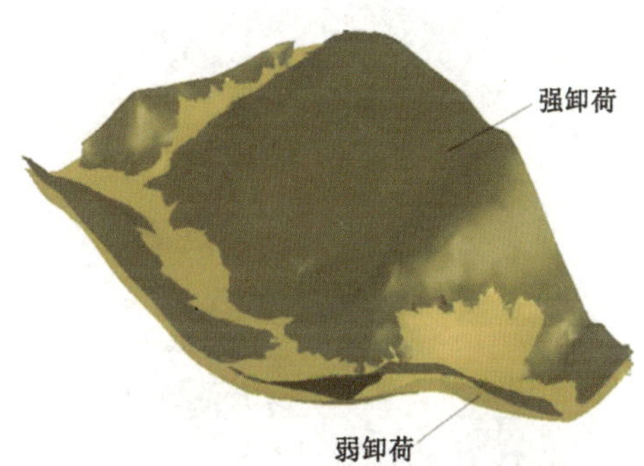

图 5.1-29 卸荷模型

图 5.1-30 地表水面

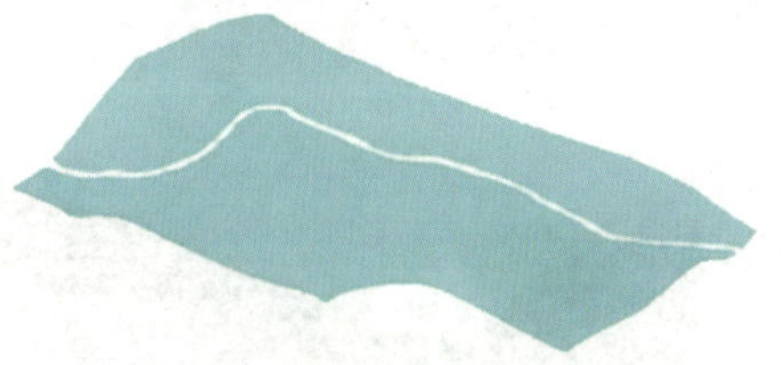

图 5.1-31 地下水面

图 5.1-32 隔水层面

3. 三维地质建模成果图件

三维地质建模成果图如图5.1-33～图5.1-38所示。

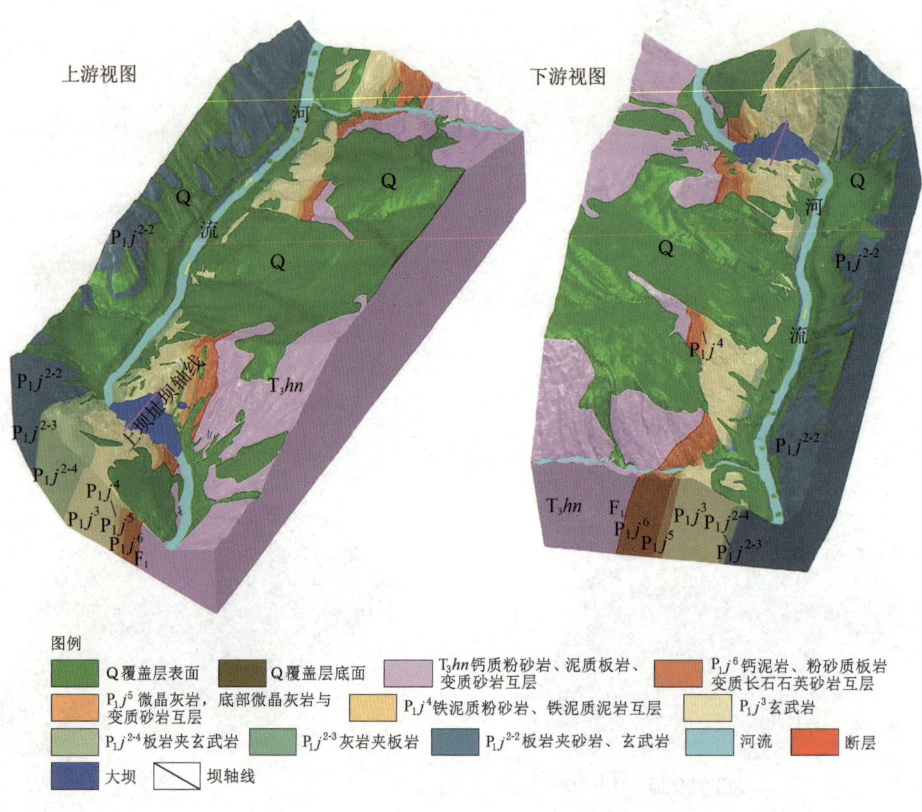

图5.1-33 GS水电站上坝址三维地质模型图

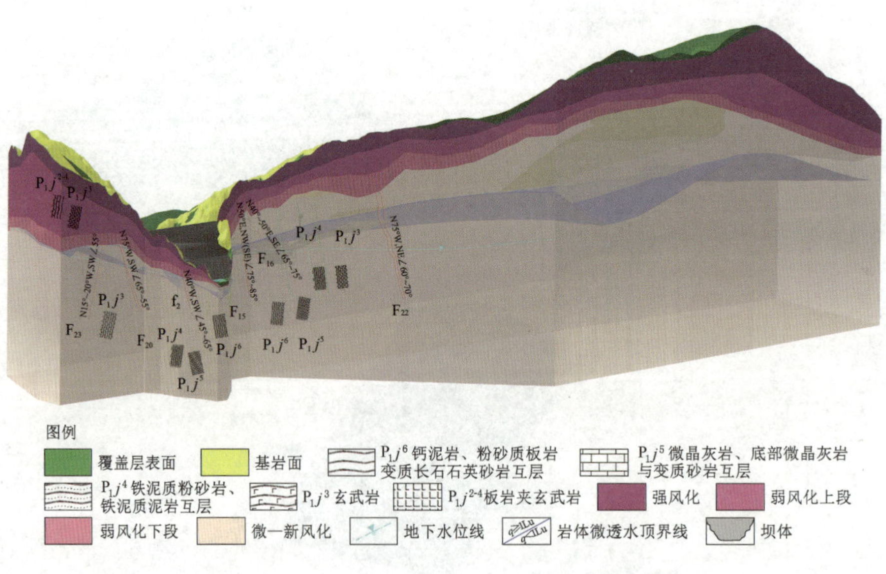

图5.1-34 GS水电站上坝址趾板线三维地质剖面图

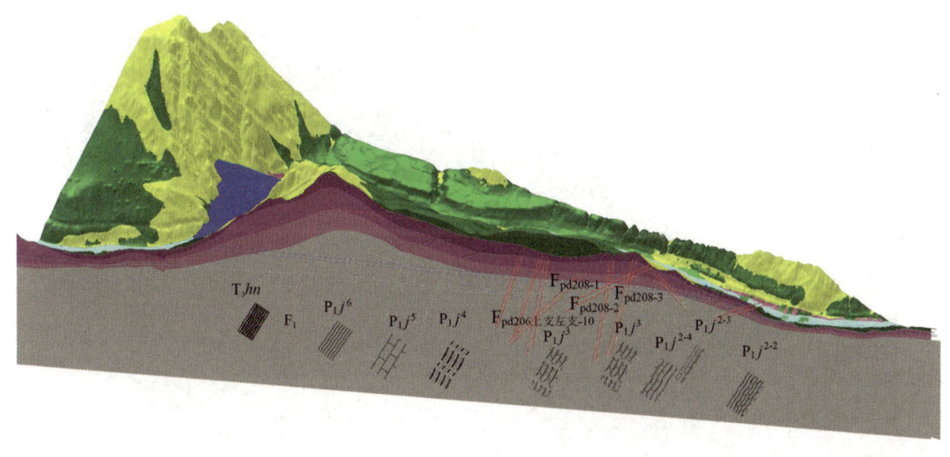

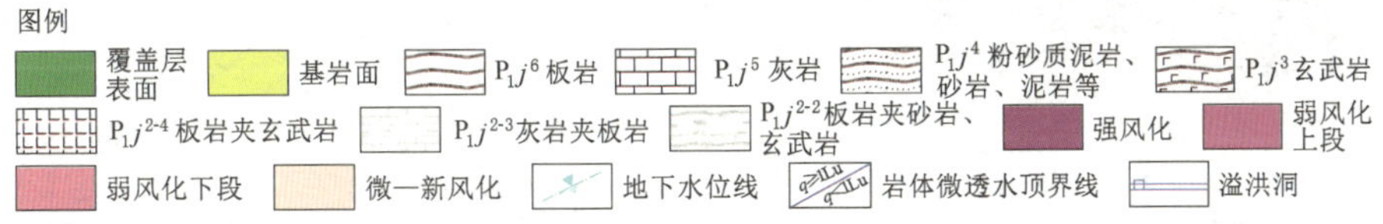

图 5.1-35　GS 水电站上坝址 1 号溢洪洞轴线三维工程地质剖面图

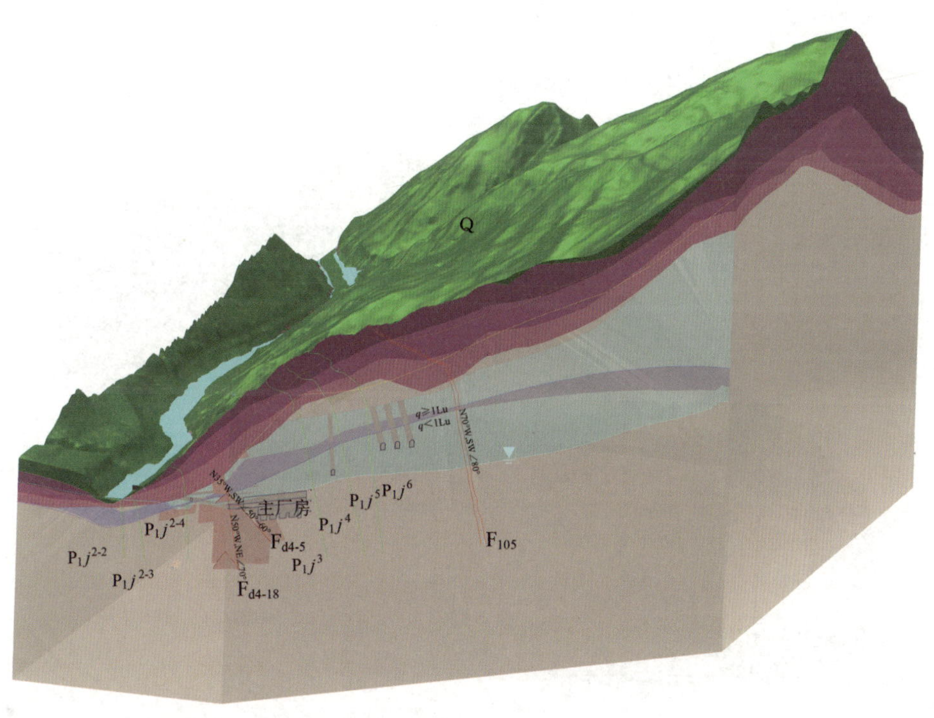

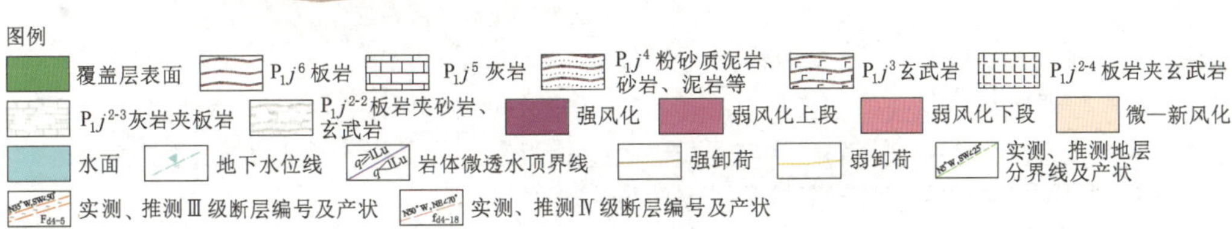

图 5.1-36　GS 水电站上坝址主厂房轴线三维地质剖面图

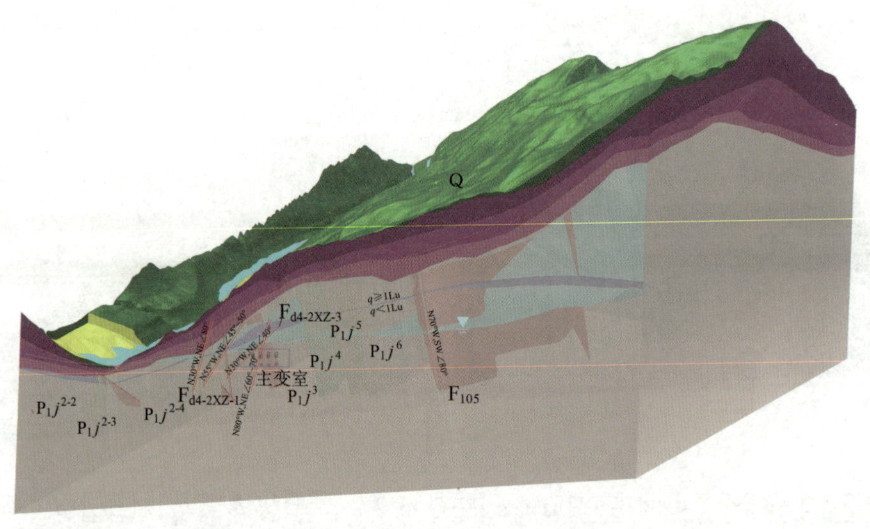

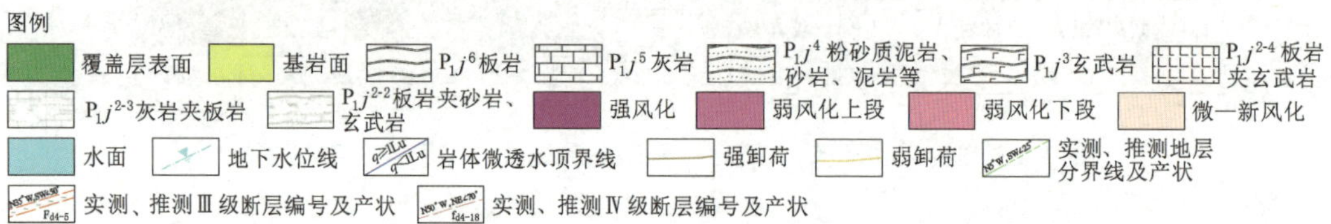

图 5.1-37 GS 水电站上坝址主变室轴线三维地质剖面图

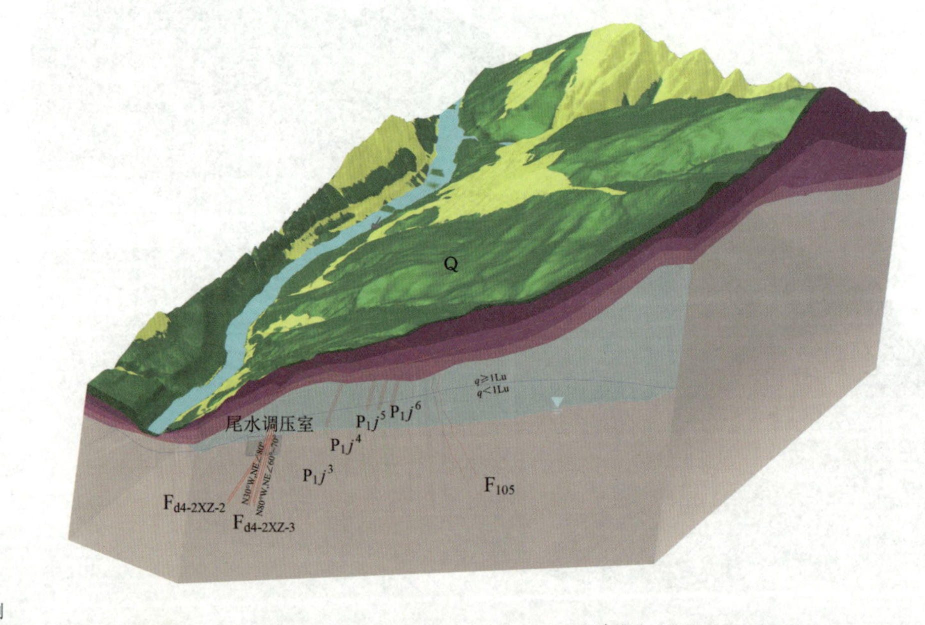

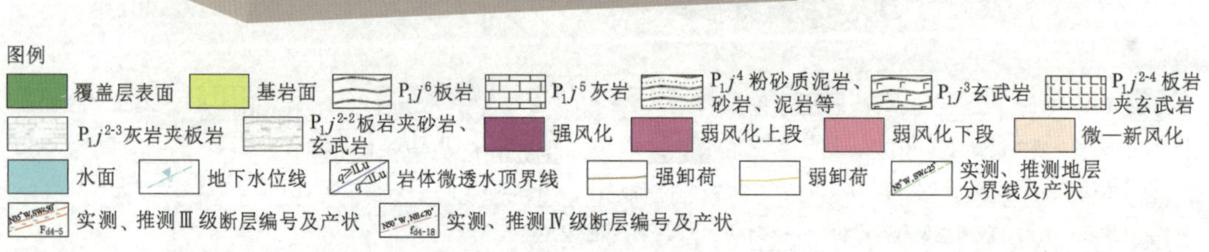

图 5.1-38 GS 水电站上坝址尾水调压室轴线三维地质剖面图

5.1.4 招标设计阶段

5.1.4.1 地质勘察工作内容

（1）挡水建筑物存在的专门性工程地质问题，应根据具体情况确定勘察内容，并应符合下列规定：

1）坝基可利用岩土体，应复核岩土体的工程地质特性，并根据地基受力状态，提出优化可利用建基面和预留保护层厚度的意见，提出优化地基加固处理措施的建议。

2）坝基（肩）抗滑稳定，应复核或补充查明地质边界条件和滑移模式。岩土体和结构面抗剪（断）强度，评价抗滑稳定性。提出优化加固处理的建议，完善岩土体位移监测的意见。

3）坝基变形，应复核岩土体变形稳定条件、变形（压缩）模量和承载力参数，评价坝基岩土体的变形稳定性及砂层的地震液化特性。提出优化加固处理的建议和完善岩土体位移监测的意见。

4）坝基渗漏和渗透变形稳定，应复核或补充查明坝址区水文地质条件，主要是岩土体的渗透性、临界水力比降和允许水力比降。评价坝基（肩）产生渗漏的条件、渗漏途径、渗漏形式及渗漏量；评价坝基产生渗透变形的条件和渗透变形形式。提出优化防渗及排水措施的建议，完善地下水动态观测的意见。

5）边坡稳定，应复核或补充查明影响边坡稳定性的工程地质、水文地质条件，岩土体物理力学性质参数。评价可能失稳边坡的地质边界条件，失稳机制、方式、规模和危害性。提出边坡开挖坡形、坡比的意见和优化处理措施的建议，完善岩土体位移监测和地下水动态观测的意见。

（2）泄水、输水、厂区、通航建筑物存在的专门性工程地质问题应根据具体情况确定其勘察内容，并应符合下列规定：

1）地基稳定，包括抗滑稳定、抗冲稳定、渗透稳定，应复核或补充查明地基工程地质与水文地质条件，岩土体物理力学参数，渗透性分级和岩土体工程地质分类、抗冲刷参数，评价地基的稳定性。提出优化地基加固处理措施的建议并完善岩土体位移监测及地下水动态观测的意见。

2）围岩稳定，应复核或补充查明围岩的工程地质与水文地质条件，岩体地应力状况，围岩类别和岩体物理力学性质参数，评价围岩稳定性；预测产生岩爆、突水和围岩失稳的位置、规模；提出优化围岩加固处理措施的建议并完善围岩位移、外水压力监测的意见。

3）高压渗透稳定，应复核围岩在高压水头作用下的渗透特性，提出围岩的允许水力比降、劈裂压力、外水压力等；评价山体稳定性和提出优化高压管道衬砌形式和防渗、排水措施的建议。

4）基坑或洞室涌水，应复核场址水文地质条件，重点为富水层、含水构造，强透水带，与地表水体连通的断层破碎带、节理密集带和岩溶通道及采空区等，预测涌水类型、涌水量，提出处理措施的建议并完善地下水动态观测的意见。

应复核枢纽建筑物区自然边坡潜在失稳的类型、范围、规模、控制性结构面及力学参数、失稳模式、危害性等，并应在稳定性分析的基础上提出治理措施建议。

5.1.4.2 三维地质建模要求

招投标阶段地质勘察任务主要是复核可行性研究阶段的主要勘察成果，提供与优化设计相关的工程地质资料。在三维地质建模过程中，对前期基础资料进一步复核，尤其是影响建筑物布置的重要地质对象，如与建筑物存在相交或存在较大影响的一定范围内的滑坡、崩塌、岩性界线、风化界线、断层等地质对象。针对优化设计相关部位的地质对象进行细化建模。本阶段一般仅开展少量的补充勘探工作或不做补充勘探，对前期成果进行复核或进行专项研究，各种基础地质资料更加丰富，在建模过程中辅以少量工程师经验对面模型进行数据补充，适量地人为干预地质对象的创建，模型可反映地质对象的空间展布，满足本阶段设计要求。建模过程中主要利用补充勘探成果和资料分析对可行性研究阶段地质模型进行更新，同时对优化设计部位的地质模型进行细化。

5.1.4.3 应用案例

1. 工程概况

YFG 水电站位于雅砻江中游河段上，电站装机容量为 1500MW。工程枢纽主要由混凝土双曲拱坝、泄洪消能建筑物和引水发电系统等组成。坝址区为高山峡谷地貌，两岸地形陡峭，河谷狭窄，两岸地形呈基本对称的 V 形。河流呈 S30°～40°E 流向流经坝址区，枯水期河面宽为 56～102m，水位高程为 1983～1985m，水深为 1.5～6m。出露地层主要为燕山期花岗闪长岩及上三叠统杂谷脑组板岩夹砂岩、新都桥组变质粉砂岩，变质粉砂岩层内局部夹含炭质板岩等。燕山期花岗闪长岩为坝址枢纽区主要出露岩性，深灰—浅灰色，花岗结构为主，块状构造，出露宽为 660～760m，左岸界线于左岸山脊背面凹沟沿 NNE 向延伸，靠河侧岸坡均为花岗闪长岩；右岸界线于勘Ⅰ线上游约 80m 处沿凹地形斜交勘Ⅰ线（高程约 2220m）向山体高处延伸，靠河侧岸坡均为花岗闪长岩。侵入岩接触带左岸产状为 N0°～10°W，SE∠70°～80°，右岸产状为 N5°～30°W，SE∠65°。坝址的断层较发育，共发育 3 条Ⅱ级结构面，59 条

Ⅲ级结构面，465条Ⅳ级结构面，主要走向以NNE、NEE～EW、NWW向中陡倾角为主，缓倾角结构面较少发育。断层宽一般为0.02～0.5m，带内一般为碎块岩、岩屑夹泥质、钙质等，面多见擦痕及褐黄色铁锰质渲染。坝址裸露基岩多呈弱风化，局部因蚀变呈强风化。右岸花岗闪长岩体内与变质粉砂岩接触带附近局部存在囊状风化或风化深槽。上坝址区基岩中地下水主要以裂隙水的形式存在。由于两岸地形陡峻，地下水的运移方式主要由两岸向河床运移。上坝址区存在两种岩性，即花岗闪长岩和变质粉砂岩，两种岩性均为非可溶岩，弱下—微风化岩体多为微透水岩层，新鲜岩体为微透水—不透水岩层。

2. 三维地质建模

本阶段工作已有较多的勘察资料，对资料进行全面的整理和分析，有重点、有针对性地开展三维地质建模工作，针对设计关注的重点部位需进行重点建模，如各级结构面与开挖面之间的组合块体稳定性分析，不同平切高程的岩性、断层等与建筑物之间的关系，开挖边坡的地质条件及稳定性评价，开挖坝基的岩体质量等，针对分析评价的要求，提供详细的地质模型，为方案的详细设计提供地质资料。

图5.1-39　地形面

YFG水电站招投标阶段三维地质建模完成了坝址区及重要滑坡体的建模，地质对象包括地形面、地层面、水位面、相对隔水层面、卸荷面等，地质对象的相关图件如图5.1-39～图5.1-48所示。

图5.1-40　基岩面

图5.1-41　断层

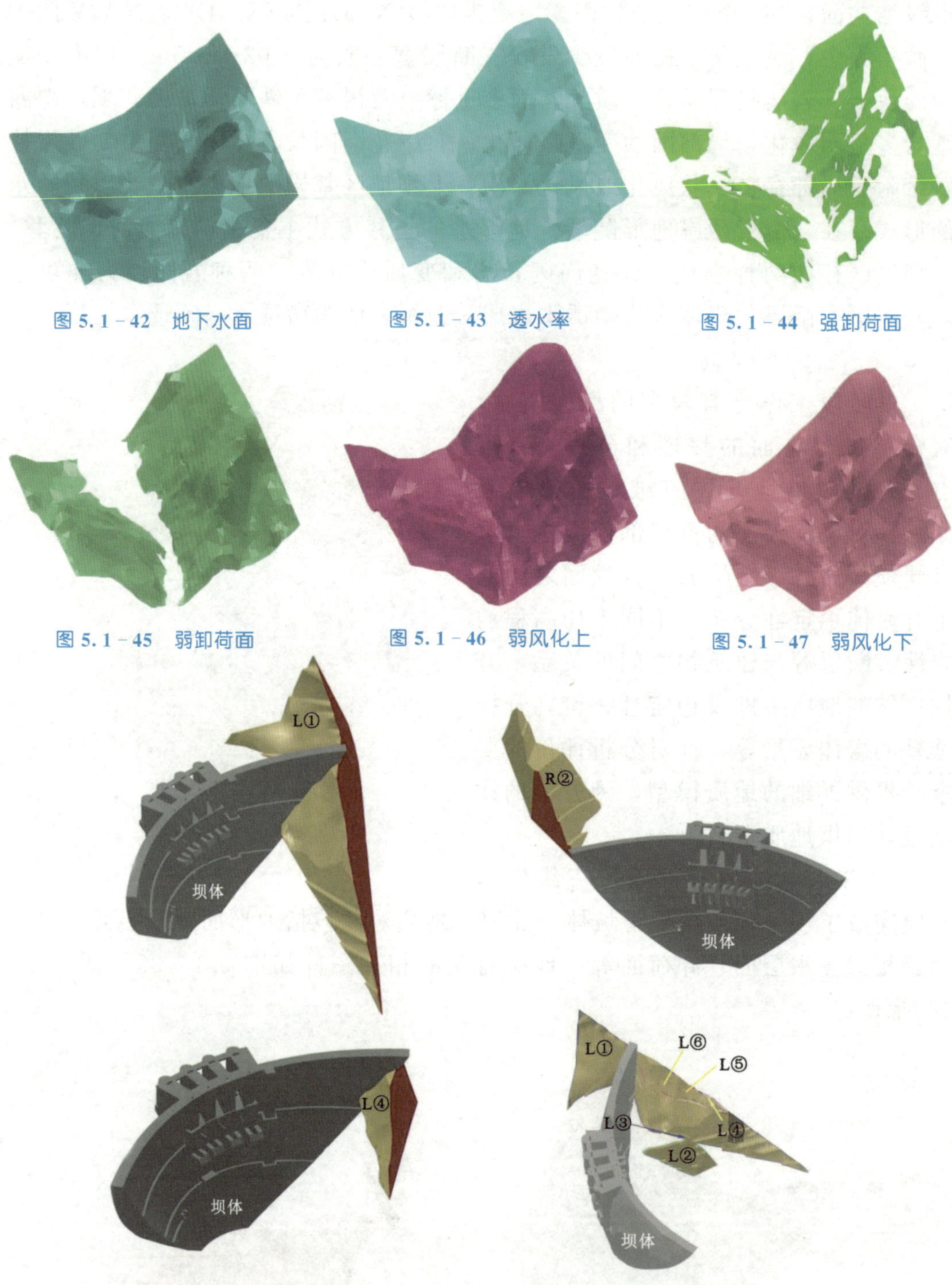

图 5.1-42 地下水面

图 5.1-43 透水率

图 5.1-44 强卸荷面

图 5.1-45 弱卸荷面

图 5.1-46 弱风化上

图 5.1-47 弱风化下

图 5.1-48 不利结构面组合块体及与大坝之间的关系

（图中 L 为裂隙，①～⑥为编号）

3. 三维地质建模成果图件

三维地质建模成果图如图 5.1-49～图 5.1-73 所示。

主要断层一览表

编号	产状	宽度/m	性质	组成物质
F_1	N25°E NW∠65°	20~30	压性	碎块岩、片状岩及岩屑
F_2	N10°~25°E SE∠65°~75°	0.5~1.0	压性	碎块岩、片状岩
F_3	N15°W SW∠85°	1.0	压性	千枚状及糜棱状岩石
F_4	N10°W SW∠50°	1~1.5	压性	千枚状及糜棱状岩石
F_5	N10°W SW∠50°	1.4	压性	千枚状及糜棱状岩石
F_6	N10°~30°W SW∠60°	1.0	压性	千枚状及糜棱状岩石
F_7	N30°W NE∠75°	2~3	压性	碎块岩、碎片岩
f_1	N70°E SE∠50°	0.04~0.08	压性	岩屑、碎块岩
f_3	N75°E SE∠30°	0.1~0.2	压性	碎块岩、岩屑
f_4	N15°E NW∠60°	0.1~0.2	压性	碎块岩
f_8	N10°E NW∠40°	0.2~0.5	压性	碎块岩
f_{14}	N80°E NW∠45°	0.3~0.4	压性	碎块岩、片状岩
f_{15}	EW N∠70°	0.1~0.15	压性	片状岩
f_{16}	EW N∠45°	0.2~0.3	压性	碎块岩、碎裂岩
f_{18}	N70°W NE∠70°	0.2~0.3	压性	碎块岩、片状岩、断层泥
f_{19}	N35°E NW∠55°	0.15~0.25	压性	碎块岩
f_{20}	N30°~45°E SE∠55°	0.2~0.3	压性	碎块岩、片状岩
f_{22}	N45°E SE∠60°	0.2~0.3	压性	碎块岩
f_{23}	EW N∠65°	0.1~0.15	压性	碎块岩
f_{24}	N20°~30°E SE∠70°	0.15~0.2	压性	碎块岩、片状岩
f_{27}	EW S∠60°	0.3~0.4	压性	碎块岩
f_{33}	N65°W SW∠60°	0.1~0.2	压性	碎块岩、碎裂岩
f_{35}	N70°W SW∠45°	0.15~0.20	压性	蚀变岩、碎块岩
f_{37}	N80°W SW∠50°	0.1~0.2	压性	片状岩、碎块岩
f_{39}	N10°E SE∠25°	0.1~0.3	压性	蚀变岩、片状岩
f_{40}	N35°E NW∠70°	0.3~0.4	压性	蚀变岩、碎块岩
f_{41}	N45°E NW∠60°	0.10~0.20	压性	片状岩、碎块岩
f_{43}	N25°E SE∠80°	0.10~0.20	压性	片状岩、碎块岩
f_{48}	N70°~75°E NW∠85°	0.30~0.40	压性	碎块岩、片状岩
f_{50}	SN E∠65°	0.10~0.30	压性	碎块岩、蚀变岩
f_{58}	N30°W SW∠50°	0.3~0.4	压性	蚀变岩
f_{62}	N75°E NW∠65°	0.1~0.2	压性	碎块岩、片状岩
f_{63}	N85°W NE∠55°	0.1~0.2	压性	蚀变岩、碎块岩及挤压片状岩
f_{64}	N70°W NE∠80°	0.2~0.3	压性	挤压片状岩、岩屑
f_{65}	N80°E NW∠65°	0.1~0.15	压性	碎块岩、蚀变岩
f_{66}	N80°W NE∠65°	0.3~0.5	压性	碎块岩、蚀变岩
f_{67}	N50°E NW∠45°~60°	0.1~0.2	压性	碎块岩、片状岩
f_{74}	SN W∠40°	0.1~0.2	压性	碎块岩、岩屑
f_{75}	N15°E SE∠80°	0.3~0.4	压性	蚀变岩
f_{79}	N40°W NE∠40°	0.1~0.2	压性	碎块岩
f_{80}	N20°W NE∠45°	0.1~0.2	压性	碎块岩
f_{84}	N5°W SW∠70°	0.1~0.2	压性	碎块岩及岩屑
f_{85}	N85°E SE∠60°~80°	0.1~0.2	压性	蚀变岩及石英
f_{86}	SN W∠55°	0.2~0.3	压性	碎块岩及岩屑
f_{87}	N10°E NW∠75°	0.1~0.2	压性	碎块岩及岩屑
f_{94}	N25°E SE∠70°	0.3~0.4	压性	蚀变岩、石英
f_{103}	N40°E SE∠70°	0.1~0.2	压性	碎块岩及岩屑
f_{107}	N50°W NE∠60°	0.10~0.15	压性	碎块岩、蚀变岩、岩屑、石英
f_{19-10}	N45°E SE∠25°~35°	0.2~0.3	压性	蚀变岩、石英

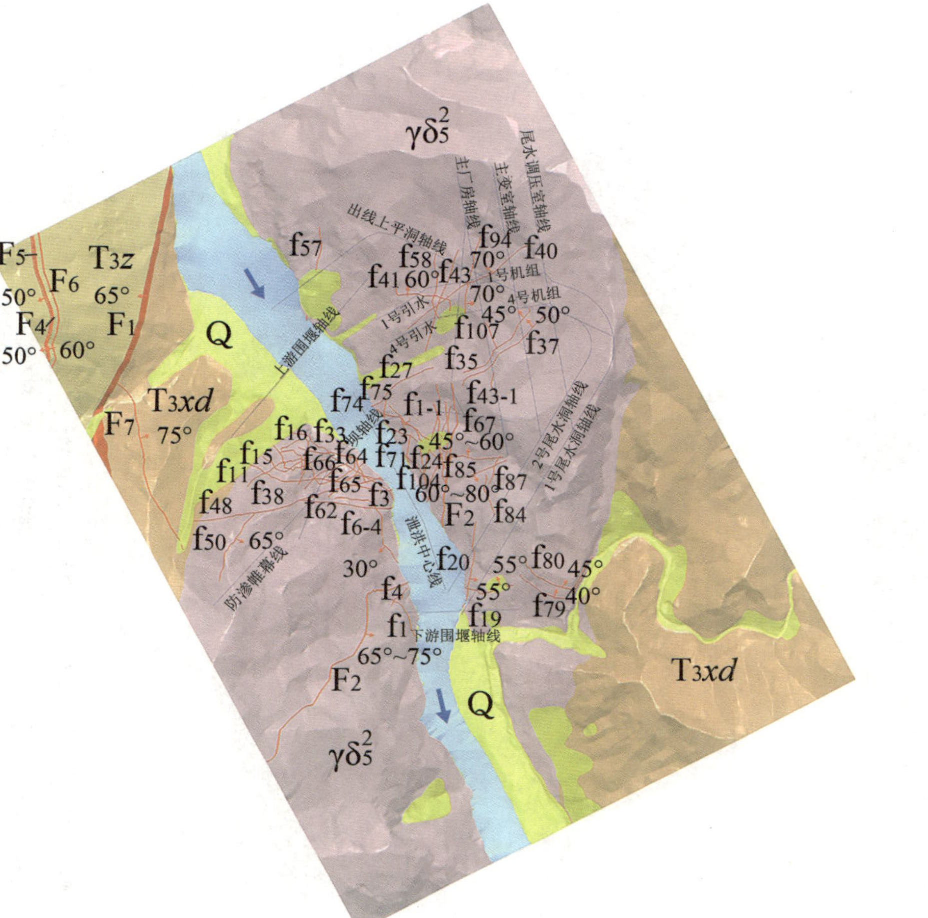

图例

Q 第四系覆盖层

T_3xd 三叠系上统新都桥组：变质粉砂岩

T_3z 三叠系上统杂谷脑组：板岩夹砂岩

$\gamma\delta_5^2$ 燕山期：花岗闪长岩

江面

断层编号、倾向及倾角

水工建筑物轴线

图 5.1-49　YFG 水电站枢纽区三维工程地质图（正俯视）

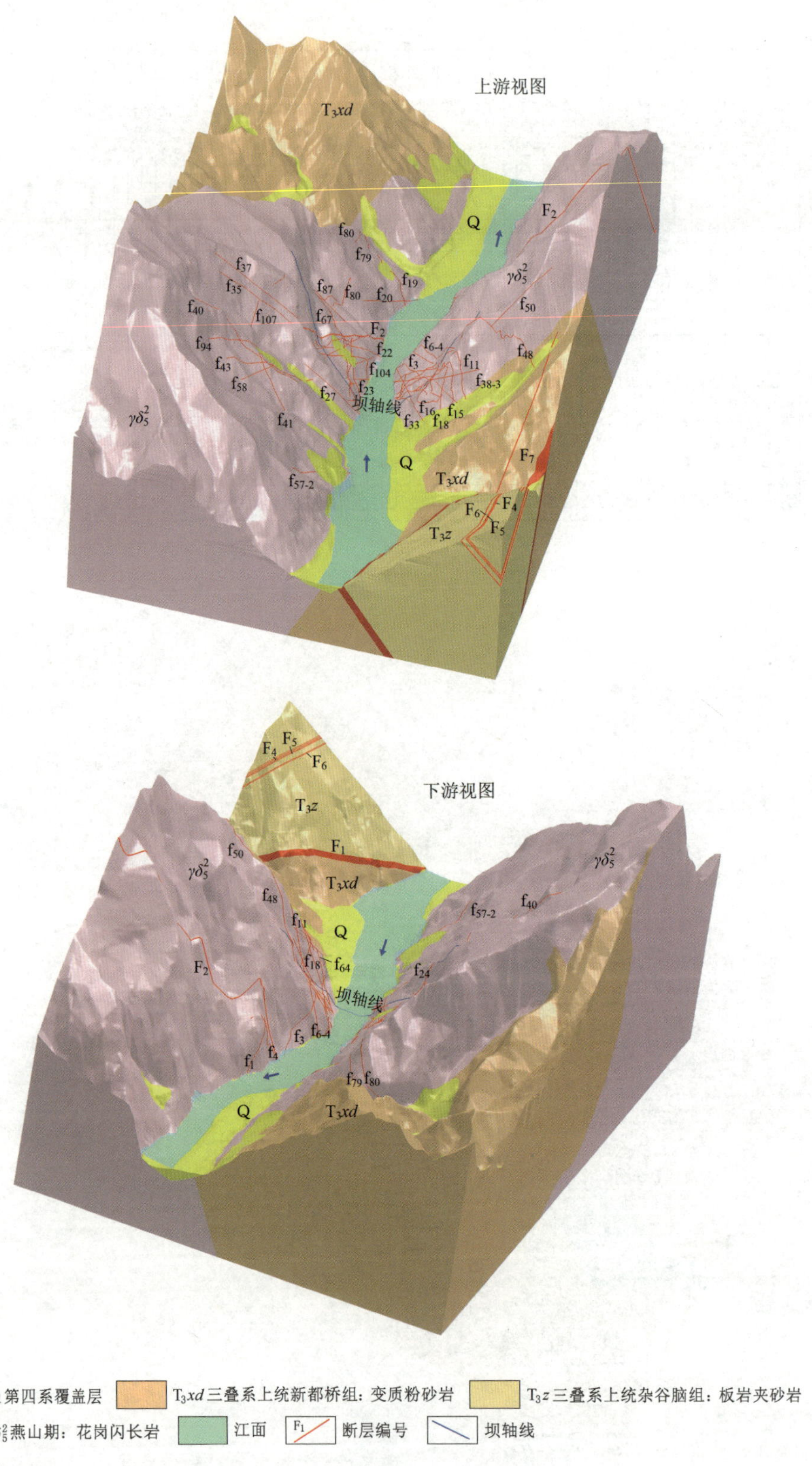

图 5.1-50 YFG 水电站枢纽区三维工程地质图

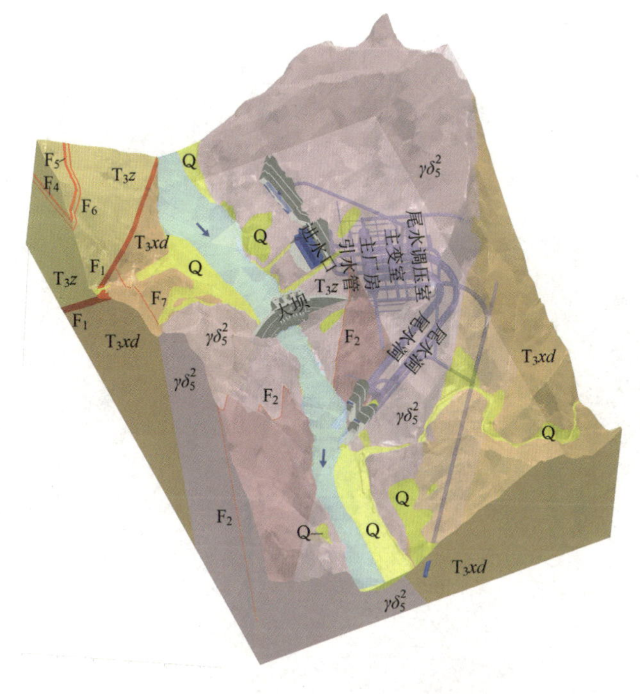

图例

Q 第四系覆盖层　T_3xd 三叠系上统新都桥组：变质粉砂岩　T_3z 三叠系上统杂谷脑组：板岩夹砂岩

$\gamma\delta_5^2$ 燕山期：花岗闪长岩　F_1 断层编号　水面　大坝　引水发电系统

图 5.1-51　枢纽建筑物布置三维工程地质图

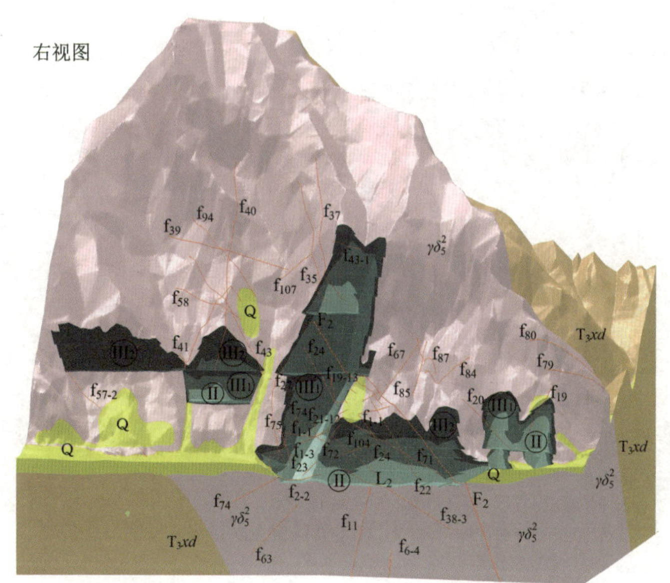

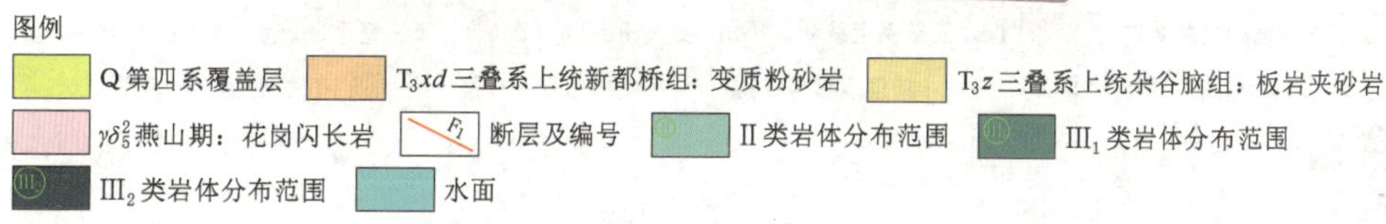

图 5.1-52（一）　枢纽建筑物开挖面三维工程地质图

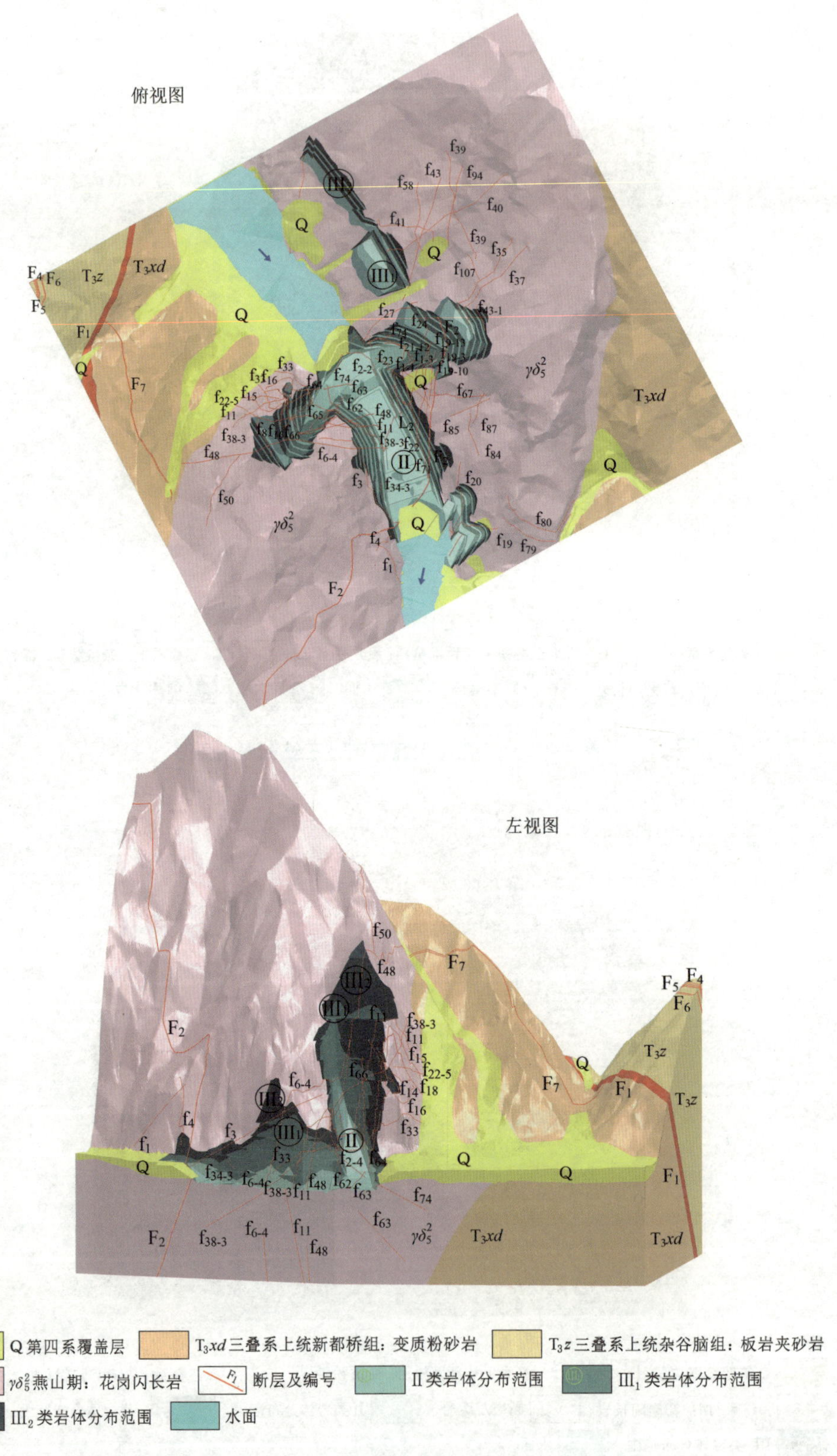

图 5.1-52（二）　枢纽建筑物开挖面三维工程地质图

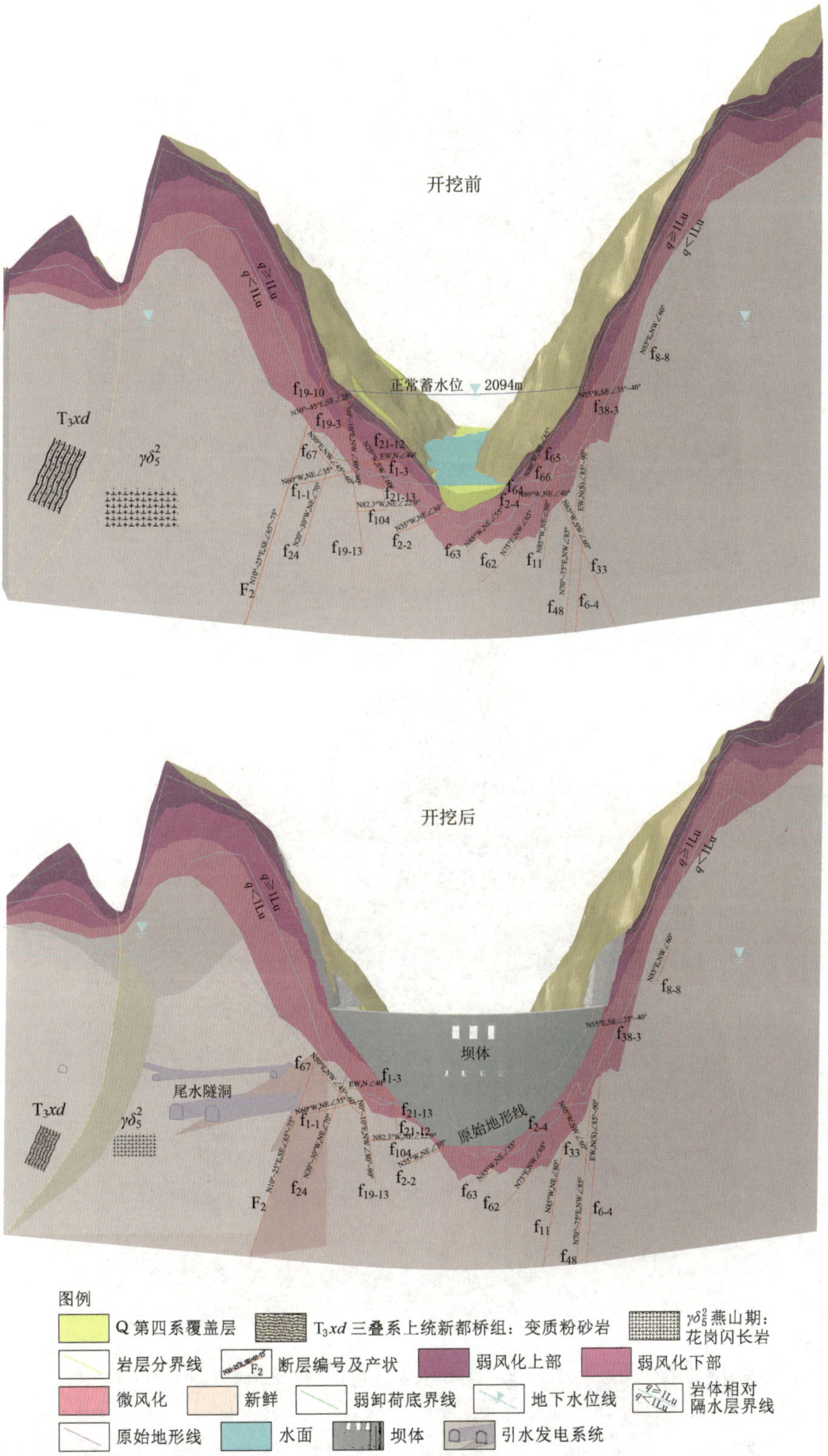

开挖前

正常蓄水位 2094m

开挖后

坝体

尾水隧洞

原始地形线

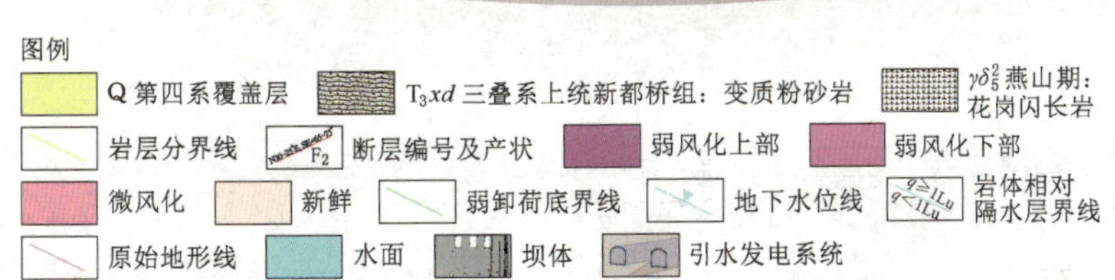

图 5.1-53 拱坝轴线三维工程地质剖面图

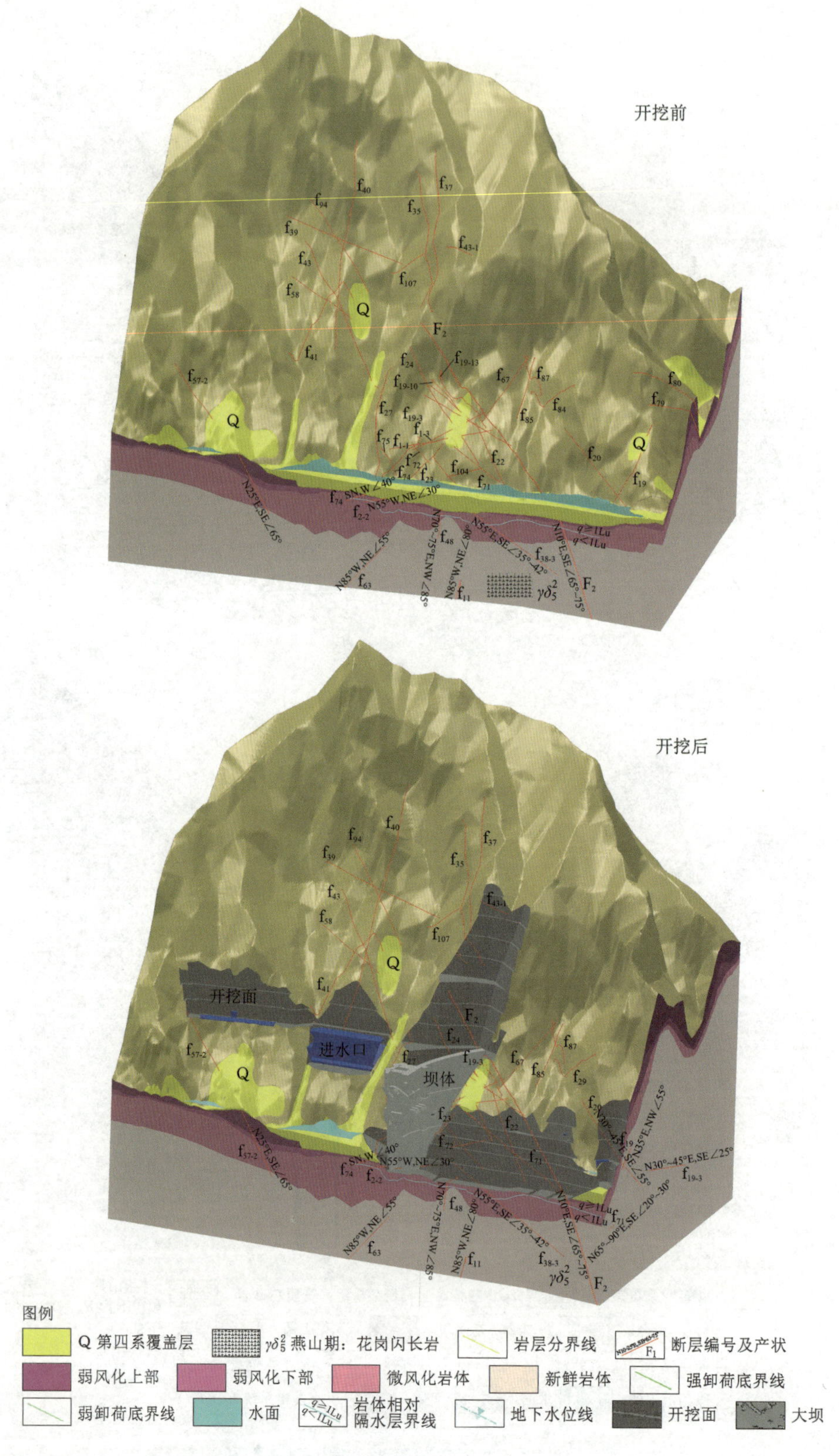

图 5.1-54 拱坝泄洪中心线三维工程地质纵剖面图（开挖前、开挖后）

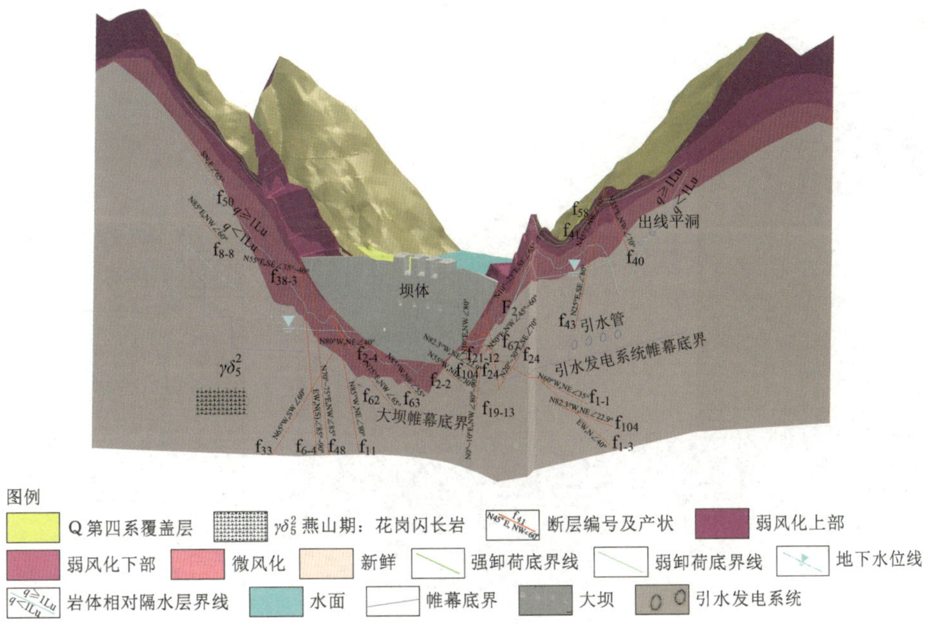

图 5.1-55 大坝帷幕线三维工程地质剖面图

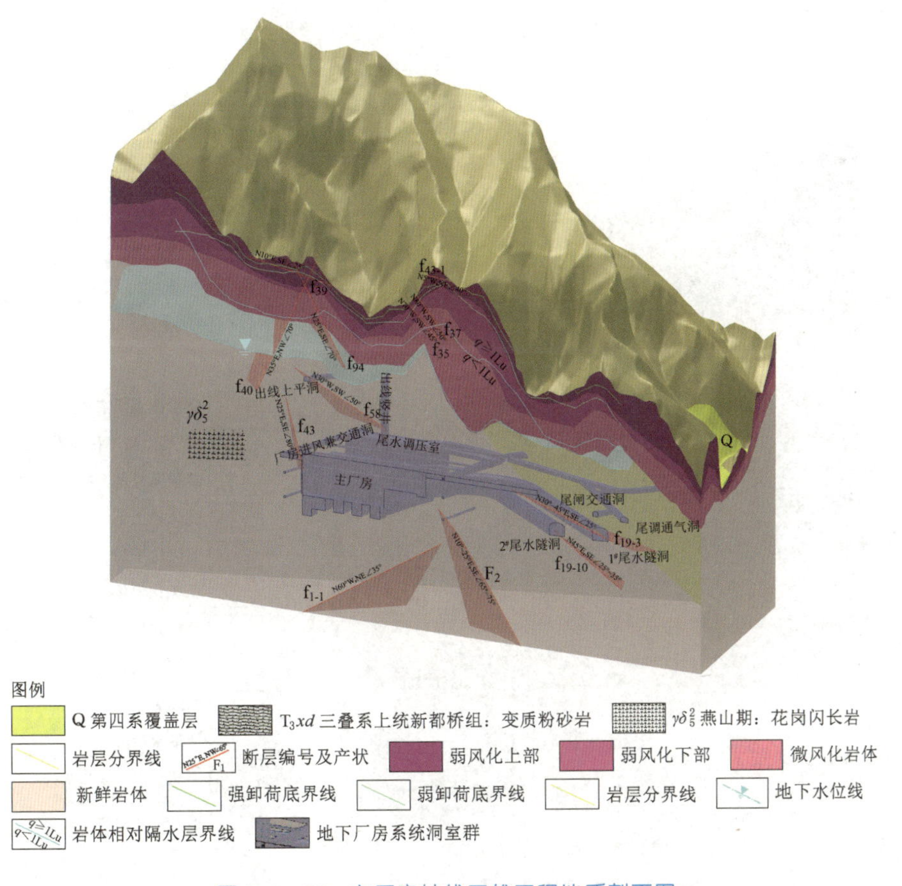

图 5.1-56 主厂房轴线三维工程地质剖面图

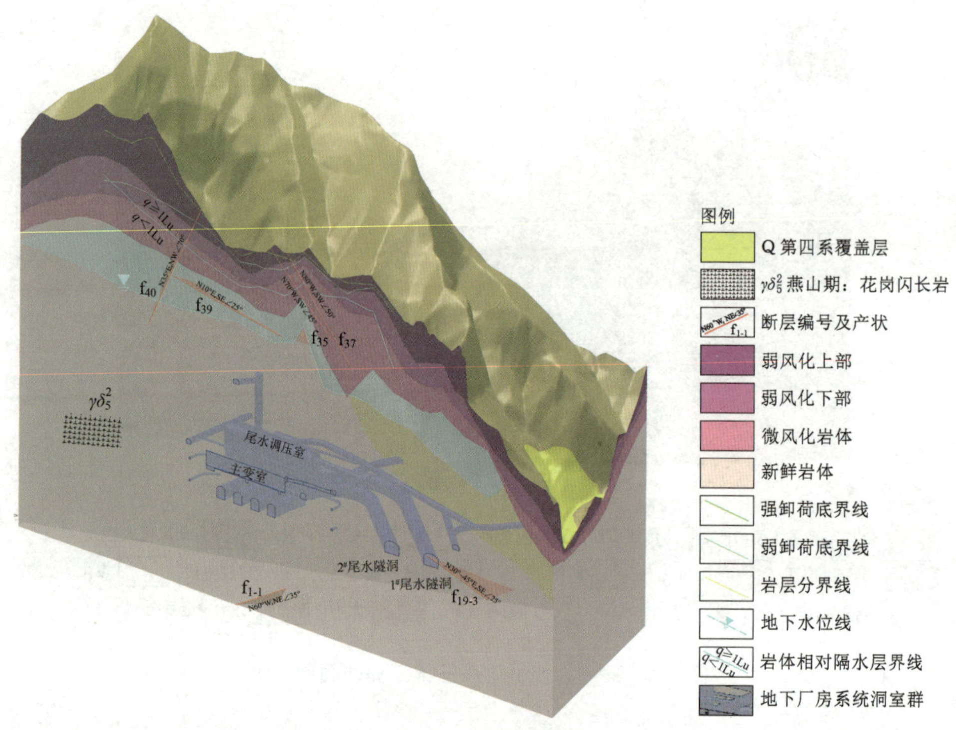

图 5.1-57 主变室轴线三维工程地质剖面图

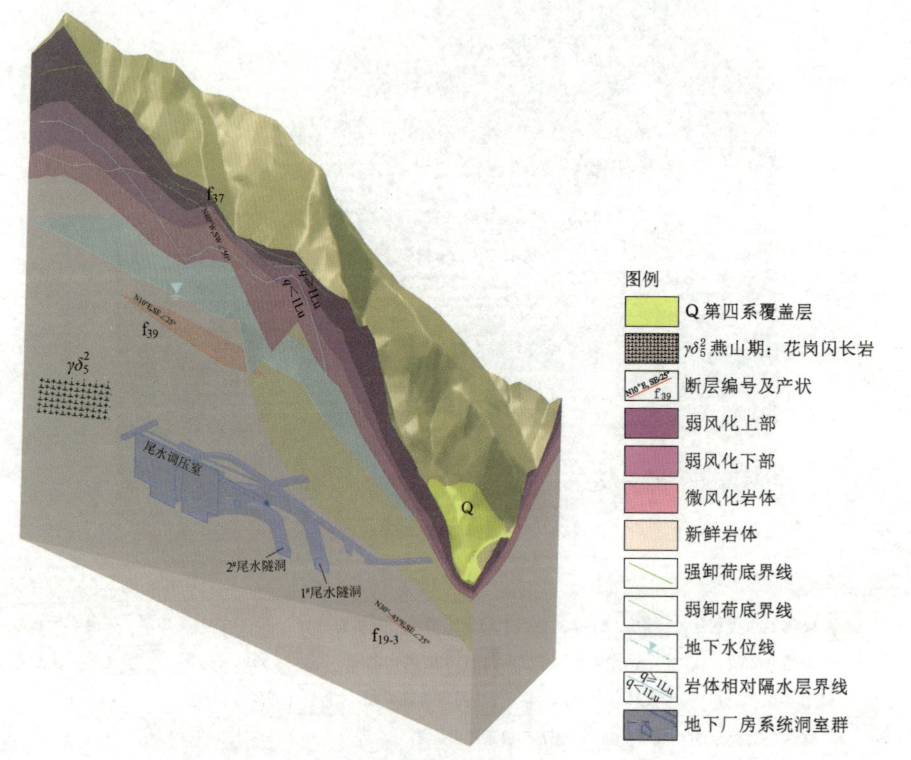

图 5.1-58 尾水调压室轴线三维工程地质剖面图

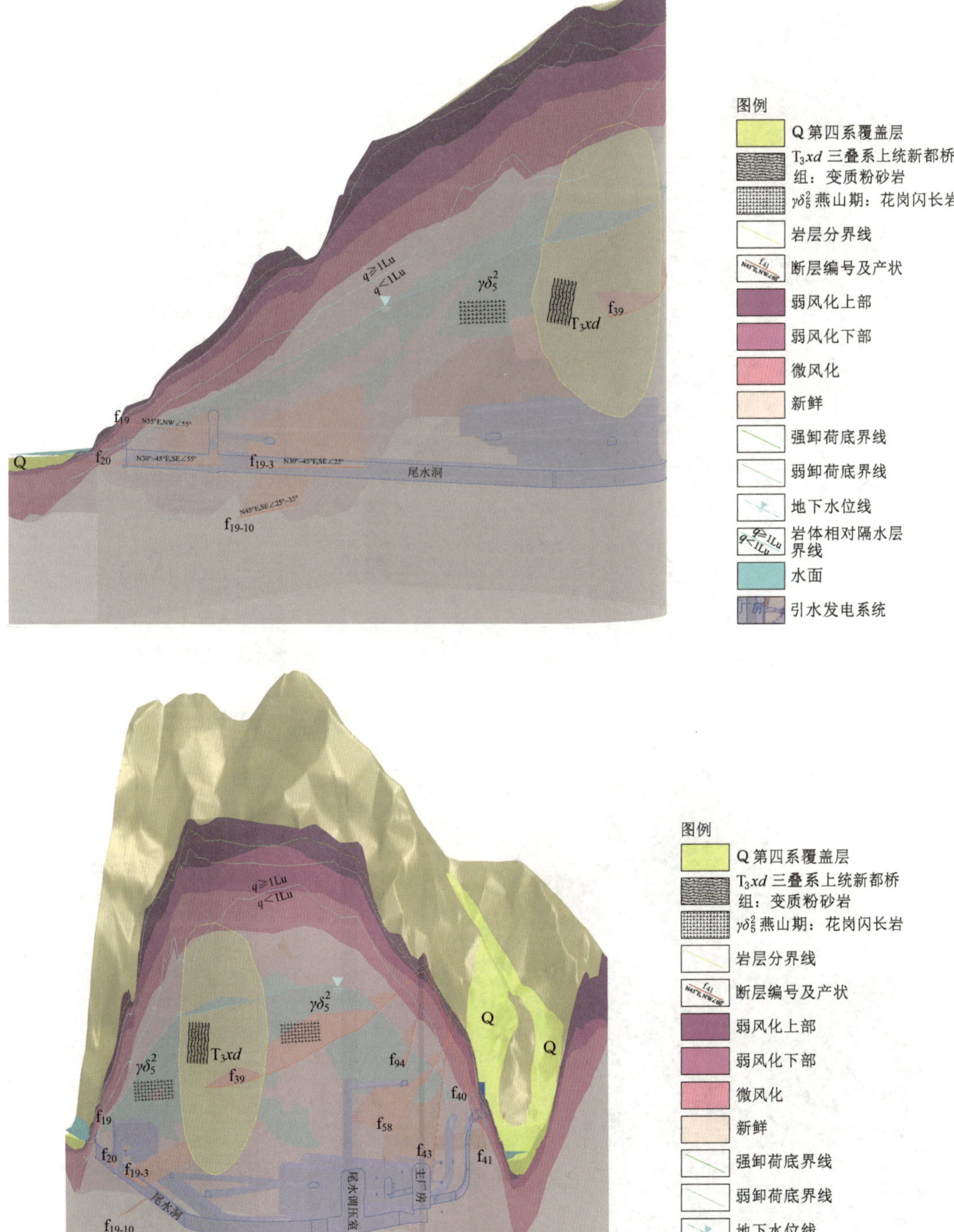

图 5.1-59（一） 1 号引水-1 号机组-1 号尾水隧洞轴线三维工程地质剖面图

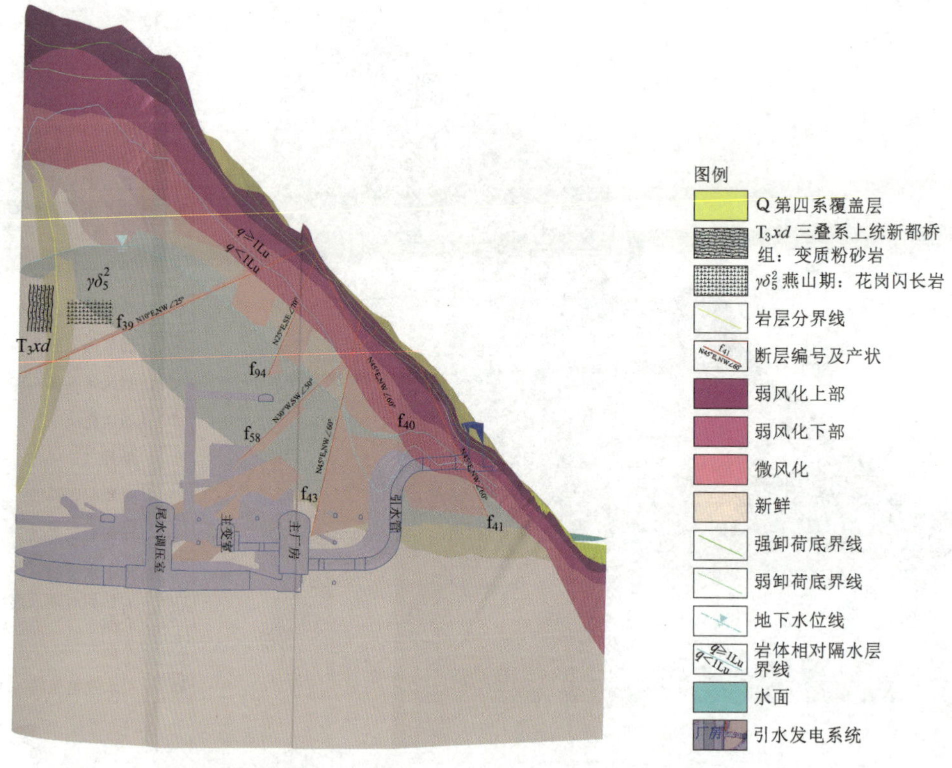

图5.1-59（二） 1号引水-1号机组-1号尾水隧洞轴线三维工程地质剖面图

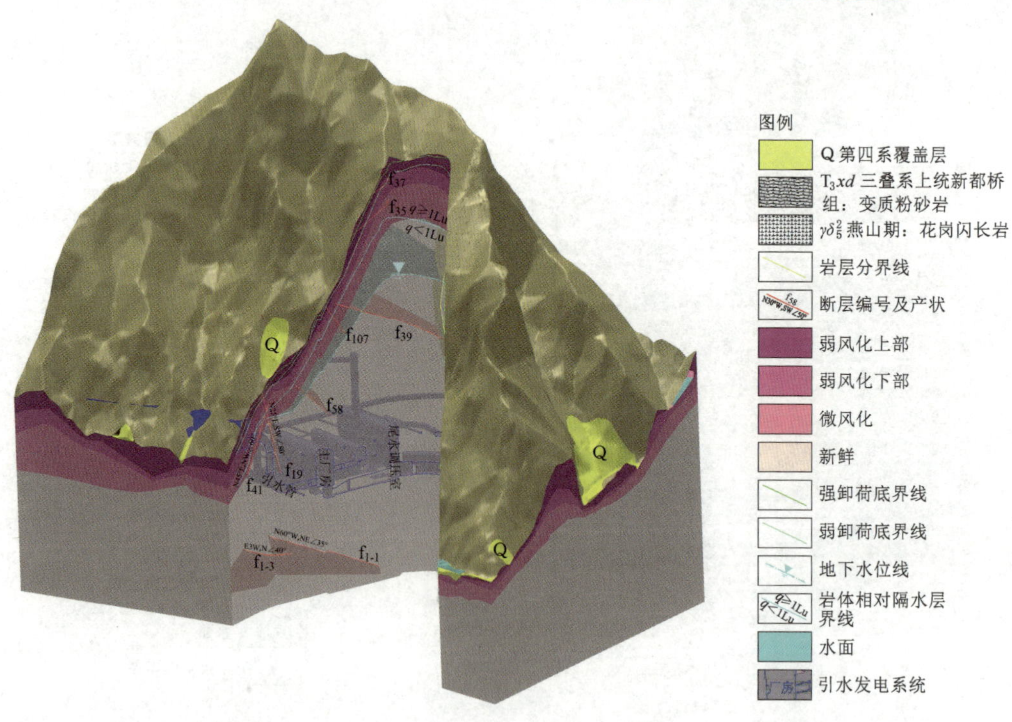

图5.1-60（一） 4号引水-4号机组-2号尾水隧洞轴线三维工程地质剖面图

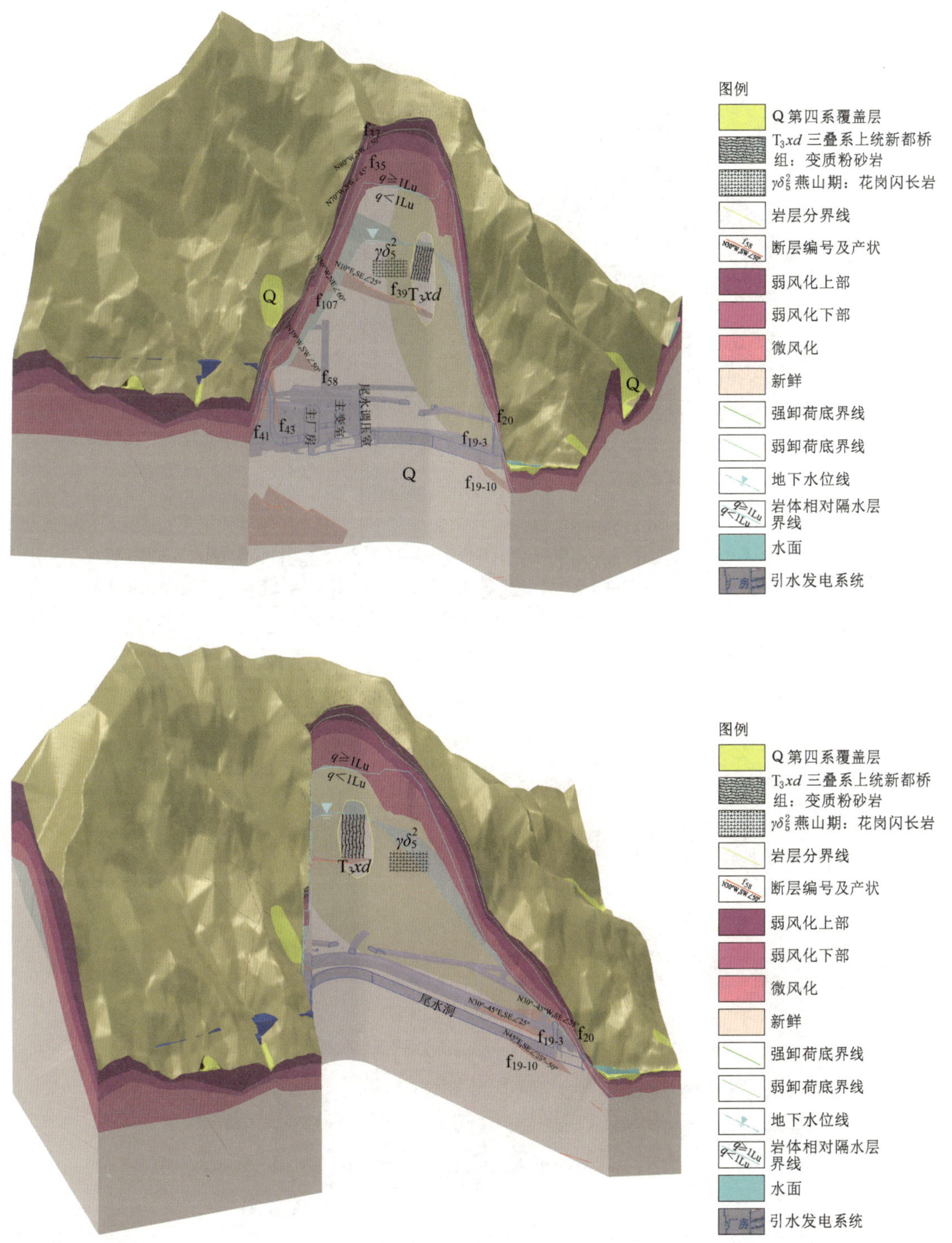

图 5.1-60（二） 4 号引水-4 号机组-2 号尾水隧洞轴线三维工程地质剖面图

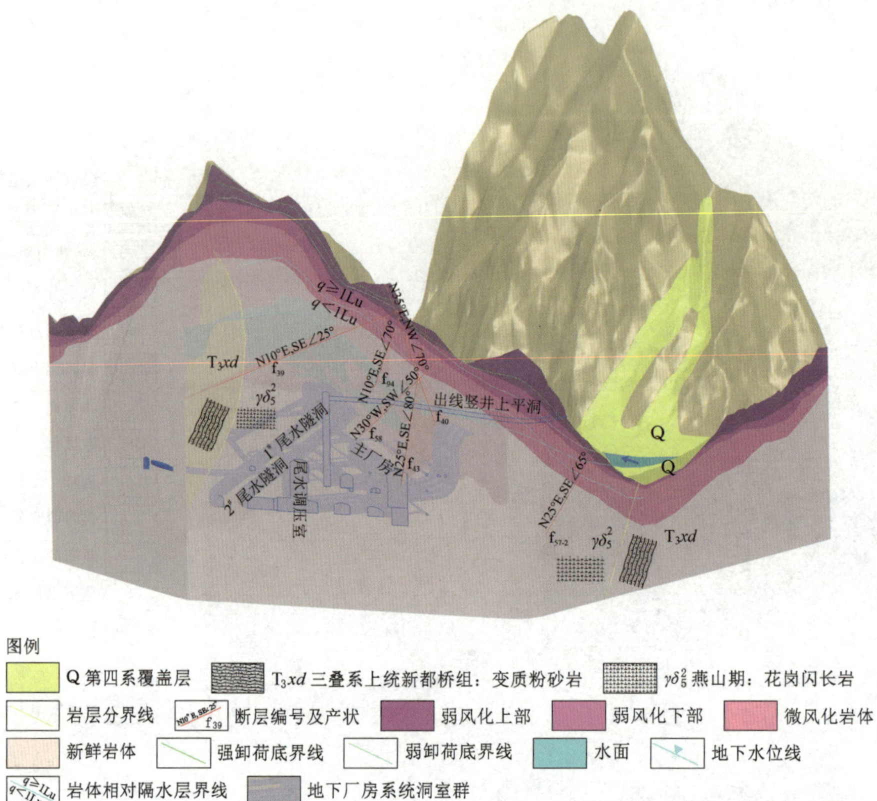

图 5.1-61 出线竖井—上平洞三维工程地质剖面图

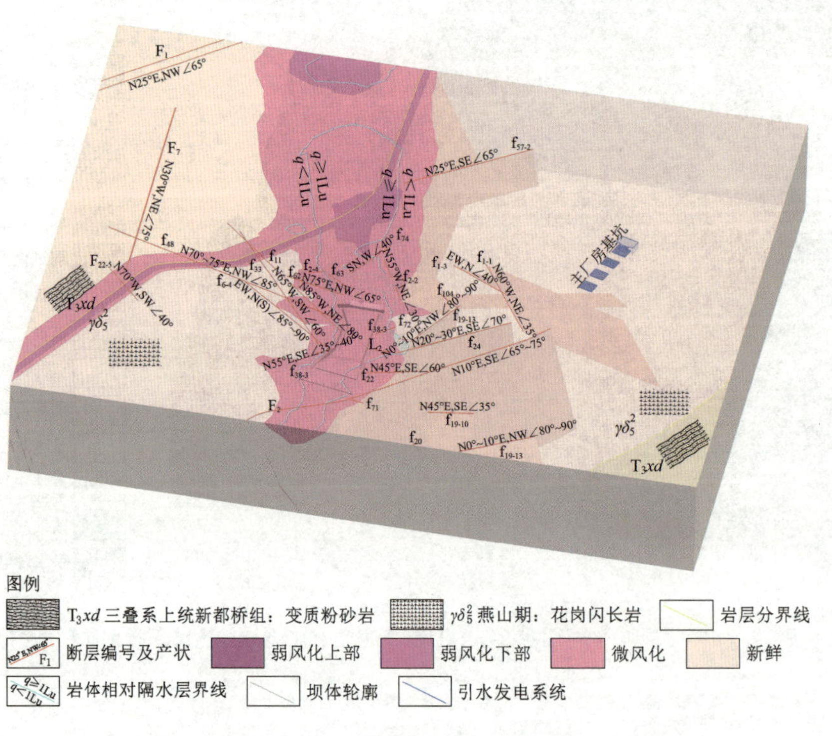

图 5.1-62 枢纽区 1947m 高程三维工程地质平切图

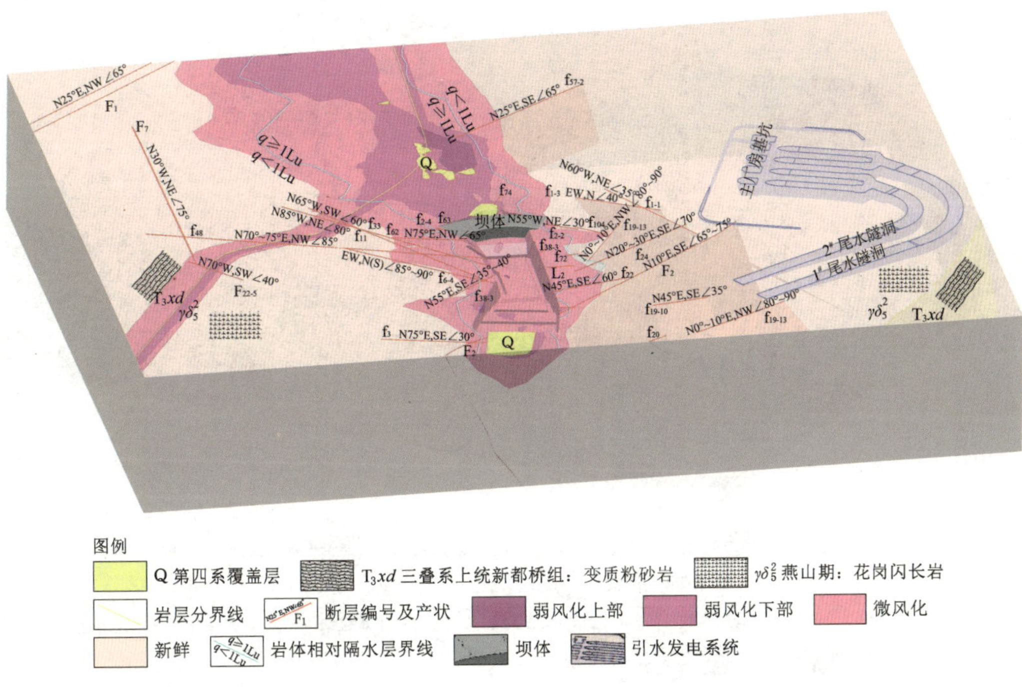

图 5.1-63　枢纽区 1960m 高程三维工程地质平切图

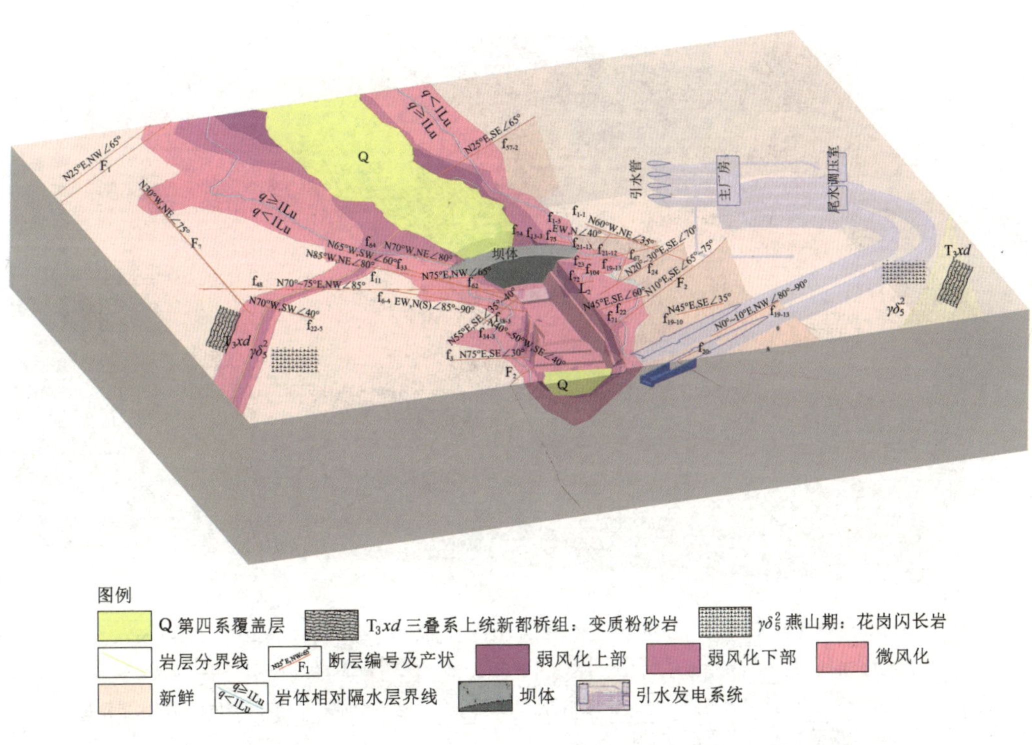

图 5.1-64　枢纽区 1980m 高程三维工程地质平切图

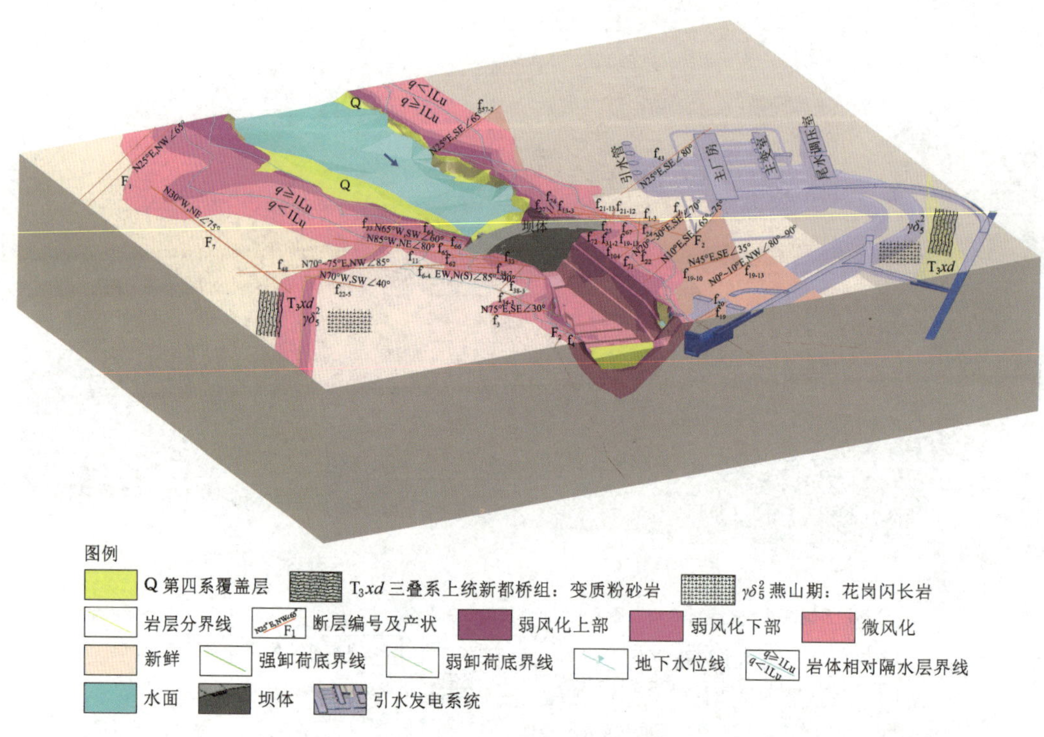

图 5.1-65 枢纽区 2000m 高程三维工程地质平切图

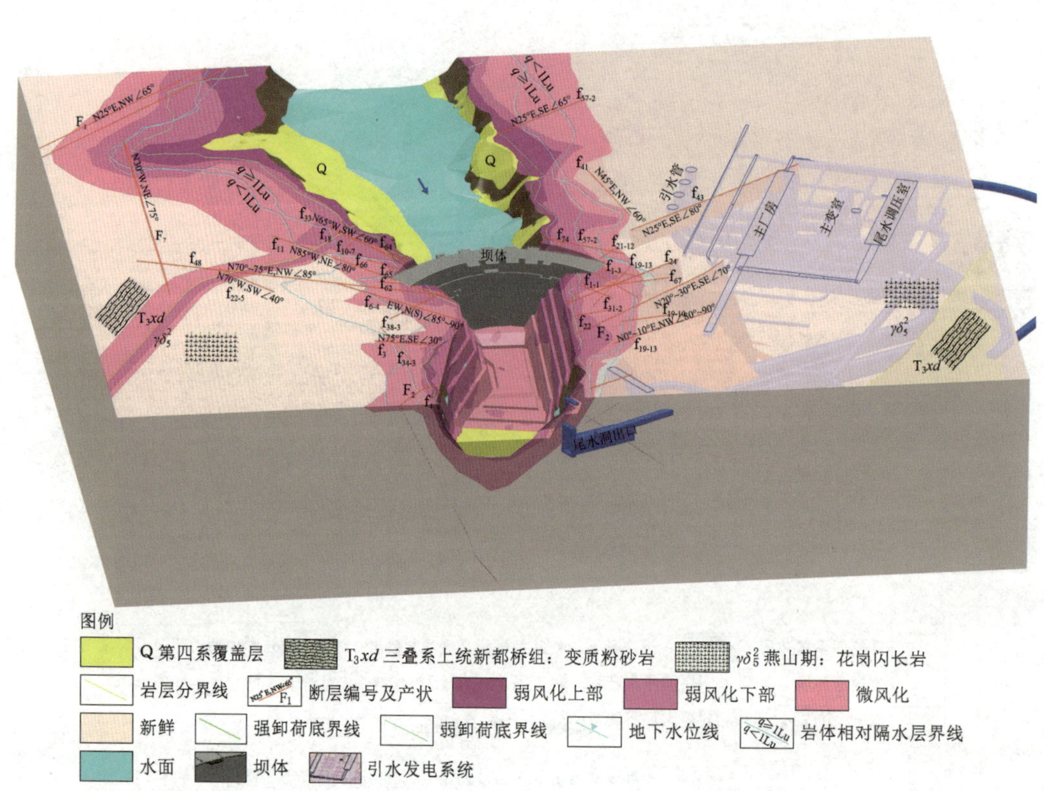

图 5.1-66 枢纽区 2020m 高程三维工程地质平切图

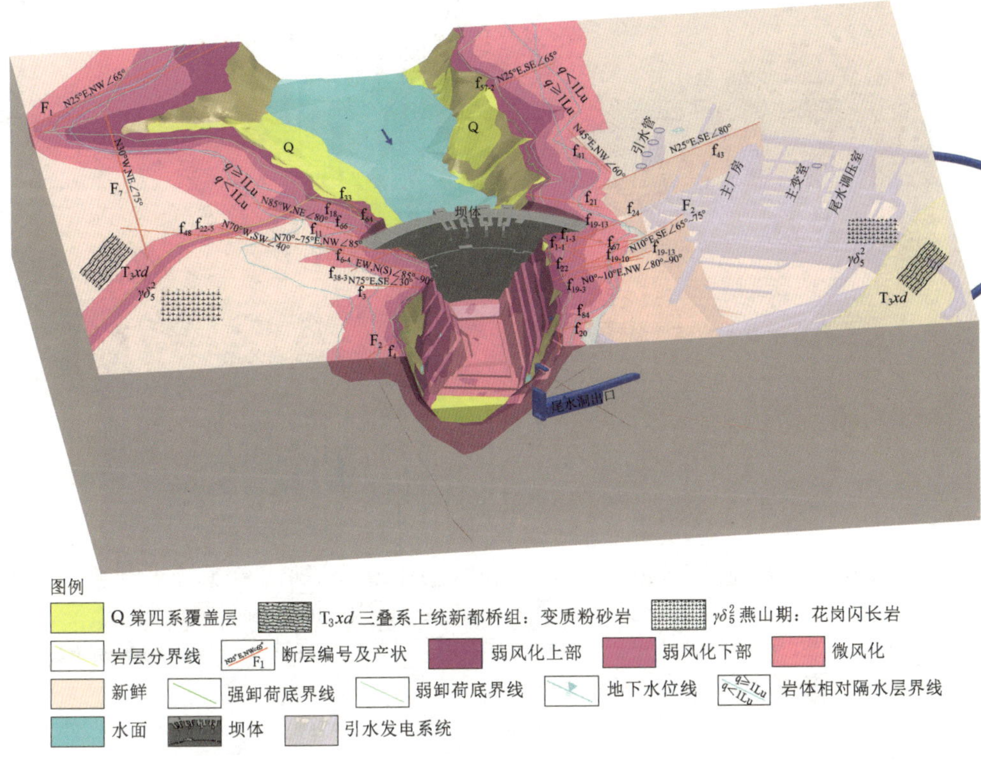

图 5.1-67 枢纽区 2040m 高程三维工程地质平切图

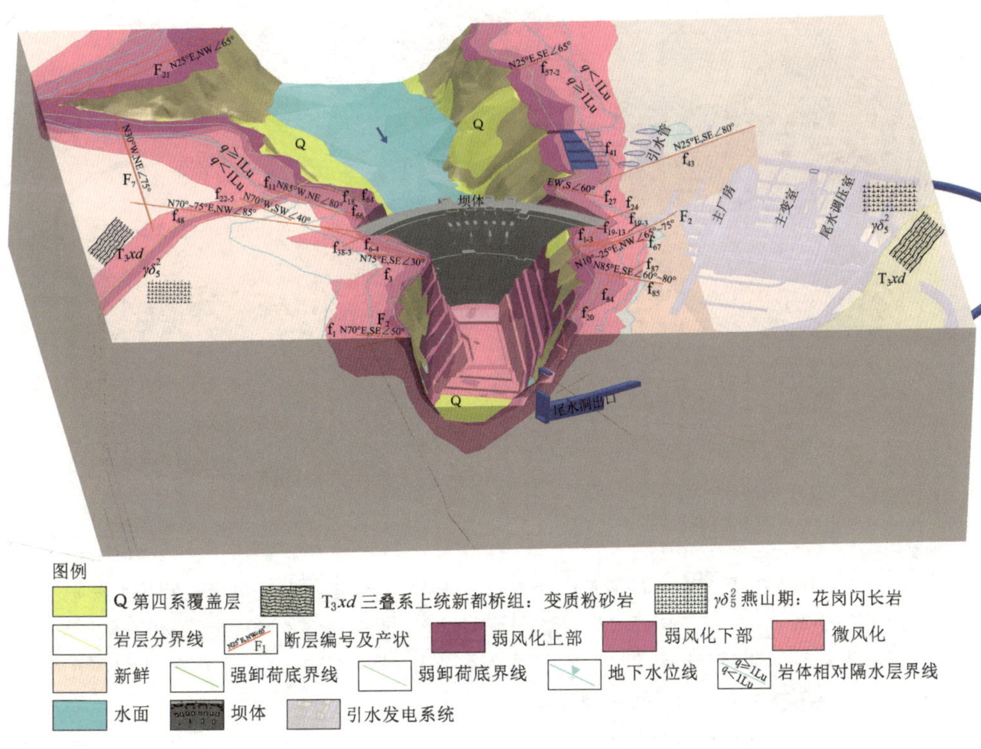

图 5.1-68 枢纽区 2060m 高程三维工程地质平切图

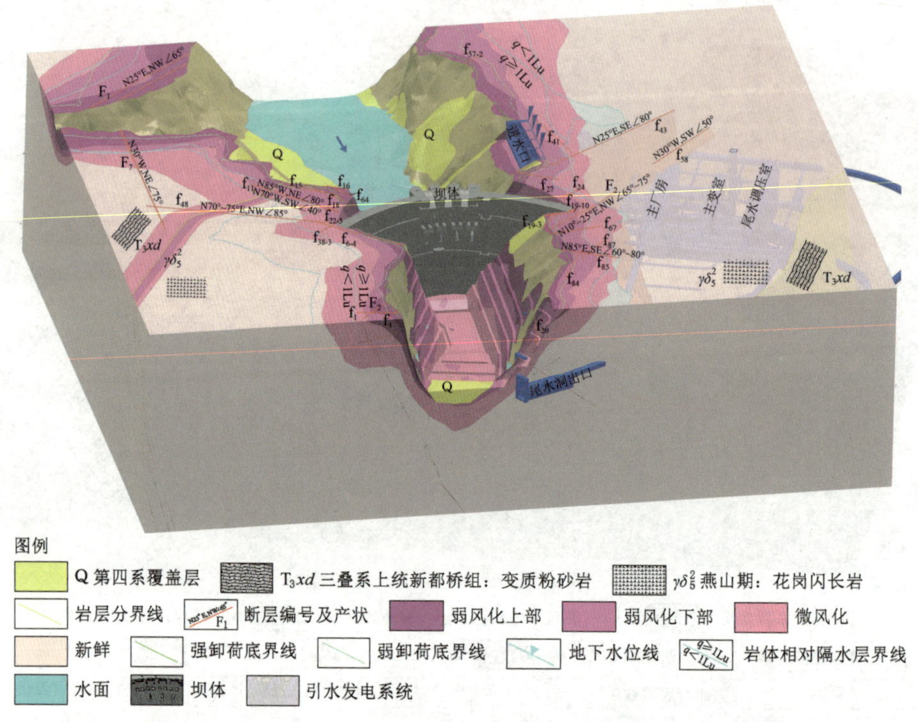

图 5.1-69 枢纽区 2080m 高程三维工程地质平切图

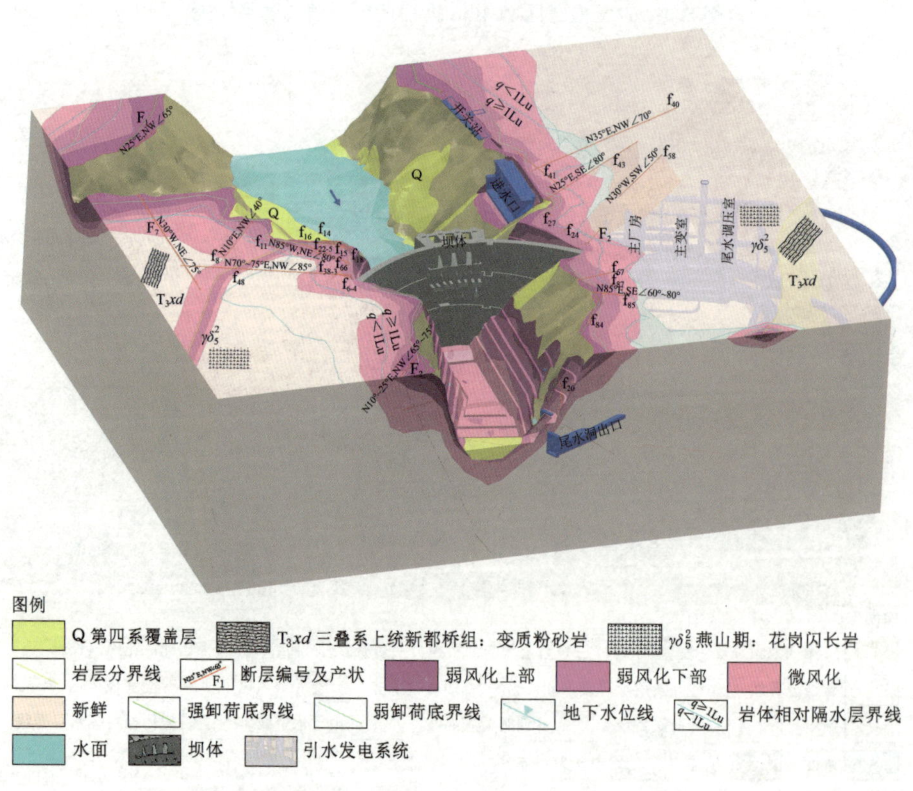

图 5.1-70 枢纽区 2102m 高程三维工程地质平切图

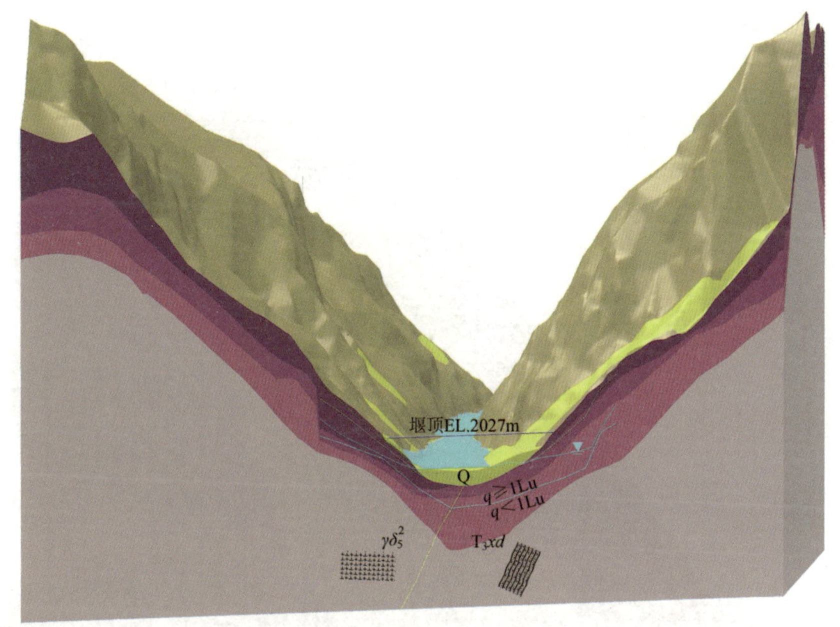

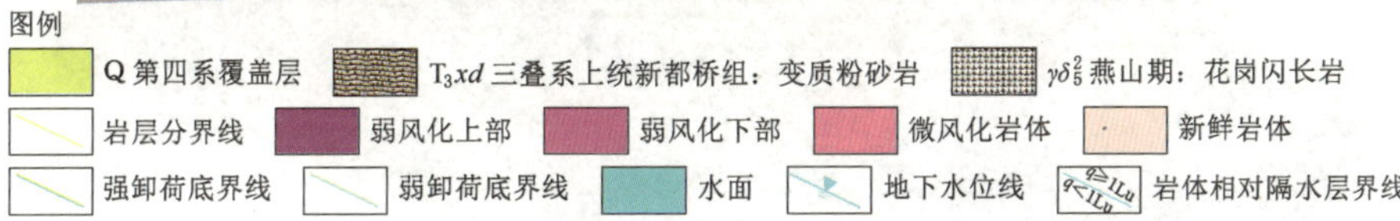

图 5.1-71 上游围堰轴线三维工程地质剖面图

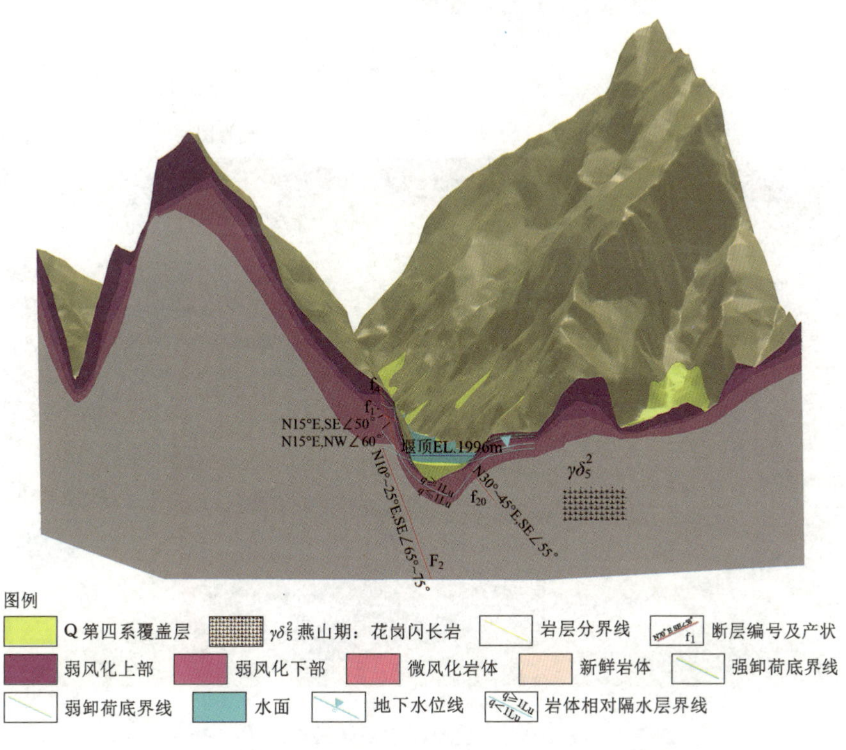

图 5.1-72 下游围堰轴线三维工程地质剖面图

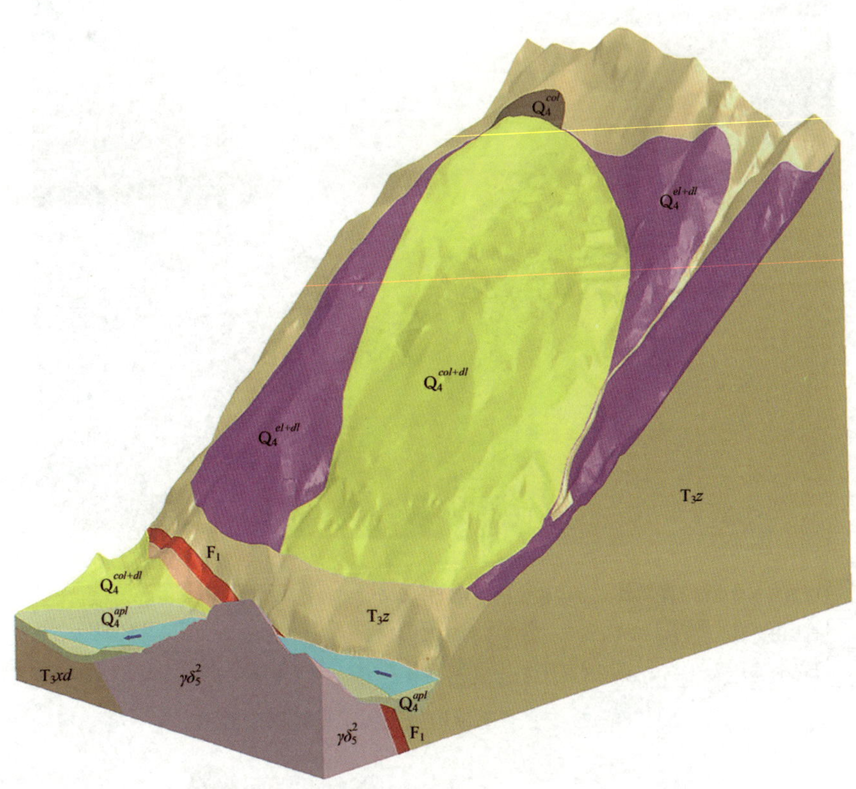

俯视图

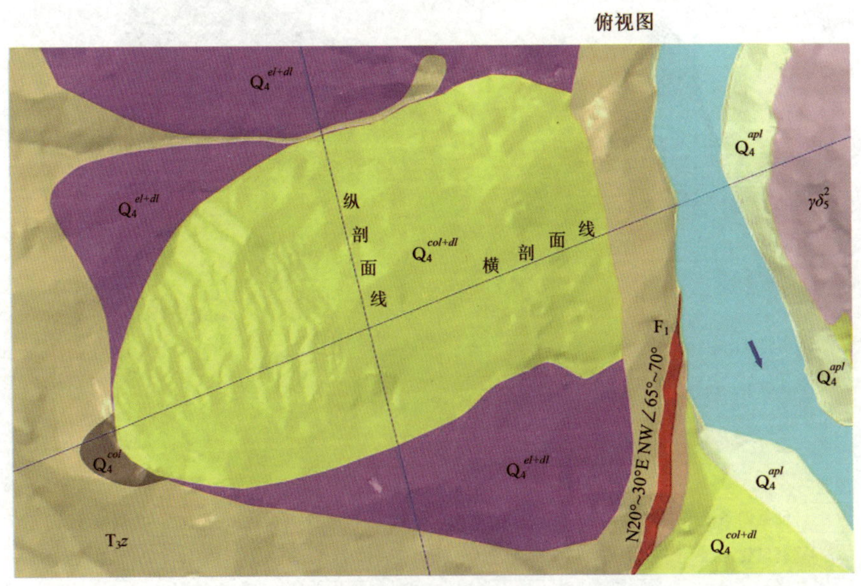

图 5.1-73（一） 旦波崩坡积体三维工程地质图

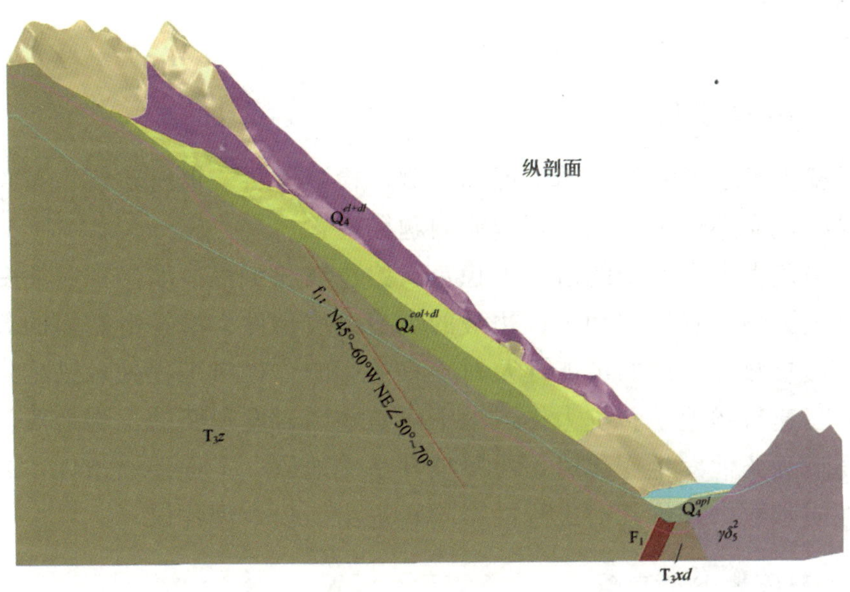

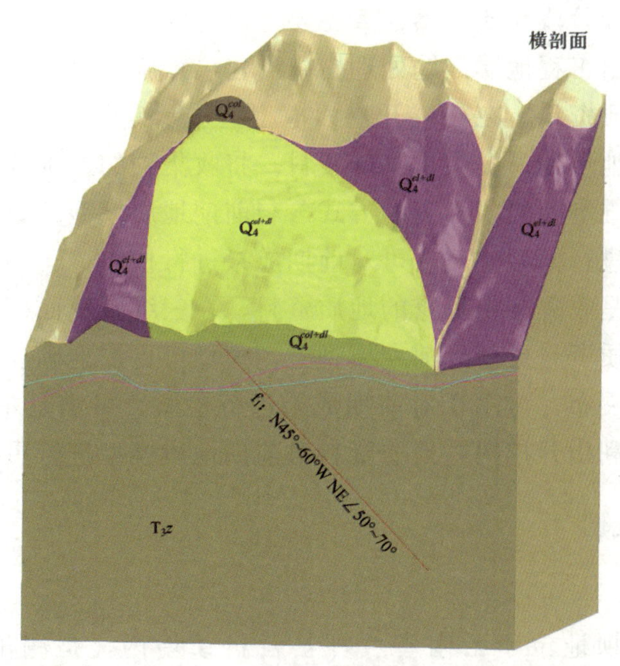

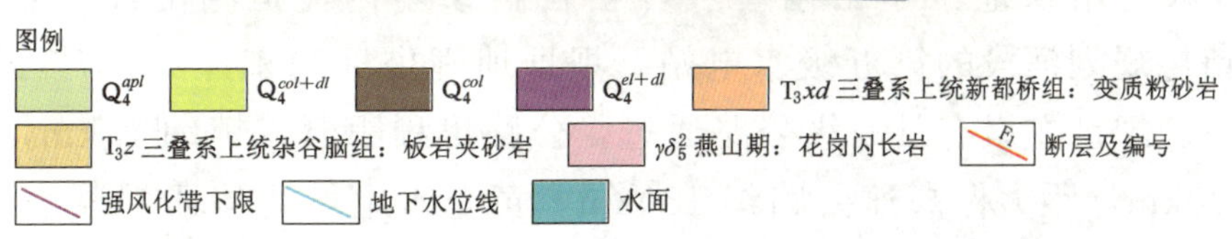

图 5.1-73（二） 旦波崩坡积体三维工程地质图

5.1.5 施工详图设计阶段

5.1.5.1 地质勘察工作内容

根据施工开挖揭露的地质情况和监测、检测资料，枢纽建筑物布置区发生下列情况时，应进行专门性工程地质问题勘察：

(1) 当危害工程安全的潜在不稳定天然边坡和工程边坡出现破坏变形迹象时，应复核影响天然边坡和工程边坡的工程地质条件、潜在滑动面的分布和物理力学性质参数、失稳的可能性及对工程的影响，提出工程处理措施建议。

(2) 当建筑物地基、抗力体或地下建筑物围岩发现新的工程地质问题，导致建筑物设计条件发生变化时，应复核其水文地质、工程地质条件，岩土体物理力学性质参数，评价其对工程的影响，提出工程处理建议。

5.1.5.2 三维地质建模要求

施工详图设计阶段地质勘察任务主要是进行施工地质工作，检验、核定前期勘察成果，提出工程地质问题处理措施的建议。施工地质工作主要是收集开挖揭露的各种地质资料，在三维开挖面模型上展示地质资料，表达更加直观、准确，并为三维地质建模提供了基础资料。将收集到的三维开挖面上的地质界线和离散点以三维空间线条和点的方式参与前期地质模型的更新，对更新后的模型和前期模型进行模型比对，可对前期成果进行检验。

本阶段主要是收集开挖揭露的地质资料，在三维开挖面模型上展示地质条件，将揭露的地质资料更新到前期模型上，模型可更加准确反映地质对象在一定范围内的空间展布，可用于对前期成果进行检验，可满足本阶段设计要求。建模过程中主要利用开挖揭露地质资料对前期地质模型进行更新。

5.1.5.3 应用案例

1. 工程概况

HD水电站坝址位于云南省兰坪县营盘镇境内，是澜沧江古水（含库区）—苗尾规划河段的第五级水电站。坝址地理坐标为东经99°07′11″、北纬26°33′35″。坝址左岸有县乡级公路通过，公路里程距营盘镇约15km，距兰坪县城约70km，距大保高速公路约170km。黄登水电站为碾压混凝土重力坝，最大坝高为202m，总装机容量为1900MW，水库正常蓄水位为1619.00m，相应库长约88km，库容为14.18亿m^3。

坝段河段长约17.2km，上游江水面高程为1483.5m，下游江水面高程

1443.6m，坝段河道平均坡降为 2.32‰，上坝址轴线至中坝址轴线河段长约 2.3km，中坝址轴线至下坝址轴线河段长约 11.75km。上坝址至梅冲河河口段河道呈近南北向，梅冲河口至下坝址河段河道向西凸出，平面上呈 C 形，下坝址至铺肚河河口段河道向东凸出，平面上呈反 C 形。七登河河口以上、猴子岩河河口至屋罗河河口两河段为狭谷河段，枯水期江水面一般宽为 40～85m，最窄处仅 30m，狭谷河段两岸山坡陡峻，地形坡度一般为 40°～50°，局部为陡壁；七登河河口至猴子岩河河口及屋罗河河口至铺肚河河口两河段河谷相对较宽阔，枯水期江水面一般宽为 50～110m，最宽处达 160m，该河段两岸山坡相对平缓，地形坡度一般为 35°～45°，局部为陡壁。坝段左岸甸尾小学处有较大的Ⅰ级阶地分布，阶地面高程约为 1470m，阶地面长约为 800m，宽为 50～90m，阶地上保留有较厚的冲积层。下坝址河谷两岸分布有 4 级阶地面，Ⅰ级阶地面高程约为 1450m，Ⅱ级阶地面高程约为 1490m，Ⅲ级阶地面高程约为 1560m，Ⅳ级阶地面高程约为 1610m，各阶地面上均保留有较厚的冲积层。坝段两岸支流发育，右岸支流尤其发育，支流长度一般较短，河床坡降较陡，水量较大，从上游至下游规模较大的支流：右岸有科登涧河、七登河、罗松场河、布纠河、猴子岩河、弥罗岭河、铺肚河等，左岸有梅冲河、屋罗河、玉龙河等。

出露的地层主要为三叠系上统小定西组、侏罗系中统花开左组下段、侏罗系上统坝注路组、白垩系下统景星组下段及第四系。坝段附近较大褶皱有：科登涧同斜倒转向斜、黄登同斜倒转背斜。坝段附近区域性断裂有：鲁宝山—四角田断裂、连城断裂。坝段岸坡分布规模较大的滑坡主要有中坝址下游约 3.5km 右岸的罗松场滑坡、下坝址左岸的玉龙河滑坡和沧江桥滑坡。按埋藏条件及含水空间性质，坝段地下水可分为孔隙潜水和基岩裂隙潜水。地下水补给来源主要为大气降水，澜沧江是本地区地下水的最低排泄基准面。

2. 三维地质建模

本阶段主要是完成开挖坝基的地质条件的三维收资，主要完成地层岩性及构造、风化以及各级岩体质量分布情况的三维可视化成果。同时，针对帷幕灌浆施工质量的第三方检测孔的布置方案，开展三维钻孔布设及周边地质条件的三维地质建模，为钻孔揭露的地质情况及灌浆效果评价提供详细地质资料。

（1）开挖坝基建基面地质条件。

1）地层岩性及构造。依据前期勘察成果并结合开挖揭露情况分析，前期勘察预测坝基范围共分布 9 条凝灰岩条带，实际开挖揭露有 10 条，总体较吻合。其中：原预测分布于 5～6 号坝段的 tp9 开挖未揭露，河床部位开挖新增两条宽度较小的凝灰岩条带 t_{pb1}、t_{pb2}。原 t_{p6}、t_{p7} 开挖揭露实际为 1 条，原 t_{p4}、t_{p7} 为劈理发育的变质凝灰岩夹层。开挖揭露大坝坝基无Ⅰ级、Ⅱ级结构面及规模较大的顺江断层分布，开挖揭露属Ⅲ级结构面的有断层 F_{10}、F_{13}、F_{b1}、F_{b2}、F_{b3}、F_{b5} 及挤压带 G_{b2}、G_{b4}、G_{b6}、G_{b8} 等10条，破碎带宽度一般为0.1～1.0m，主要由碎裂岩、糜棱岩、断层泥及石英脉组成。属Ⅳ级结构面的有小断层 f_{b1}～f_{b26} 等26条、挤压面有 g_{mb1}～g_{mb80} 等80条，破碎带宽度一般为0.05～0.2m，主要由片状岩、糜棱岩、断层泥及石英碎块组成。岩体中节理主要发育3组：①N0°～20°E，NW∠70°～90°（顺层节理面）；②N60°～90°W，NE∠70°～90°（横向节理）；③近EW，N∠30°～45°（两岸顺坡中缓倾角节理）。

2）风化。开挖揭露大坝坝基岩体风化与前期预测基本一致，总体为微风化，在两岸高高程部位1号坝段、20号坝段上部以及14～16号坝段后部斜坡分布有弱风化岩体。此外，受结构面影响，3～7号坝段沿结构面风化加深明显，条带状分布有宽为10～20m的弱风化岩体。8～11号坝段坝基后部沿环向结构面风化加深明显，环向条带状分布有宽10m的弱风化岩体。经统计（投影面积），坝基范围微风化—新鲜岩体约占85%，弱风化下部岩体约占15%。

3）坝基岩体质量。黄登水电站大坝中低坝坝段（1号、2号、20号）坝基岩体较完整，多以次块状及镶嵌结构岩体为主，坝基岩体质量类别以$Ⅲ_2$、$Ⅲ_1$类为主，大坝中高坝坝段（3～18号）坝基岩体多以块状及次块状结构岩体为主，坝基岩体质量类别以Ⅱ类、$Ⅲ_1$类为主。

（2）帷幕灌浆施工质量第三方检测检查孔布置方案研究。本次工作基于已有的坝基三维地质模型为基础，有针对性地布置具体钻孔位置。分别沿3条帷幕灌浆轴线布设了检查孔，分别为上游沿主帷幕中心线、上游沿副帷幕中心线、下游沿帷幕中心线，沿各条轴线进行了三维剖切分析。

3. 三维地质建模成果图件

三维地质建模成果图件如图5.1-74～图5.1-81所示。

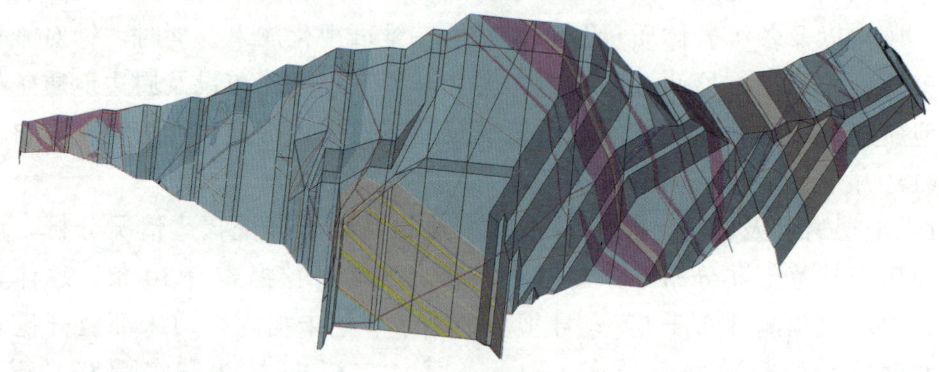

图5.1-74 坝基地层岩性及构造分布图

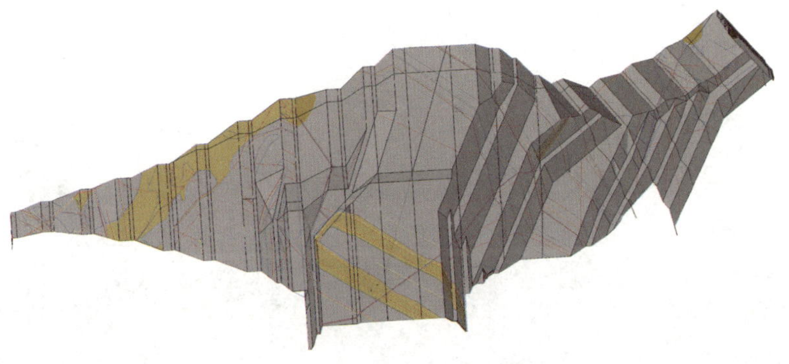

图 5.1-75 坝基风化分布图

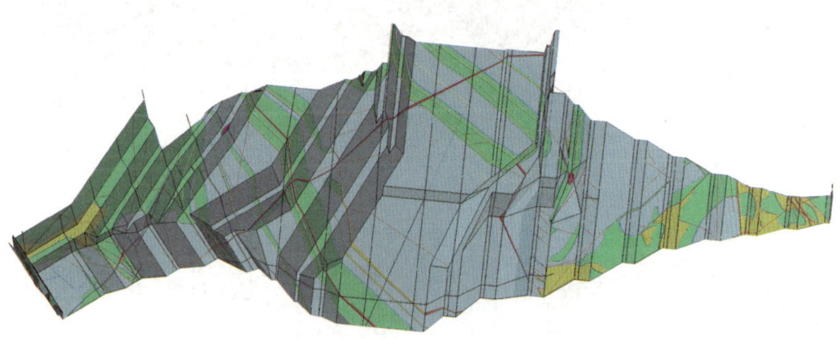

图 5.1-76 坝基各类岩体质量类别分布图

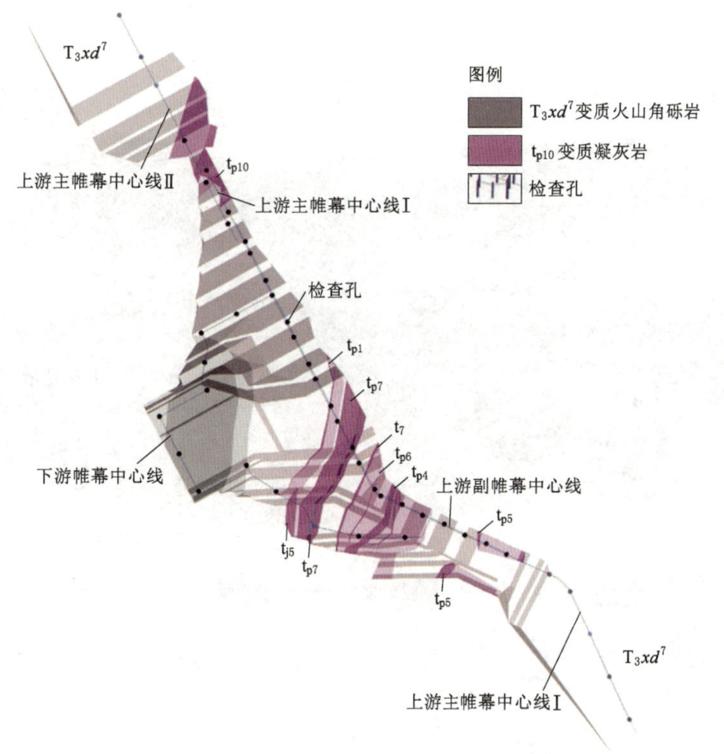

图 5.1-77 帷幕灌浆施工质量第三方检测检查孔三维布置图（正俯视）

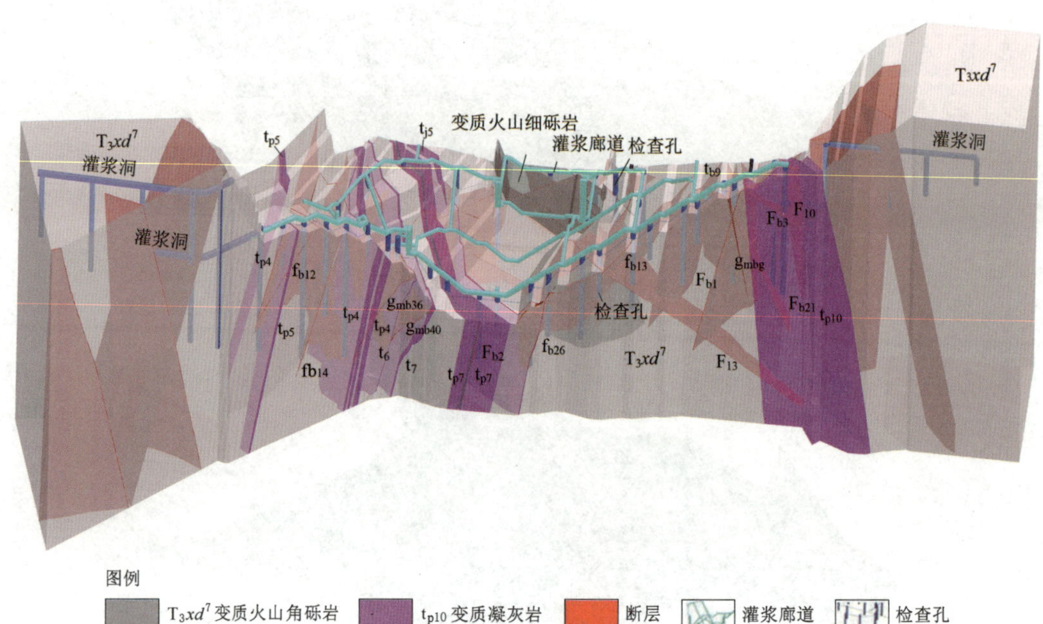

图 5.1-78 帷幕灌浆施工质量第三方检测检查孔三维布置图

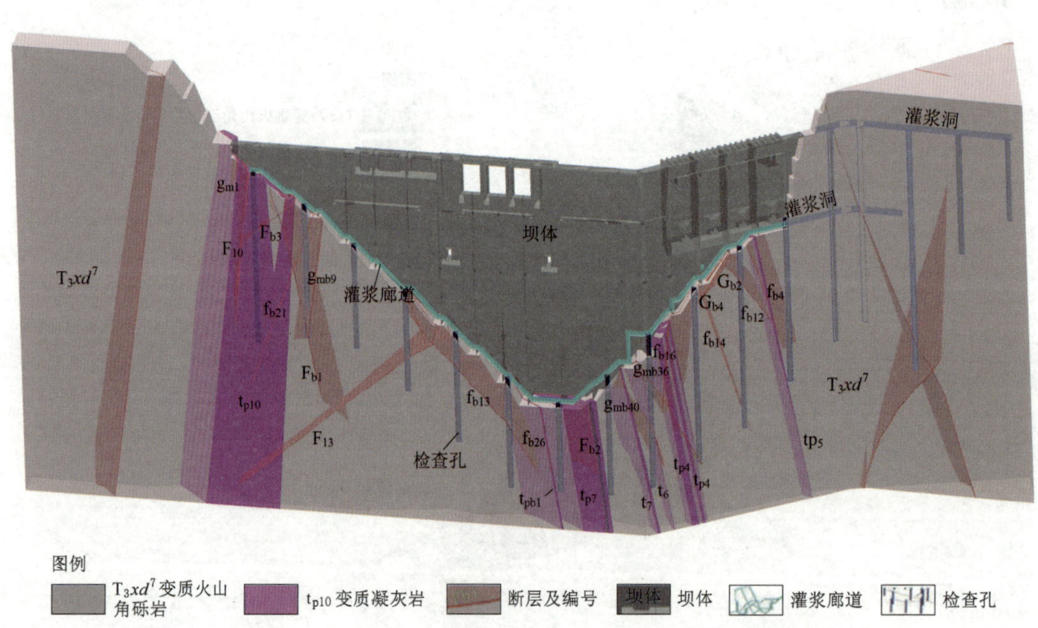

图 5.1-79（一） 上游沿主帷幕中心线检查孔三维布置图-3-模型

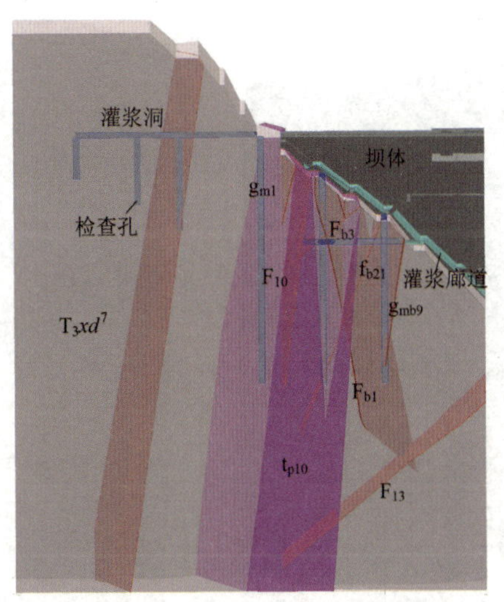

图 5.1-79（二） 上游沿主帷幕中心线检查孔三维布置图-3-模型

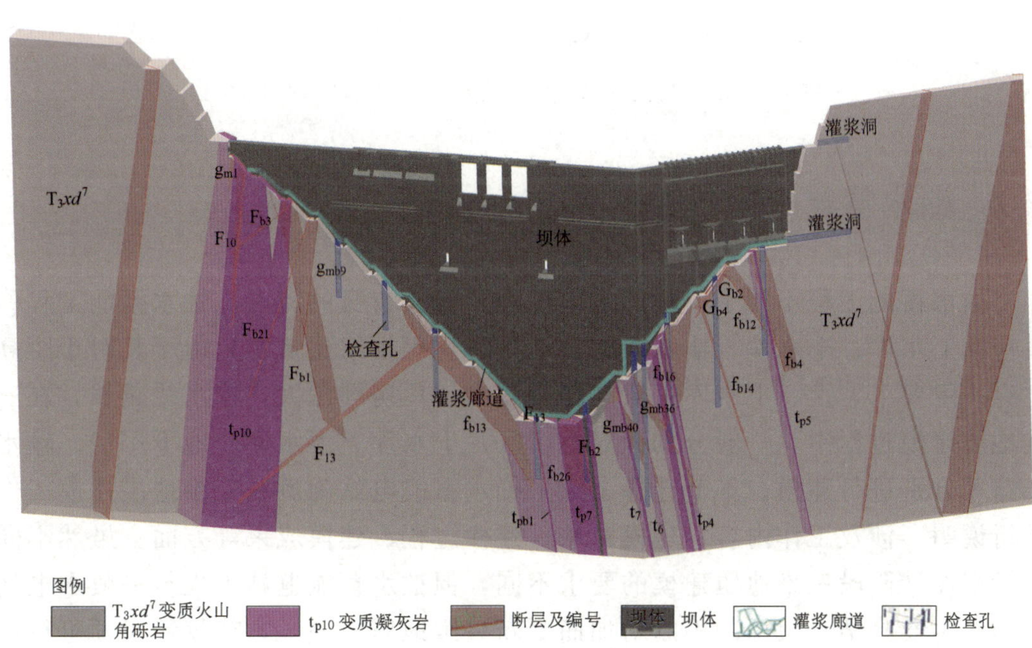

图 5.1-80 上游沿副帷幕中心线检查孔三维布置图-4-模型

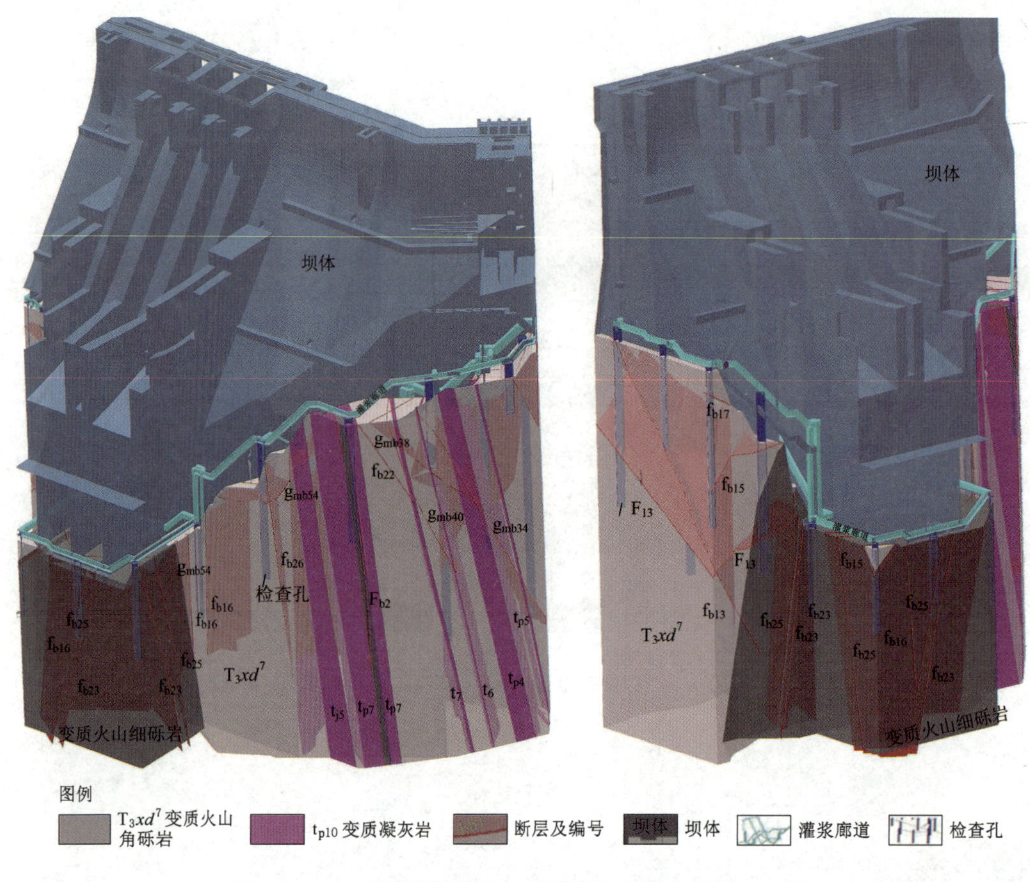

图 5.1-81　下游沿帷幕中心线检查孔三维布置图-5-模型

5.2　抽水蓄能工程

抽水蓄能工程不同于一般的水电工程，有其自身的特点。抽水蓄能工程一般包括上水库、下水库、输水线路、地下厂房等枢纽建筑物，由于其对于距高比有一定要求，上、下水库一般高程相差大，厂房埋深大，输水线路长，在三维地质建模过程中，一般分别针对枢纽区、上水库、下水库、地下厂房、输水线路等分别进行建模。本节选择了滦平抽水蓄能电站为例对三维地质建模工作进行说明，涉及工作内容、建模对象、建模过程、建模成果等方面。虽然不同的勘察设计阶段三维地质建模的要求不同，但抽水蓄能电站工程与一般水电站类似，主要是结合数据的不断增加而更新三维地质模型。本节仅针对预可行性研究阶段的三维地质建模工作进行说明，该阶段具有一定的代表性。预可行性研究阶段具有相对较多的勘察数据，且涉及多方案的比选，相对规划阶段数据更加丰富，相对可行性研究阶段及后续阶段涉及多个方案的建模，建模工作量更大，在各勘察设计阶段的三维地质建模工作中具有一定的代表性。

5.2.1 预可行性研究阶段

5.2.1.1 地质勘察工作内容

预可行性研究阶段的地质勘察工作主要包括以下内容：

（1）区域构造稳定性及地震安全性。本阶段需要对近场区断层进行重点研究，对区域构造稳定性和场地地震安全性进行评价。

（2）库内外边坡稳定性评价。研究分析边坡变形特征、破坏机理，对边坡稳定作出评价。

（3）上水库防渗型式。初步查明上水库的水文地质条件，提出库盆防渗范围、坝基防渗范围的地质建议，为防渗型式的确定及防渗方案设计提供可靠的依据。

（4）高压管道围岩的工程地质特性及其衬砌型式选择初步分析。本阶段需初步查明水道线路工程地质条件，研究高压管道围岩类别、在高压水作用下的渗透稳定、地应力量值等，为衬砌型式的选择提供地质依据。

（5）地下厂房位置及轴线方向的选择。地下厂房为大跨度、高边墙地下洞室，埋深较大，并与其他隧洞组合成地下洞室群；围岩岩性及特性、岩体完整性、构造规模、空间展布及其组合、地下水及地应力等是影响地下洞室围岩稳定的地质因素。本阶段初步查明地下厂房部位岩体结构类型，划分围岩类别，并了解初始地应力状态，为厂房位置及轴线的选择提供地质依据。

（6）天然建筑材料。工程所需的天然建筑材料种类较多，数量较大。在前期资料的基础上，寻找满足工程所需且开采运输条件较便利的天然建筑材料，是预可行性研究阶段的重要研究课题之一。因此，预可行性研究阶段需对工程区附近的各类天然建筑材料的储量、质量及开采运输条件进行深入研究。

5.2.1.2 三维地质建模要求

抽水蓄能电站工程地质勘察工作应根据常规水电工程地质勘察基本规定和技术标准的要求，结合抽水蓄能电站建筑物对工程地质条件的特殊技术要求进行。勘察设计工作阶段的划分与常规水电一致。抽水蓄能电站相比于常规水电站存在一些特殊要求，在勘察过程中应特别关注特殊地形引起的水库渗漏、库水位频繁升降引起的库内及库外边坡稳定问题、为控制征地及投资所开展的挖填平衡、深埋地下洞室稳定问题、下水库岩坎地带渗漏问题等。

5.2.1.3 应用案例

1. 工程概况

滦平抽水蓄能电站工程区地形起伏变化较大，属中低山—丘陵地貌。地层岩性较复杂，地层岩性主要有太古界单塔子群太平庄组（Art）的斜长角闪岩、角闪斜长片麻岩等，中生界侏罗系上统的东岭台群白旗组（J_3b）紫红色、青灰色角砾凝灰岩、熔结凝灰岩、角砾岩等，张家口组（J_3z）紫红色、灰白、深灰色安山质角砾凝灰岩、角砾凝灰岩、凝灰质角砾岩以及晚古生代及元古代的侵入岩及第四系松散堆积层（Q），具体见表5.2-1。地质构造主要有向斜构造、断层及节理。下水库矿坑北西侧边坡发育有一条断层 F_1，断层上盘为白旗组（J_3b）紫红色、青灰色凝灰岩等，下盘为晚古生代角闪石岩（ψo_4）。断层延伸长度大于3km，为Ⅱ级结构面，总体产状为N65°～85°E，NW∠50°～80°，局部扭曲，倾向坡外，产状为N50°～60°E，SE∠60°～80°，宽度一般为15～30m，局部大于40m，组成物质为片状岩、碎裂岩、碎粉岩及透镜体。枢纽区物理地质现象以风化为主。

表5.2-1 枢纽区地层岩性

地　层	代号	主要岩性
第四系	Q^s Q^{dl} Q^{alp}	人工堆积 坡积层 冲洪积层
太古界单塔子群太平庄组	Art	斜长角闪岩、角闪斜长片麻岩等
侏罗系上统张家口组	J_3z	紫红色、灰白、深灰色安山质角砾凝灰岩、角砾凝灰岩、凝灰质角砾岩
侏罗系上统白旗组	J_3b	紫红色、青灰色角砾凝灰岩、熔结凝灰岩、角砾岩、紫红色、青灰色、灰绿色粉砂岩及深黑色、灰黑色黑曜岩等
元古代侵入岩	$\nu\sigma_2$	斜长岩
晚古生代侵入岩	ψo_4	角闪石岩、辉石角闪石岩

2. 三维地质建模

（1）枢纽区三维地质模型。

1）地表围合面模型。将地形资料导入GeoBIM软件中生成地形面，向下围合至一定高程形成封闭的地表围合面模型，如图5.2-1所示。

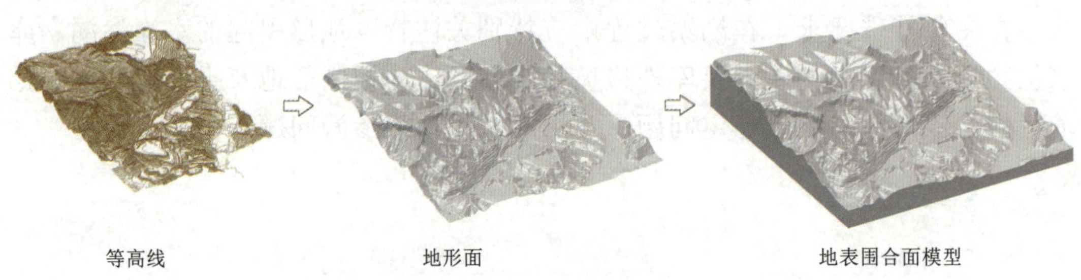

图5.2-1 地表围合面模型

2）地层三维地质模型。建立地层三维地质模型需充分考虑地层与断层之间的空间关系以及地层的空间展布。根据第四系覆盖层厚度数据建立起覆盖层底面模型（图 5.2-2），进而以地形面为基础，建立了工程区的基覆界面模型，如图 5.2-3 所示。

图 5.2-2 覆盖层底面

图 5.2-3 工程区基覆界面

断层模型的建立可通过两种方法建立：①单一产状的断层可通过地质点的定位及产状的延伸来进行；②多产状断层可通过断层迹线及产状变化位置处的剖面线来进行。根据以上方法建立的地层与主要断层模型如图 5.2-4 和图 5.2-5 所示。

3）枢纽区整体模型。综合上述模型，进行枢纽区整体模型的构建，枢纽区整体模型如图 5.2-6 所示。

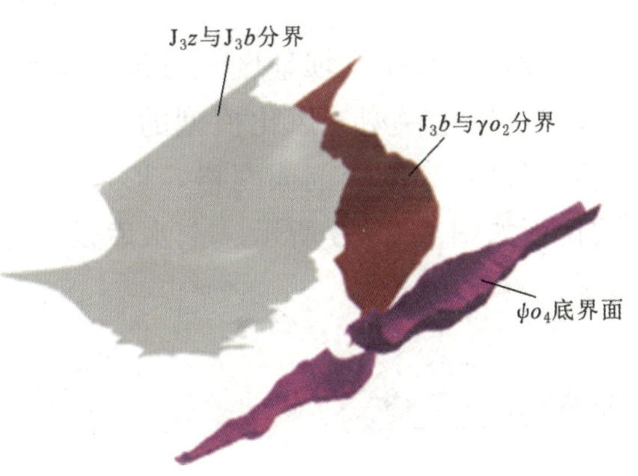

图 5.2-4 地层模型

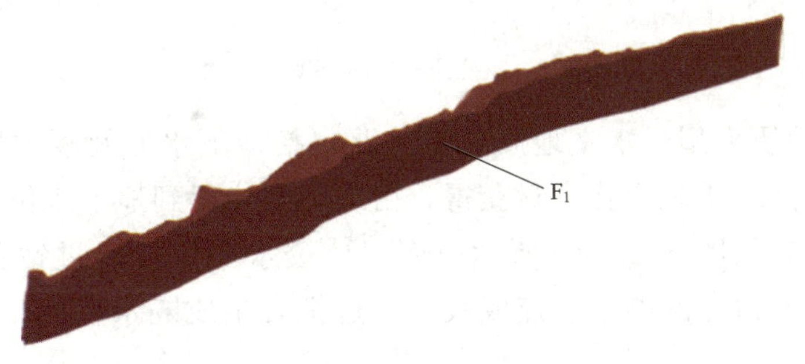

图 5.2-5 断层 F_1 模型

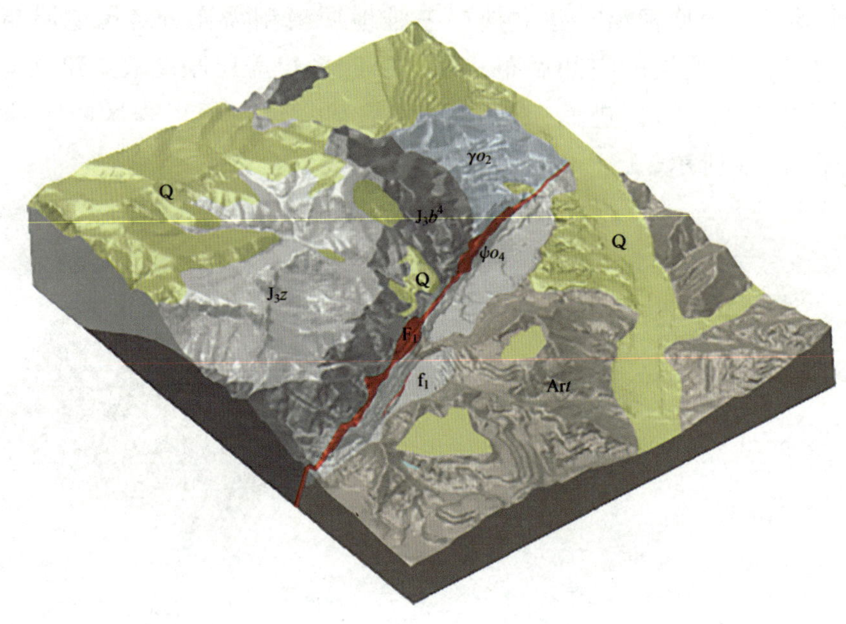

图 5.2-6 枢纽区三维地质模型

(2) 上水库及坝址区三维地质模型。

1) 风化模型。风化模型的建立主要是通过钻孔数据来进行，通过钻孔的点数据建立起勘探剖面网格，形成风化线条如图 5.2-7 所示，进而拟合成面，风化面如图 5.2-8 所示。上水库及坝址区风化整体模型如图 5.2-9 所示。

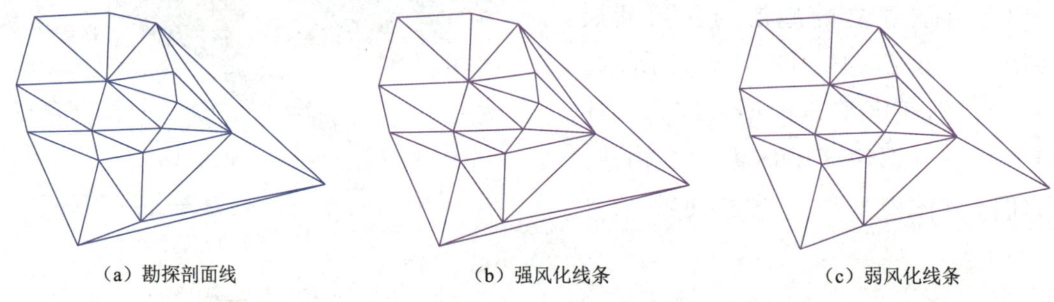

图 5.2-7 剖面网格形成风化线条

2) 水文地质模型。水文地质模型主要包括地下水面及隔水层面，地下水位主要根据水文地质观测孔资料获得，由地下水位得到地下水位线，进而拟合成地下水位面，如图 5.2-10 所示。而岩体透水率主要通过钻孔压水试验获得，将具有相同值点的透水率连成线，通过拟合生成隔水层面，如图 5.2-11 所示。

(3) 下水库及半地下厂房三维地质模型。

1) 风化模型。风化模型的建立主要是通过钻孔数据来进行，通过钻孔的点数据建立起勘探剖面网格，形成风化线条如图 5.2－12 所示，进而拟合成面，根据钻孔资料建立的风化面如图 5.2－13 所示，围合后形成的风化模型如图 5.2－14 所示。

图 5.2－8　上水库及坝址区风化面

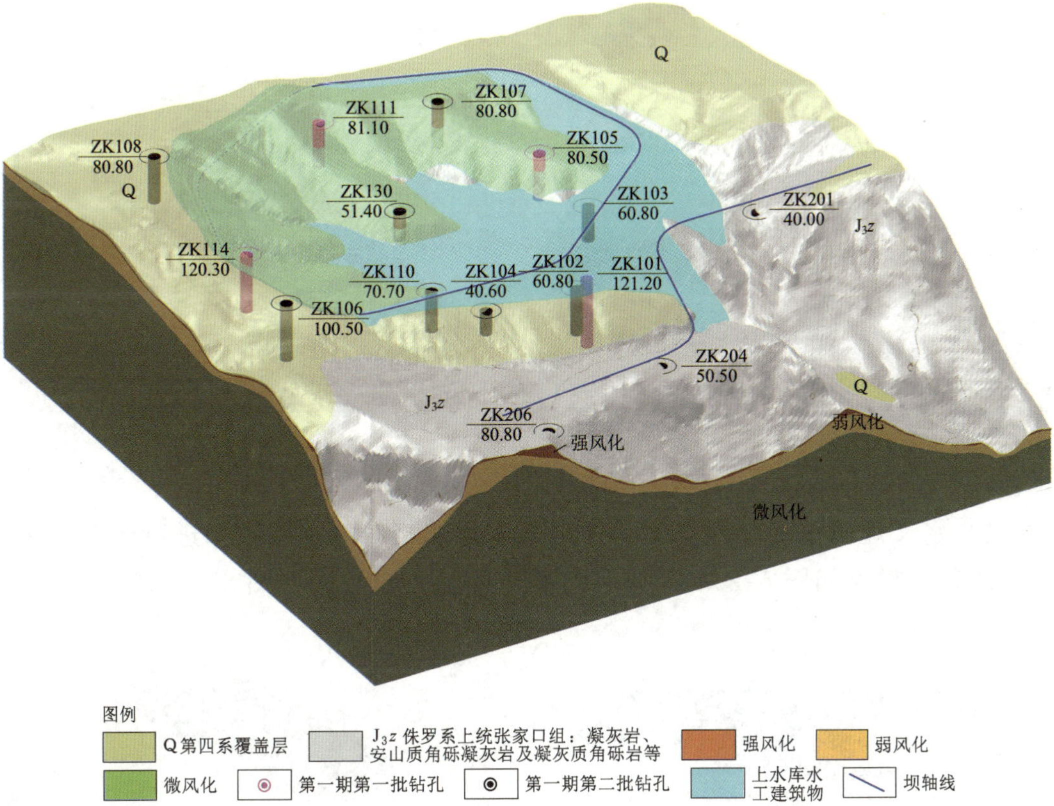

图例
Q第四系覆盖层　J_3z 侏罗系上统张家口组：凝灰岩、安山质角砾凝灰岩及凝灰质角砾岩等　强风化　弱风化
微风化　第一期第一批钻孔　第一期第二批钻孔　上水库水工建筑物　坝轴线

图 5.2－9　上水库及坝址区风化整体模型图

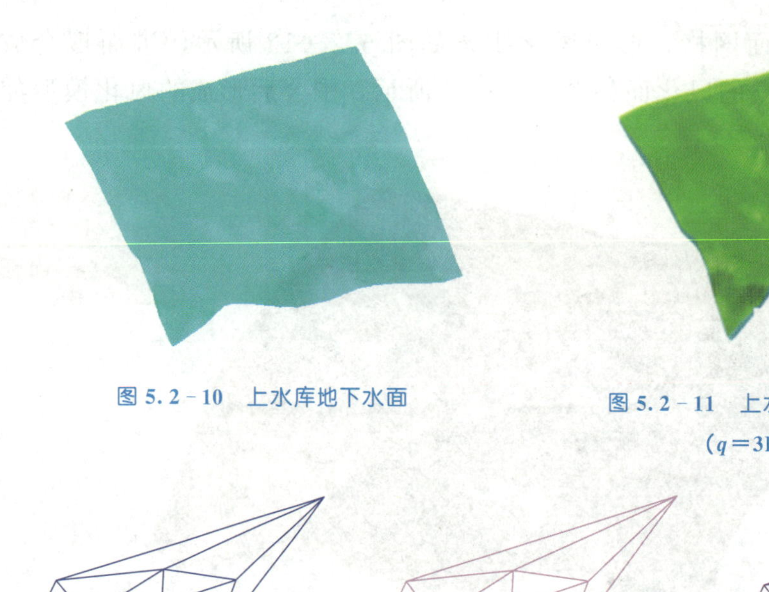

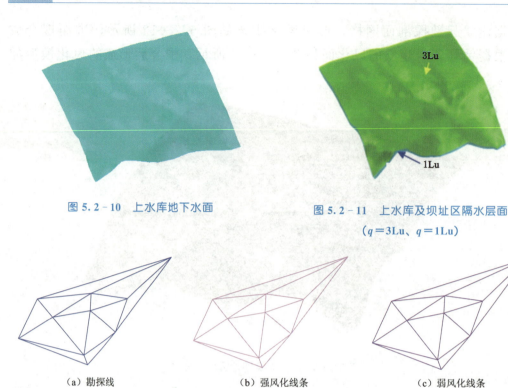

图 5.2-10 上水库地下水面

图 5.2-11 上水库及坝址区隔水层面（$q=3$Lu、$q=1$Lu）

(a) 勘探线　(b) 强风化线条　(c) 弱风化线条

图 5.2-12 风化线条

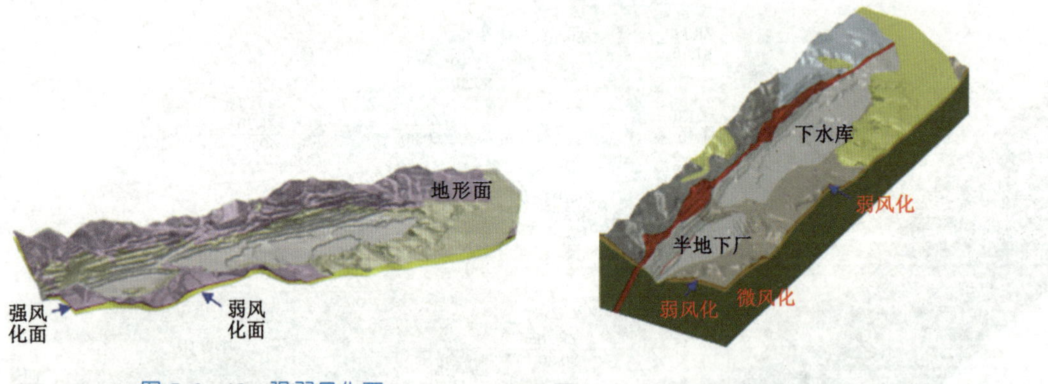

图 5.2-13 强弱风化面

图 5.2-14 下水库及半地下厂房风化模型图

2）水文地质模型。根据钻孔中地下水位及相对隔水层数据进行模型构建，地下水位面模型如图 5.2-15 所示，相对隔水层 3Lu 面如图 5.2-16 所示。

图 5.2-15 地下水位面

图 5.2-16 相对隔水层 3Lu 面

(4) 地下厂房三维地质模型。

1) 三维地质岩组模型。根据工程地质岩组的划分以及岩层的产状，对地下厂房区工程地质岩组进行了三维地质建模，模型如图 5.2-17 所示。

2) 地质构造模型。根据钻孔资料，对四条节理密集带及断层 f_{401-1} 进行了三维建模，模型如图 5.2-18 所示。

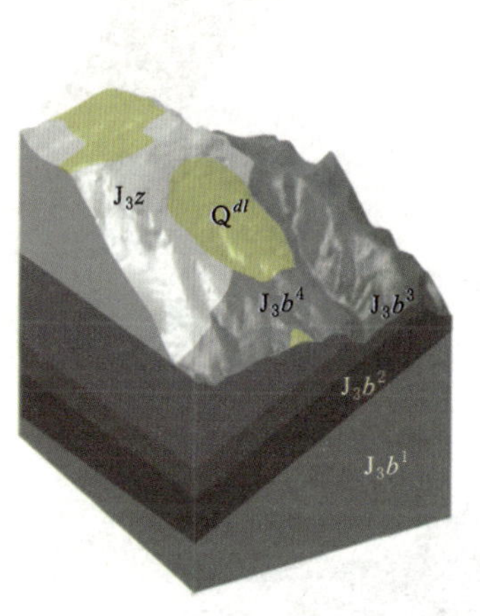

图 5.2-17 地下厂房区三维地质岩组模型图

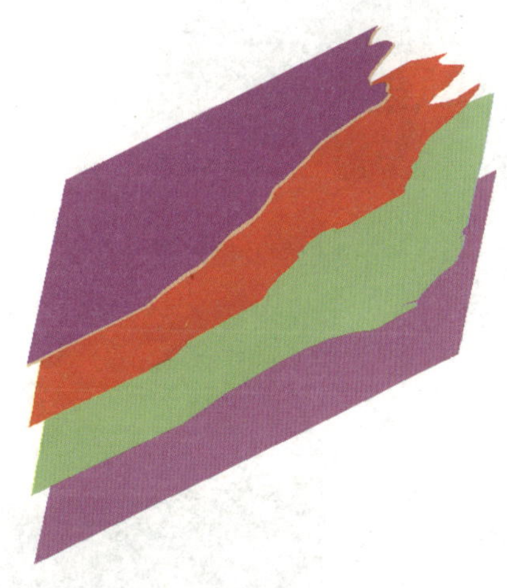

图 5.2-18 地下厂房区地质构造模型图

3) 风化模型。根据钻孔中岩体风化数据，结合该地层的风化特点进行强风化底面、弱风化底面的构建，形成强弱风化面如图 5.2-19 所示。进而围合成风化模型，如图 5.2-20 所示。

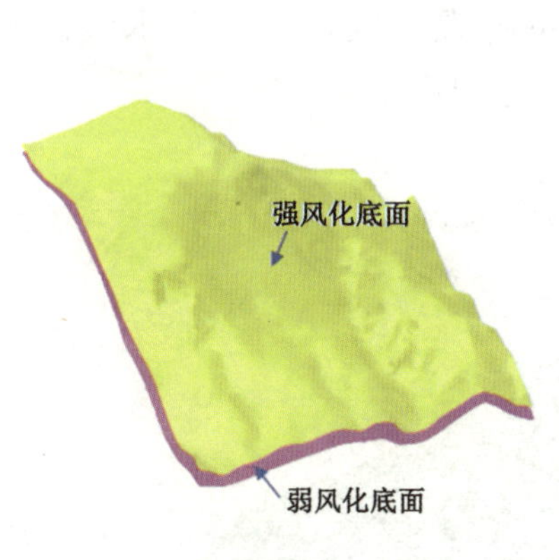

图 5.2-19 强弱风化面

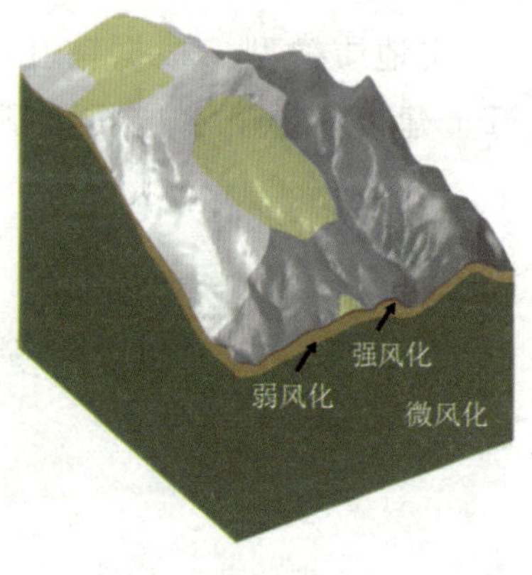

图 5.2-20 地下厂房风化模型图

4) 水文地质模型。根据水位及相对隔水层数据，参照地形及风化数据进行地下水位面及相对隔水层面的建模，模型如图 5.2-21 所示。

(5) 引水线路三维地质模型。

1) 风化模型。以左岸引水线路为例，根据引水线路上钻孔数据，并参考上水库及地下厂房钻孔数据进行强弱风化面的建模，强弱风化面模型如图 5.2-22

所示，整体风化模型如图 5.2－23 所示。

图 5.2－21 地下水位面及相对隔水层面

图 5.2－22 强弱风化面模型

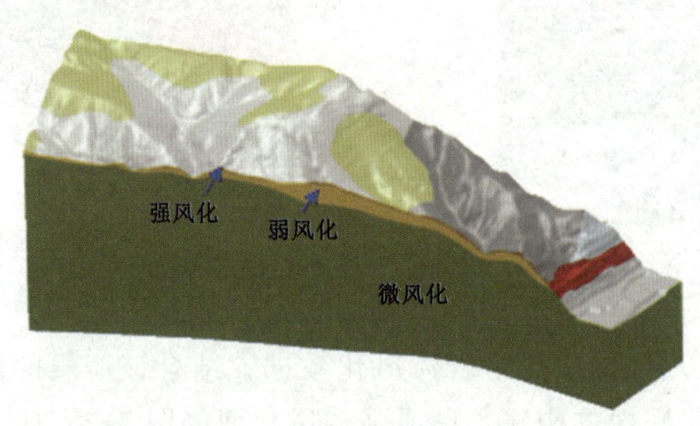

图 5.2－23 左岸引水线路整体风化模型图

2）水文地质模型。根据钻孔中地下水位的观测数据，对引水线路区地下水位进行了建模，地下水位面模型如图 5.2－24 所示。

图 5.2－24 左岸引水线路地下水位面及相对隔水层面

3. 工程三维地质成果图件

三维地质建模成果图件如图 5.2－25～图 5.2－29 所示。

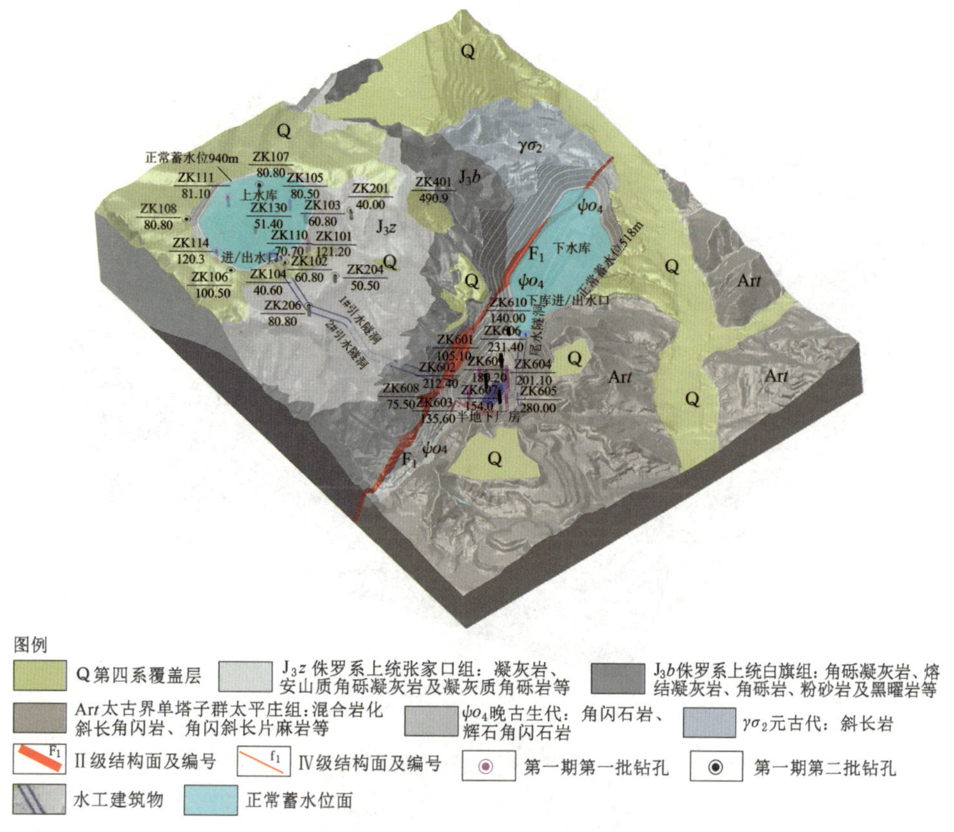

图 5.2-25 枢纽区三维工程地质模型图

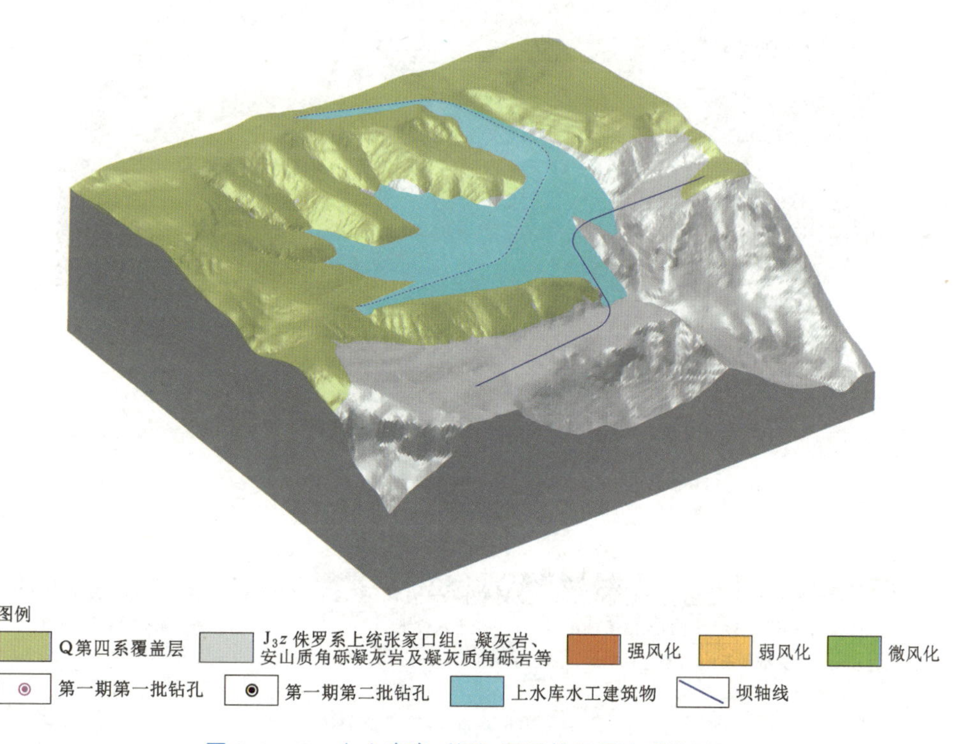

图 5.2-26 上水库库（坝）区三维工程地质模型图

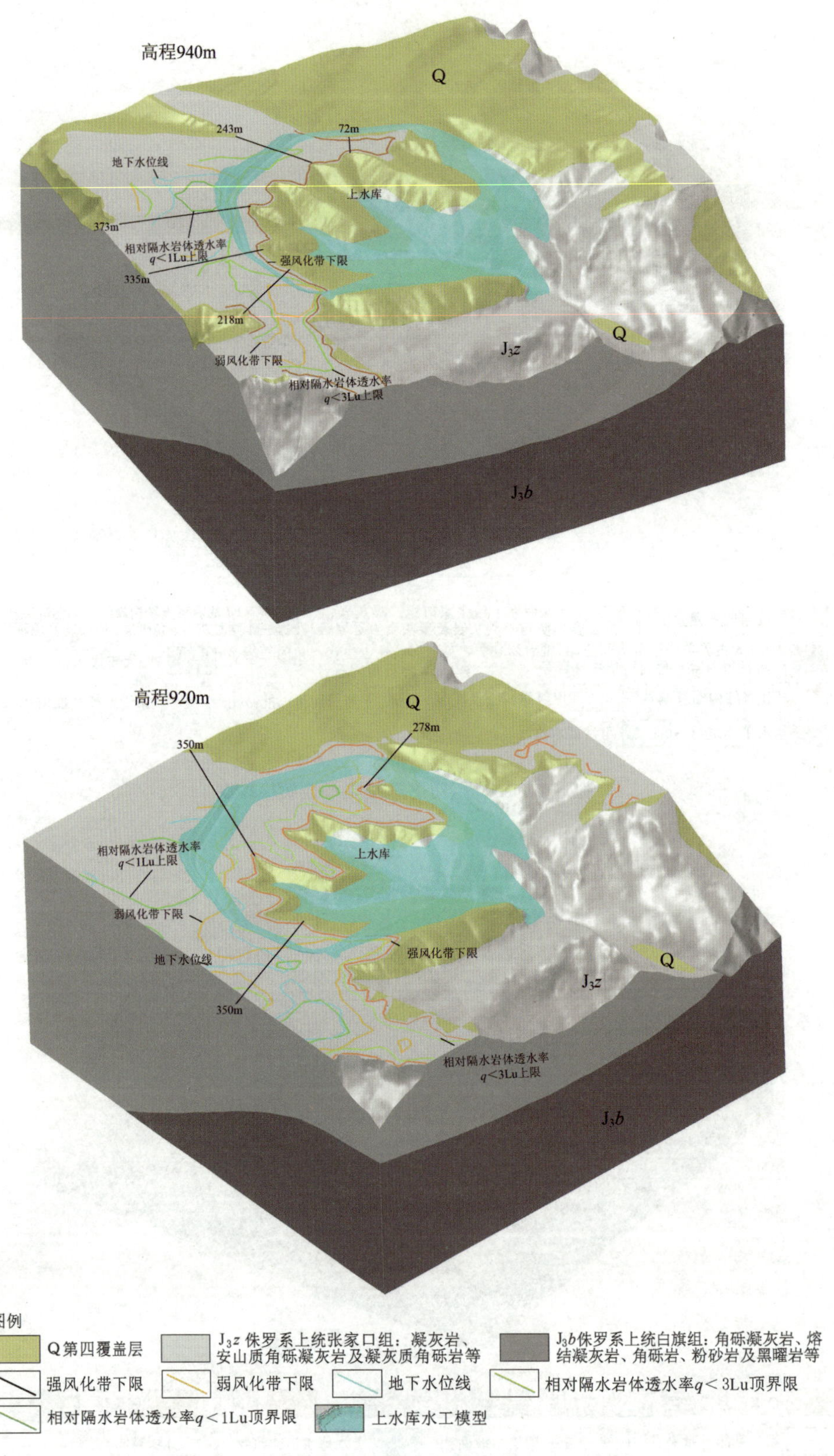

图 5.2-27（一） 上水库三维地质模型图平切图

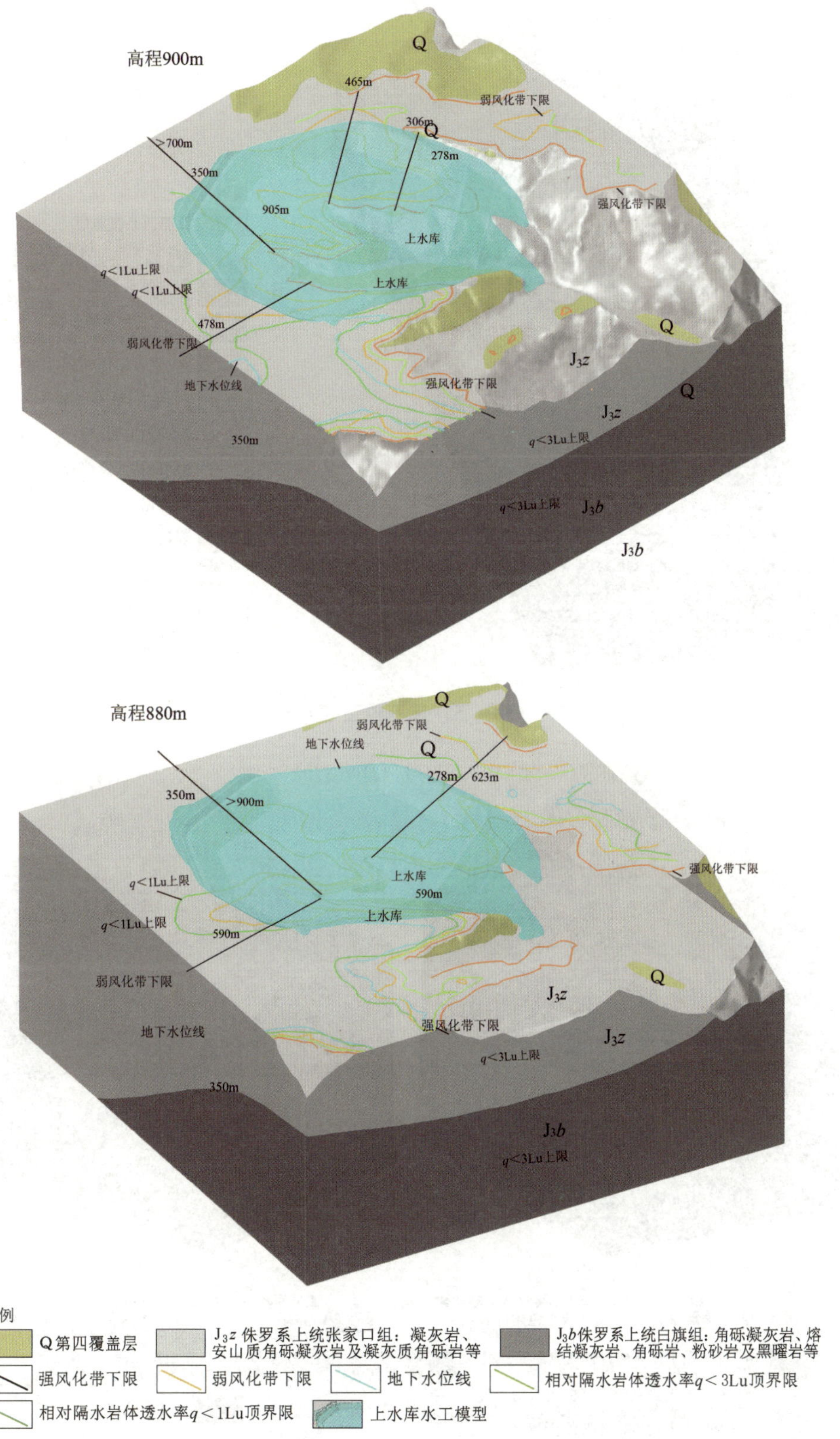

图 5.2-27（二） 上水库三维地质模型图平切图

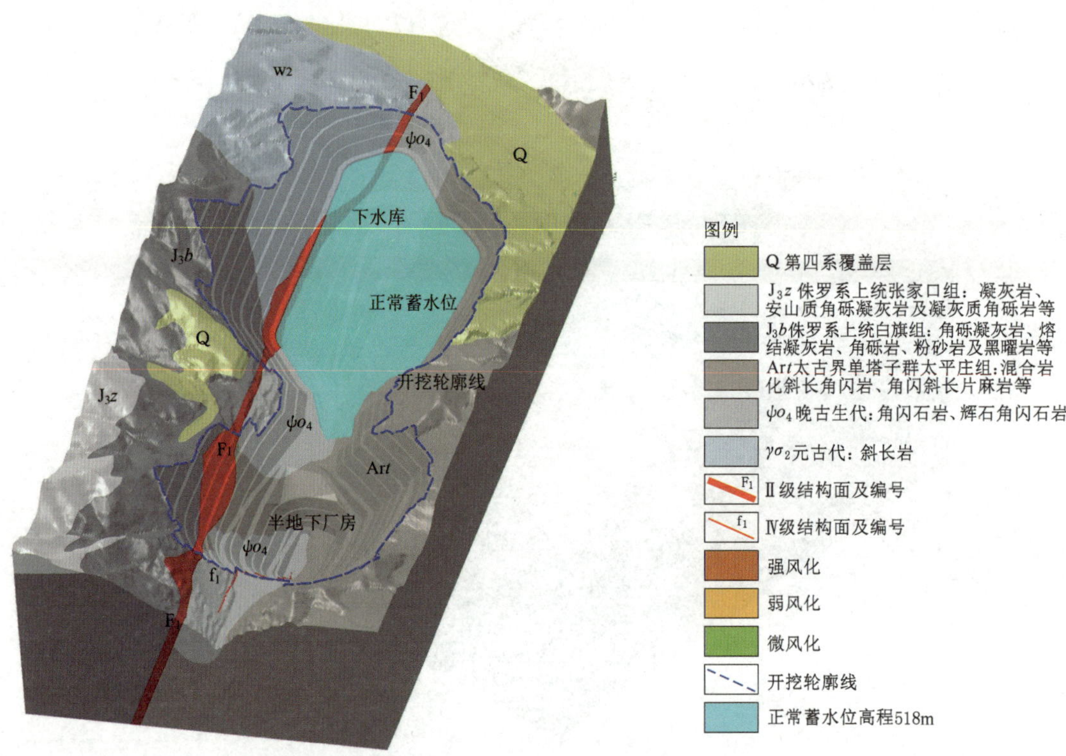
W2
F1
ψo4
Q
下水库
J3b
正常蓄水位
Q
J3z
开挖轮廓线
ψo4
F1
Art
半地下厂房
ψo4
f1
F1
图例
Q 第四系覆盖层
J3z 侏罗系上统张家口组：凝灰岩、安山质角砾凝灰岩及凝灰质角砾岩等
J3b侏罗系上统白旗组：角砾凝灰岩、熔结凝灰岩、角砾岩、粉砂岩及黑曜岩等
Art太古界单塔子群太平庄组：混合岩化斜长角闪岩、角闪斜长片麻岩等
ψo4晚古生代：角闪石岩、辉石角闪石岩
γσ2元古代：斜长岩
Ⅱ级结构面及编号
Ⅳ级结构面及编号
强风化
弱风化
微风化
开挖轮廓线
正常蓄水位高程518m

图 5.2-28 下水库三维工程地质模型图

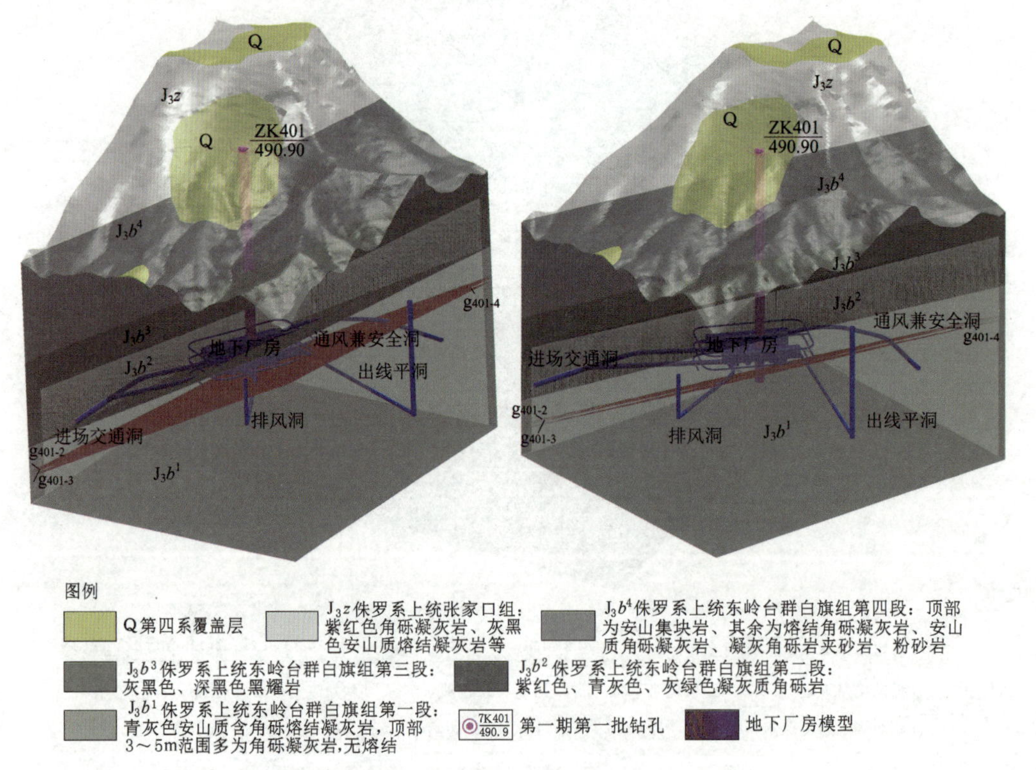
Q
J3z
Q
ZK401
490.90
J3b4
g401-4
J3b3
地下厂房
通风兼安全洞
J3b2
出线平洞
排风洞
进场交通洞
g401-2
g401-3
J3b1
Q
J3z
Q
ZK401
490.90
J3b4
J3b3
J3b2
通风兼安全洞
g401-4
进场交通洞
地下厂房
g401-2
g401-3
排风洞
J3b1
出线平洞
图例
Q第四系覆盖层
J3z侏罗系上统张家口组：紫红色角砾凝灰岩、灰黑色安山质熔结凝灰岩等
J3b4侏罗系上统东岭台群白旗组第四段：顶部为安山集块岩、其余为熔结角砾凝灰岩、安山质角砾凝灰岩、凝灰角砾岩夹砂岩、粉砂岩
J3b3侏罗系上统东岭台群白旗组第三段：灰黑色、深黑色黑耀岩
J3b2侏罗系上统东岭台群白旗组第二段：紫红色、青灰色、灰绿色凝灰质角砾岩
J3b1侏罗系上统东岭台群白旗组第一段：青灰色安山质含角砾熔结凝灰岩，顶部3～5m范围多为角砾凝灰岩，无熔结
ZK401
490.9
第一期第一批钻孔
地下厂房模型

图 5.2-29 上坝线地下厂房三维工程地质模型图

5.2.2 可行性研究阶段

5.2.2.1 地质勘察工作内容

可行性研究阶段的地质勘察工作主要包括以下内容：

(1) 区域地质。主要进行区域构造稳定性复核。

(2) 库内外边坡稳定性评价。研究分析边坡变形特征、破坏机理，对边坡稳定作出评价。

(3) 上水库防渗型式。查明上水库的水文地质条件，提出库盆防渗范围、坝基防渗范围的地质建议，为防渗型式的确定及防渗方案设计提供可靠的依据。

(4) 高压管道围岩的工程地质特性及其衬砌型式选择。查明水道线路工程地质条件，研究高压管道围岩类别、在高压水作用下的渗透稳定、地应力量值等，为衬砌型式的选择提供地质依据。

(5) 地下厂房位置及轴线方向的选择。查明地下厂房部位岩体结构类型，划分围岩类别，并查明初始地应力状态。为厂房位置及轴线的选择提供地质依据。

(6) 天然建筑材料。查明工程区附近的各类天然建筑材料的储量、质量及开采运输条件。

5.2.2.2 三维地质建模要求

抽水蓄能电站工程地质勘察工作应根据常规水电工程地质勘察基本规定和技术标准的要求，结合抽水蓄能电站建筑物对工程地质条件的特殊技术要求进行。可行性研究阶段主要在预可行性研究阶段的成果基础上，深化及调整上一阶段的三维地质模型，三维建模的重点在于上、下水库的防渗范围与深度，坝基、边坡工程地质条件，输水发电系统的洞室围岩稳定性等。

5.2.2.3 应用案例

以滦平抽水蓄能电站为例，随着可行性研究阶段勘察成果的补充与完善，对三维地质模型进行了更新与完善，更新内容有地层岩性、地质构造、风化、水文地质条件等。形成成果图件如图 5.2-30～图 5.2-34 所示。

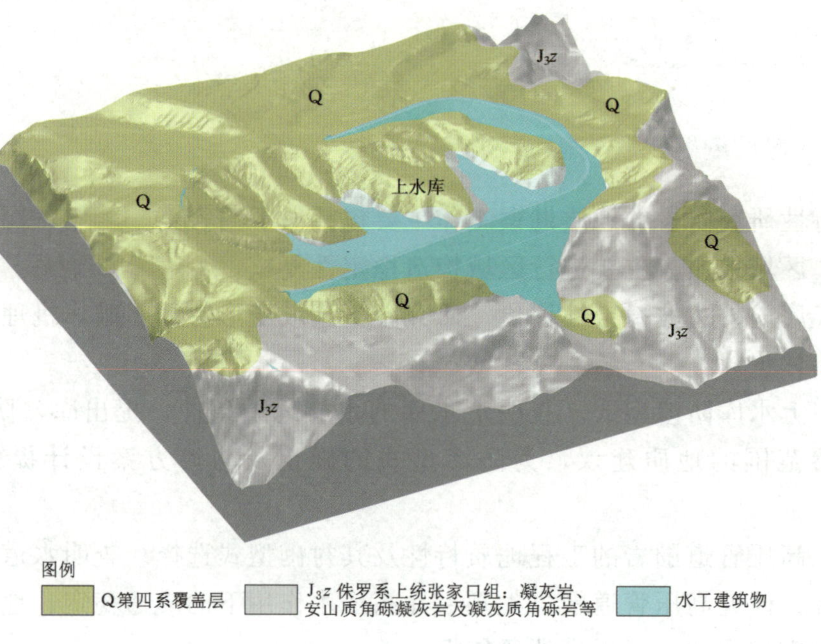

图 5.2-30 上水库三维工程地质模型图

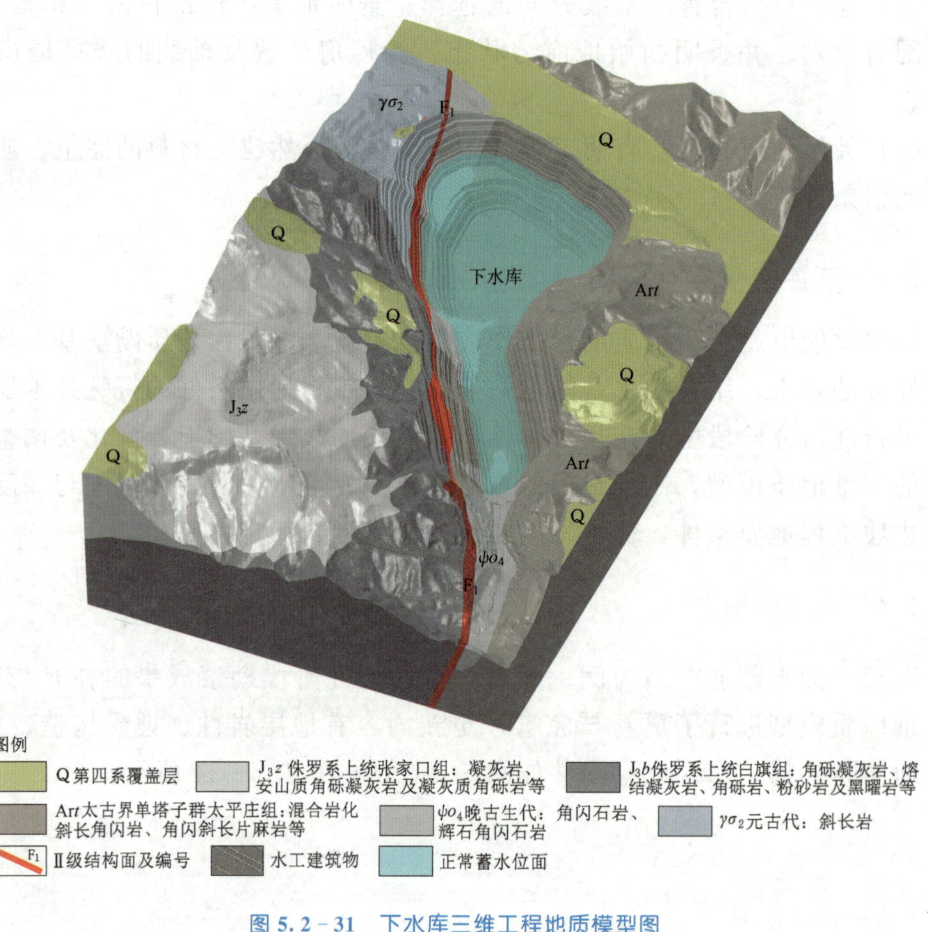

图 5.2-31 下水库三维工程地质模型图

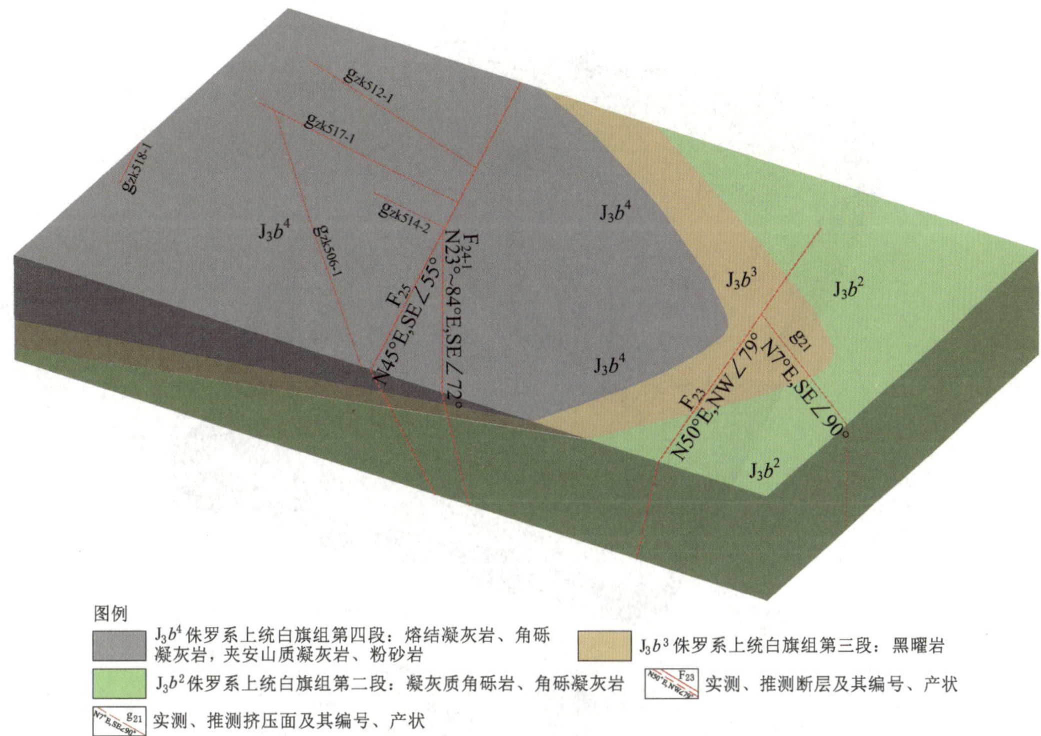

图 5.2-32 地下厂房 398m 高程三维工程地质模型图

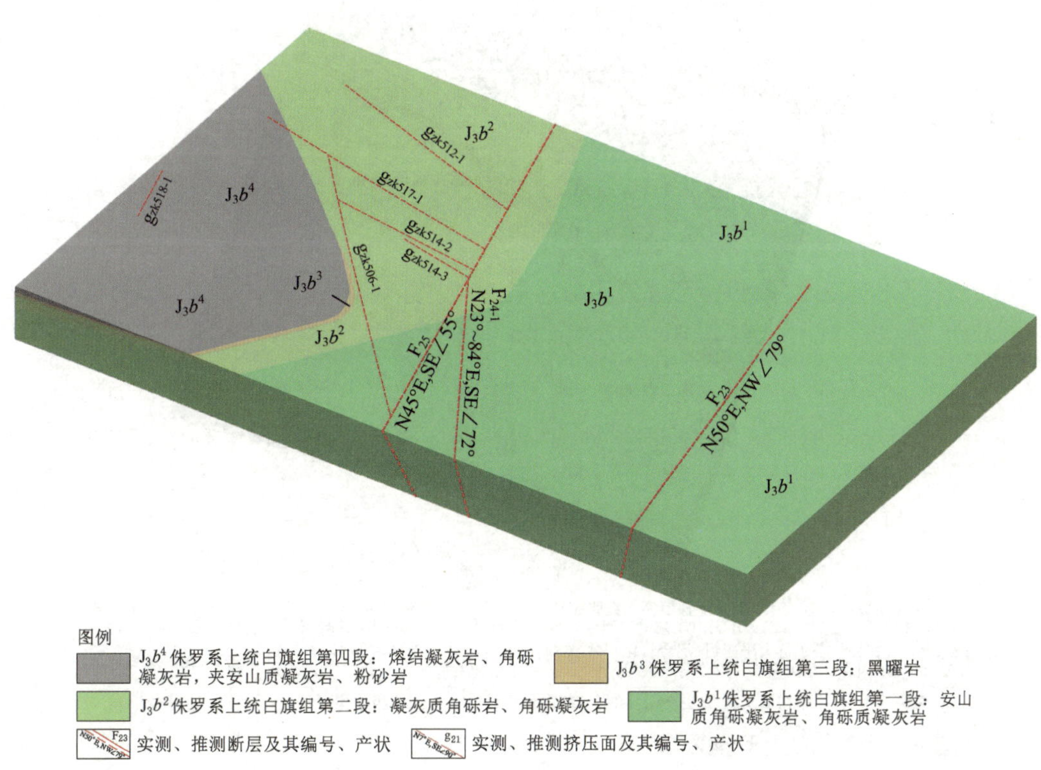

图 5.2-33 上水库三维工程地质模型图

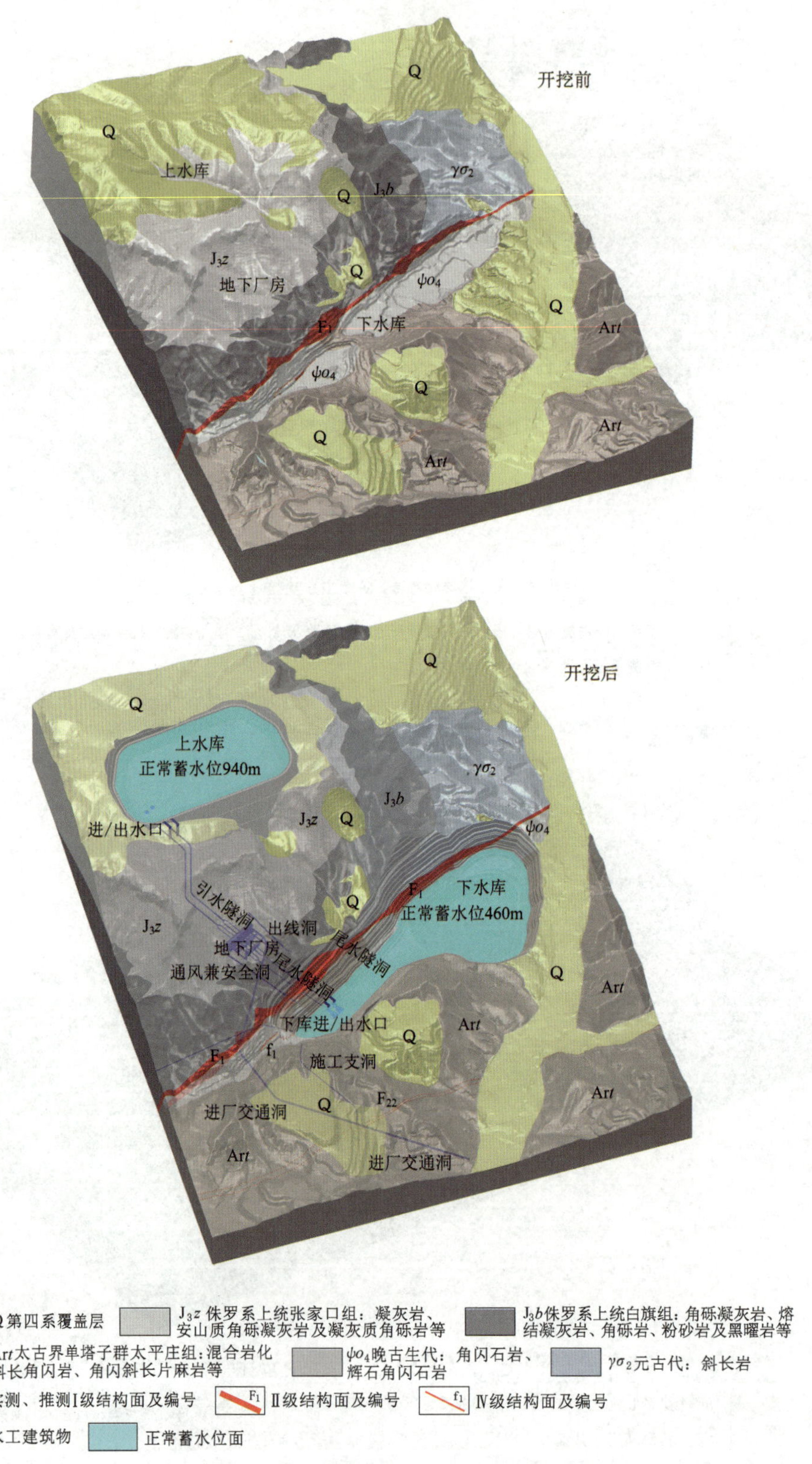

图 5.2-34 枢纽区三维工程地质模型图

5.3 水利工程

水利工程与水电工程在功能上有一定的区别，其设计的要求存在一定的差异，但从工程布置方面来说，一般都存在水库、大坝、引水线路等，从地质勘察及三维地质建模方面来说存在较多的相同点。本节介绍的水利工程选取了与水电工程有一定差异的两类工程进行介绍，分别为堰塞坝应急处置与综合整治工程及长距离引调水工程。堰塞坝应急处置与综合整治工程是针对天然形成的堰塞坝进行处置和整治，应急处置阶段应完成工程区的快速建模，具有一定的典型性。长距离引调水工程与水电工程的引水线路比较类似，但相对而言，长距离引调水工程线路更长，遇到的各种地质条件及地质问题更复杂，涉及的水工建筑物更加多样，对三维地质建模工作的要求也存在不同。长距离引水工程线路长，涉及的水工建筑物包括泵站、隧洞、暗涵、渡槽、倒虹吸等，考虑到隧洞工程更加复杂，遇到的工程地质问题更多，本节主要介绍隧洞的三维地质建模工作。

水利工程多以充分利用水资源，做到水资源的合理调配为目的，主要包括兴建水库、长距离引调水等工程。

水库工程多选择在河流中、下游地带，保证汇聚更多的来水，提高水库的利用价值。重点应关注水库的渗漏问题，包括坝基渗漏及坝肩渗漏等问题，在定性评价的基础上，应有针对性地对可能产生渗漏的地质对象进行重点建模，如岩溶管道、卸荷带、透水岩体、断层及影响带、节理破碎带等，同时结合离散的地下水位的揭露点创建地下三维渗流场模型。

长距离引调水工程线路长，穿越的地貌多、地层多、构造多、不良物理地质对象多，勘察难度大，基础地质资料有限，对于地质建模的难度更大，需要对基础资料进行更加详细的分析和判断，评价存在的主要工程地质问题，有重点地开展地质对象建模，对于隧洞工程应关注进、出口地段、断层穿越地段、岩溶发育地段、浅埋地段、软岩分布地段等；对于挖方地段应关注边坡稳定，重点对影响边坡稳定的地质对象进行建模；对于软土地基地段，应重点针对软土进行详细建模，为建筑物的变形计算提供地质资料。

5.3.1 堰塞坝应急处置与综合整治

5.3.1.1 地质勘察工作内容

堰塞湖应急处置阶段需要快速搜集已有的资料，通过分析已有的资料快速进行成果输出。由于时间紧，收集资料多为区域地质资料，结合少量的现场踏勘资料，快速创建三维地质模型，为快速处置方案设计提供基础资料。在三维建模的过程中，重点关注堰塞体的物质组成及特征，并根据初拟的处置方案进行有针对性的建模。

综合整治阶段主要是通过对堰塞体进行整治，使其成为挡水建筑物，形成水库，从而可用于灌溉及发电。本阶段主要是结合勘察成果对堰塞体组成物质及下伏地质对象进行详细建模，并对主要建筑物区域进行详细建模。

5.3.1.2 三维地质建模要求

应急处置阶段三维地质建模主要结合区域地质资料及现场初步调查成果进行建模，以重要的地质对象如堰塞体及区域断裂等以及初拟处置方案涉及的区域进行建模，包括崩塌堆积体 B_1、滑坡堆积体 H_1、区域断裂、建筑物分布地段等。

综合整治阶段结合勘察成果对堰塞坝进行详细建模，对堰塞坝按照不同组成物质进行详细分层，对周边的地层、风化、相对隔水层等地质对象根据勘察成果进行了更新。本阶段工作在应急抢险工作完成后开展，根据工程设计工作需要开展了勘探、物探、地质测绘、试验等地质勘察工作，大大丰富了地质资料。根据最新的地质成果对前期成果进行了更新和细化。主要包括枢纽区地质模型的地层岩性面、风化界面、卸荷面、水位面、吕荣面等的更新，并完成了堆积体的分层详细建模。

5.3.1.3 应用案例

1. 工程概况

2014年8月3日16时30分，云南省鲁甸县发生6.5级地震，在鲁甸县火德红乡李家山村和巧家县包谷垴乡红石岩村交界的牛栏江干流上，因地震造成两岸山体塌方形成堰塞湖。

右岸崩塌沿河流方向山体崩塌的长度约为890m，后缘岩壁高度约为600m，最大坡顶高程约为1843.7m，属特大型崩塌。根据《堰塞湖风险等级划分标准》（SL 450—2009），红石岩堰塞湖属大型堰塞湖，危险级别为极高危险，溃决损失严重性为严重。根据危险性级别和溃决损失严重性确定堰塞湖风险等级为Ⅰ级（最高级别）。

坝址区属构造剥蚀为主的中高山峡谷区，两岸谷深、坡陡，基岩多裸露，牛栏江由南东流向北西。原始河谷呈V形，河床宽约100m，高程约1120m，左岸河床至坡顶部高差约为600m，高程1520m以下地形坡度为20°～35°，以上为陡崖地形；右岸地形坡度为50°～60°，局部为陡崖，近河床段山坡高度约为700m。“8·03”地震发生后，左岸滑坡堆积物表层松动并向河床滑动；右岸山体产生大规模崩塌、滑坡，在河床形成堰塞湖。根据实测地形，堰塞体顶部呈马鞍形，顶部右岸高，左岸低，右岸边缘为崩滑岩石堆积体，顶部横河向最低高程点为1222m，堰塞体左岸最高点为1240m，上游迎水面坡比约为1∶6.0，下游面平均坡比为1∶10～1∶4。顺河向底宽约为910m；沿1222m高程坝轴线长度约为307m。估算堰塞体总方量约为1000万m^3。枢纽区出露地层主要为奥陶系（O）、泥盆系（D）、二叠系（P）地层及第四系（Q）的覆盖层。坝址区两岸岩层走向稍有差异，倾角较平缓。左岸岩层产状N15°W～N10°E，SW～NW∠20°～26°；右岸岩层倾向山里偏下游，岩层产状N20°～60°E，NW∠10°～30°。由于长期受各种地质作用，岩层多呈缓的褶皱或产生挠曲变形。

对枢纽区有较大影响的滑坡有红石岩滑坡（H_1）、王家坡H_2滑坡、王家坡H_3滑坡。红石岩滑坡（H_1）该滑坡位于堰塞体左岸，该滑坡底部最大宽度约为1200m、自堆积体顶部至坡脚的最大投影长度约为900m、面积约为81万m^2，平均厚度估计约为70m，最大厚度为138.4m，滑坡方量约为5670万m^3。地形下陡上缓，高程1400m以下地形坡度约为36°，以上地形坡度约为18°。红石岩滑坡物质分上、下两层，下层（Q^{del-1}）主要由碎石土夹孤石、块石，最大厚度大于100m；上层为（Q^{del-2}）为灰色孤石、块石夹碎石及粉土，厚度为24～60m，是后期陡崖崩塌的产物，最大直径达15m。堆积物密实，未见架空现象。

枢纽区崩塌堆积体主要发育在岸边坡脚，分布不连续，除了较大的红石岩崩塌体（B_1），其余一般规模不大，对工程影响小。红石岩崩塌（B_1）位于鲁甸县火德红镇李家山村红石岩组，原红石岩电站大坝右岸下游约1km处。牛栏江两岸斜坡坡体陡峻，坡度为50°～80°。红石岩崩塌处，崩塌前坡高近700m，坡度为70°～85°。经现场调查，该崩塌体岩性主要为奥陶系中统巧家组、泥盆系及二叠系的中厚层状白云质灰岩、白云岩夹砂岩、页岩。岩体节理、裂隙发育，坡体上部卸荷裂隙发育，岩体破碎、松弛。该崩塌总方量约为1000万m^3，沿河流方向山体崩塌的长度约为890m，后缘岩壁高度约为500m（其中近直立的陡崖最大高度约为350m），属特大型崩塌。

2. 三维地质建模

堰塞湖应急处置阶段工作从一开始就面临时间紧、任务重的难题，资料的收集整理工作主要是针对区域地质资料、遥感解译资料以及原红石岩电站的资料。通过整理后得到了地层、岩性、区域构造以及堆积体范围、堆积体成因的初步成果，并结合现场地质测绘成果对整理成果进行了复核和梳理。根据掌握

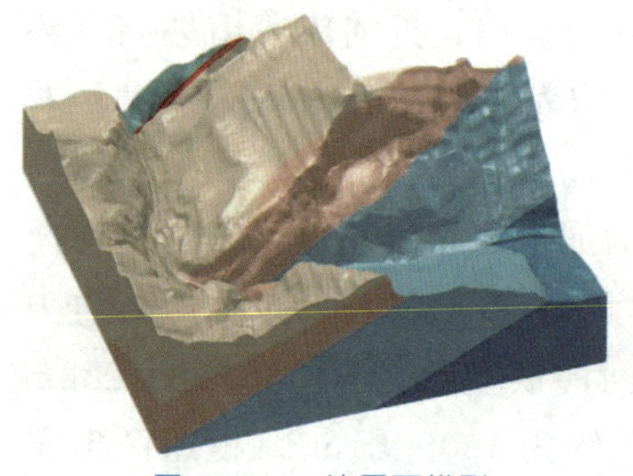
图 5.3-1 地层面模型

的地质资料，完成了三维地质建模工作，主要是针对工作范围建立了整体的三维地质模型。本阶段建模采用的资料包括无人机采集的地形图、区域地质图、现场地质测绘成果等。完成了堰塞坝及其上、下游一定范围的三维地质建模工作，共完成6个地层、3条断层、地下水位面、强风化面等地质对象的建模。各地质对象的面模型如图5.3-1～图5.3-3所示。

图 5.3-2 覆盖层表面模型

图 5.3-3 覆盖层底面模型

综合整治阶段工作在应急抢险工作完成后开展，根据工程设计工作需要开展了勘探、物探、地质测绘、试验等地质勘察工作，大大丰富了地质资料。根据最新的地质成果对前期成果进行了更新和细化。主要包括枢纽区地质模型的地层岩性面、风化界面、卸荷面、水位面、吕荣面等的更新，并完成了堆积体的分层详细建模。本阶段建模采用的资料包括现场地质测绘成果、钻孔成果等。完成了堰塞坝及其上、下游一定范围的三维地质建模工作，共完成8个地层、覆盖层，6个分层面、3条断层、地下水位面、强风化面等地质对象的建模。工程的整体图件如图5.3-4和图5.3-5所示，堆积体的整体模型如图5.3-6所示，三维剖切栅格图如图5.3-7所示。

图 5.3-4 枢纽区整体地质模型-1

图 5.3-5 枢纽区整体地质模型-2

图 5.3-6 堆积体整体模型

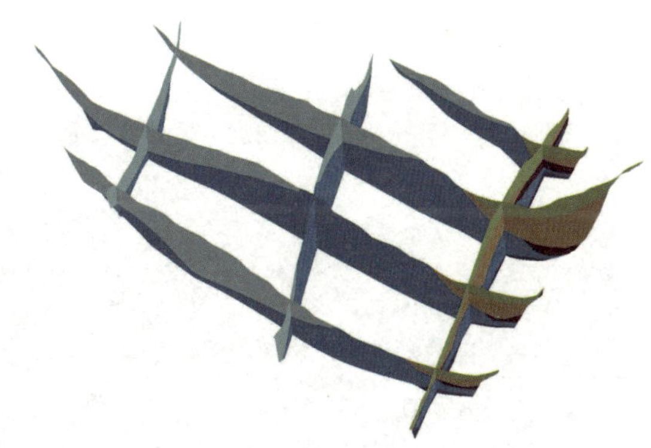

图 5.3-7 堆积体三维剖切栅格图

3. 三维地质建模成果图件

堰塞坝应急处置阶段三维地质建模成果图件如图 5.3-8～图 5.3-15 所示。堰塞坝综合整治阶段三维地质建模成果图件如图 5.3-16～图 5.3-21 所示。

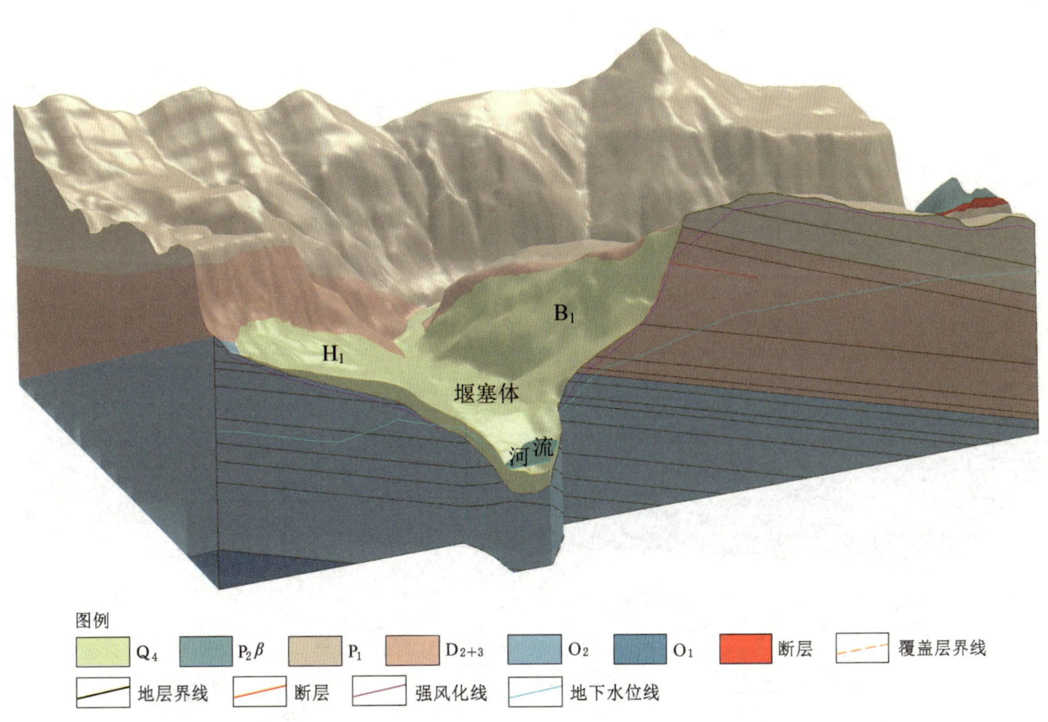

图 5.3-8 防渗帷幕轴线三维地质剖面图（比选方案）

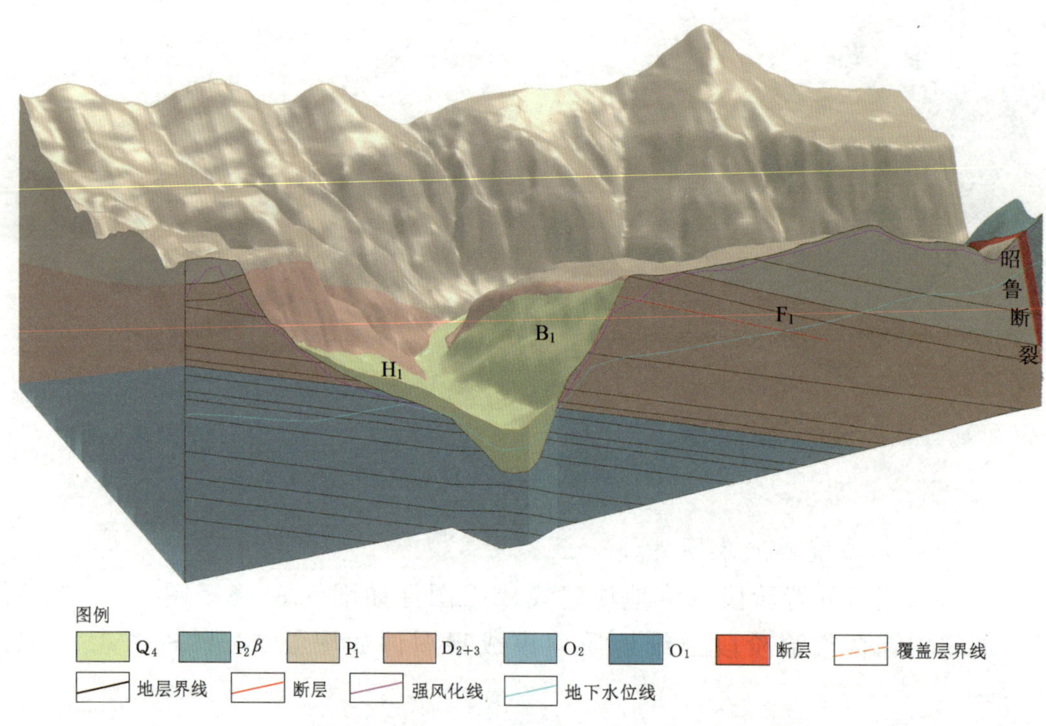

图5.3-9 防渗帷幕轴线三维地质剖面图

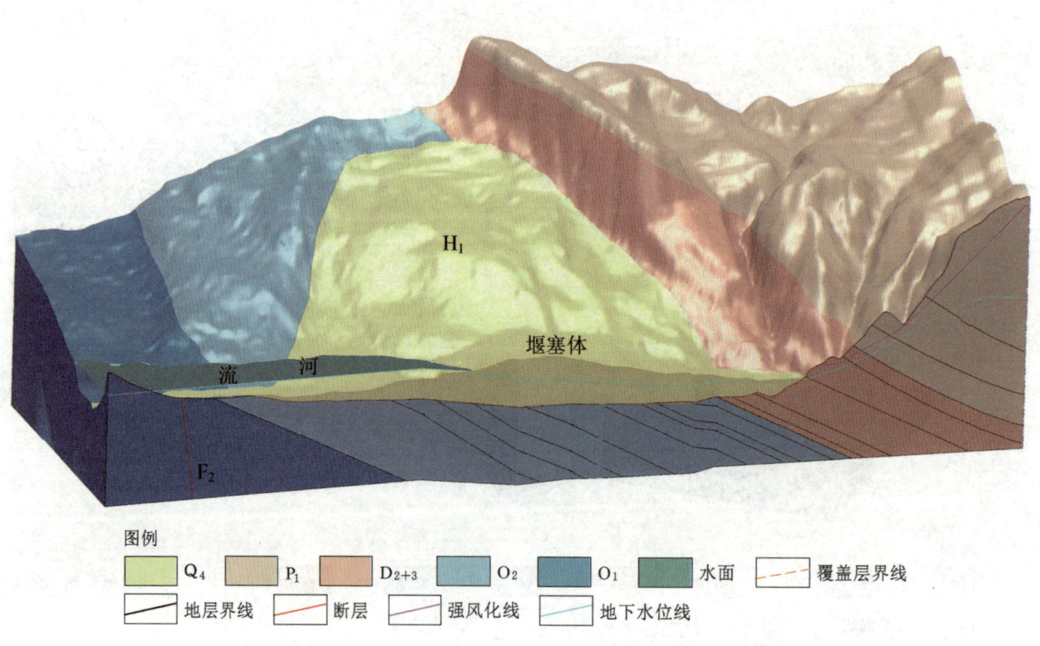

图5.3-10 河床三维地质纵剖面图

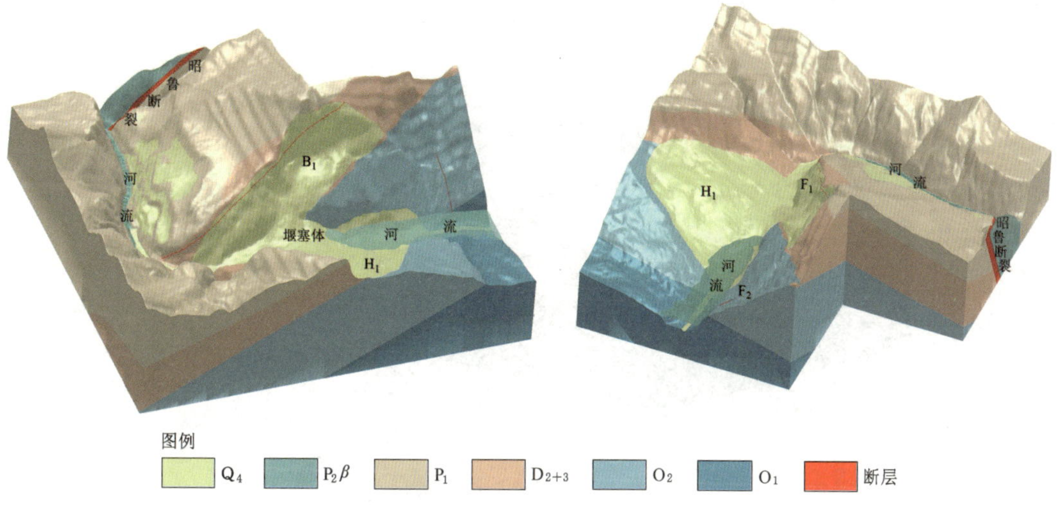

图 5.3-11 红石岩堰塞湖永久性整治工程实施方案枢纽区三维地质图

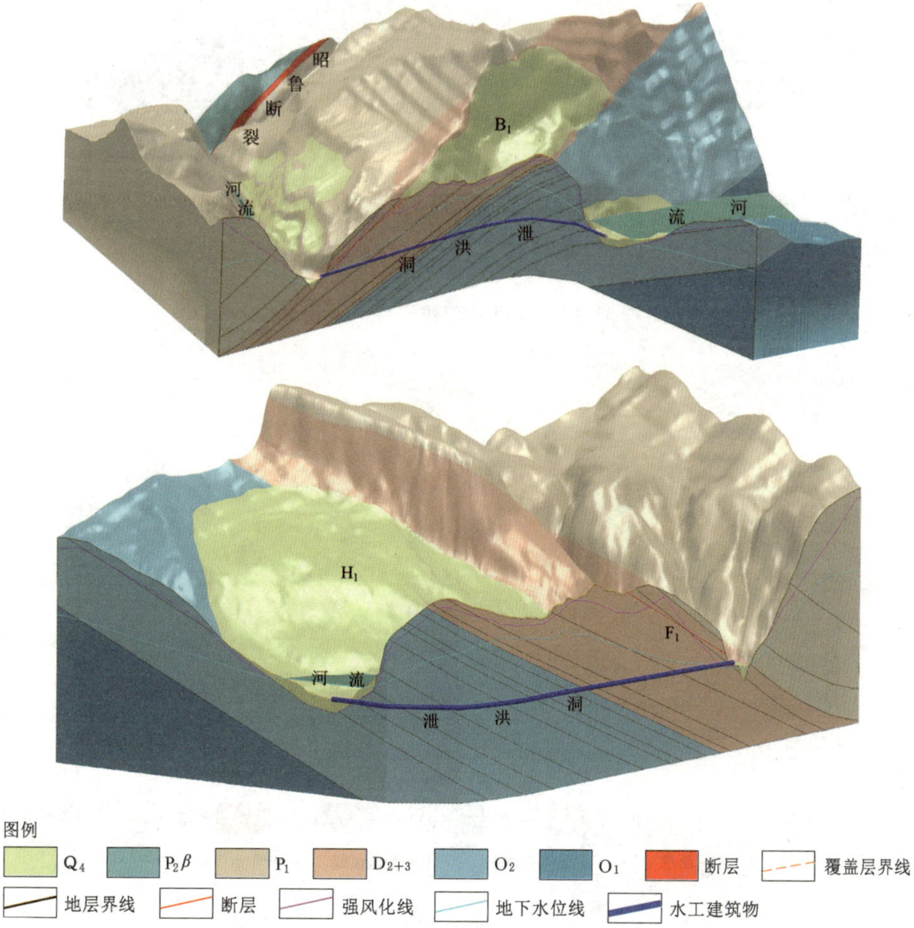

图例

Q_4　$P_2\beta$　P_1　D_{2+3}　O_2　O_1　断层　覆盖层界线

地层界线　断层　强风化线　地下水位线　水工建筑物

图 5.3-12 泄洪洞轴线三维地质剖面图（比选方案）

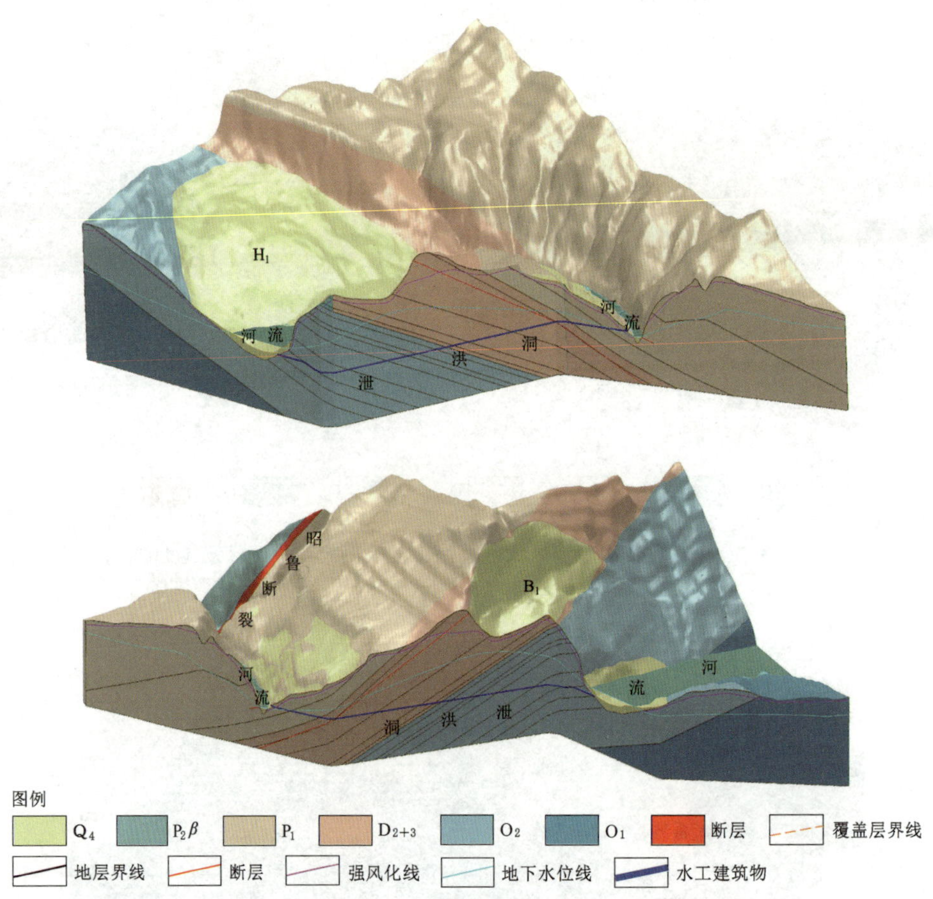

图 5.3-13 泄洪洞轴线三维地质剖面图

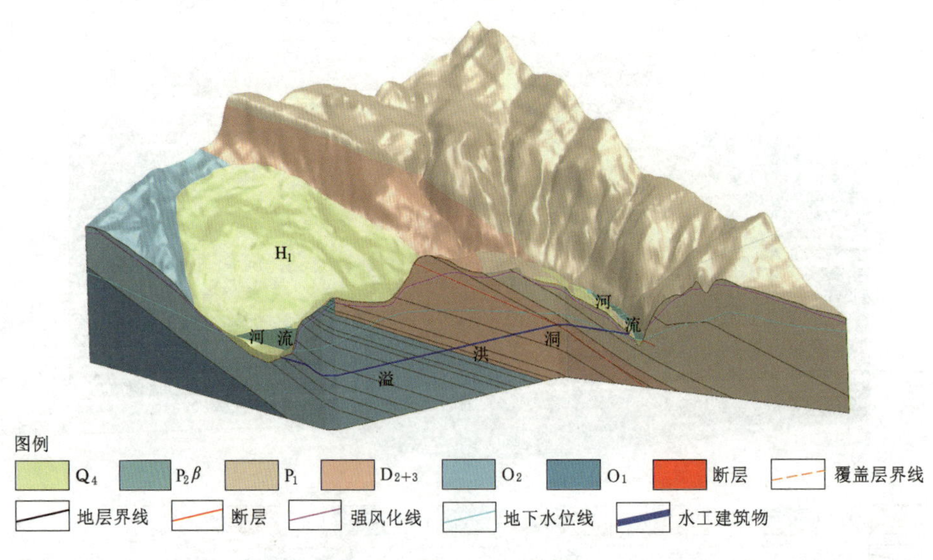

图 5.3-14（一） 溢洪洞轴线三维地质剖面图

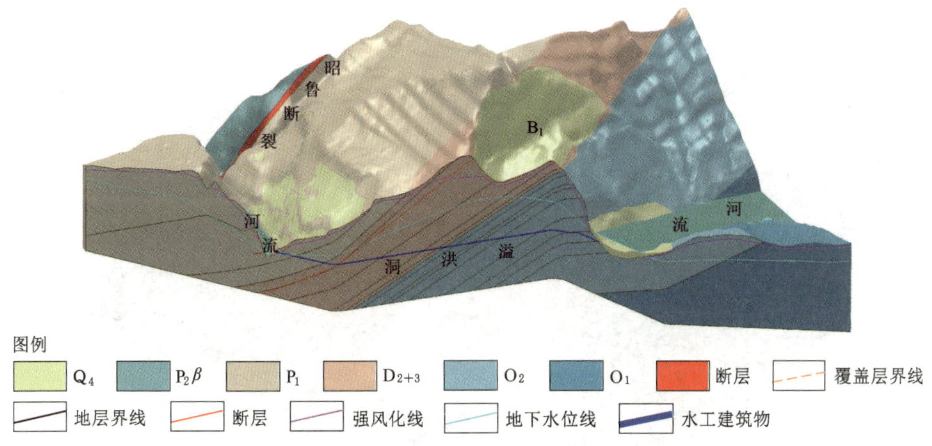

图例

Q4　P2β　P1　D2+3　O2　O1　断层　覆盖层界线

地层界线　断层　强风化线　地下水位线　水工建筑物

图 5.3-14（二）　溢洪洞轴线三维地质剖面图

图例

Q4　P2β　P1　D2+3　O2　O1　断层　覆盖层界线

地层界线　断层　强风化线　地下水位线　水工建筑物

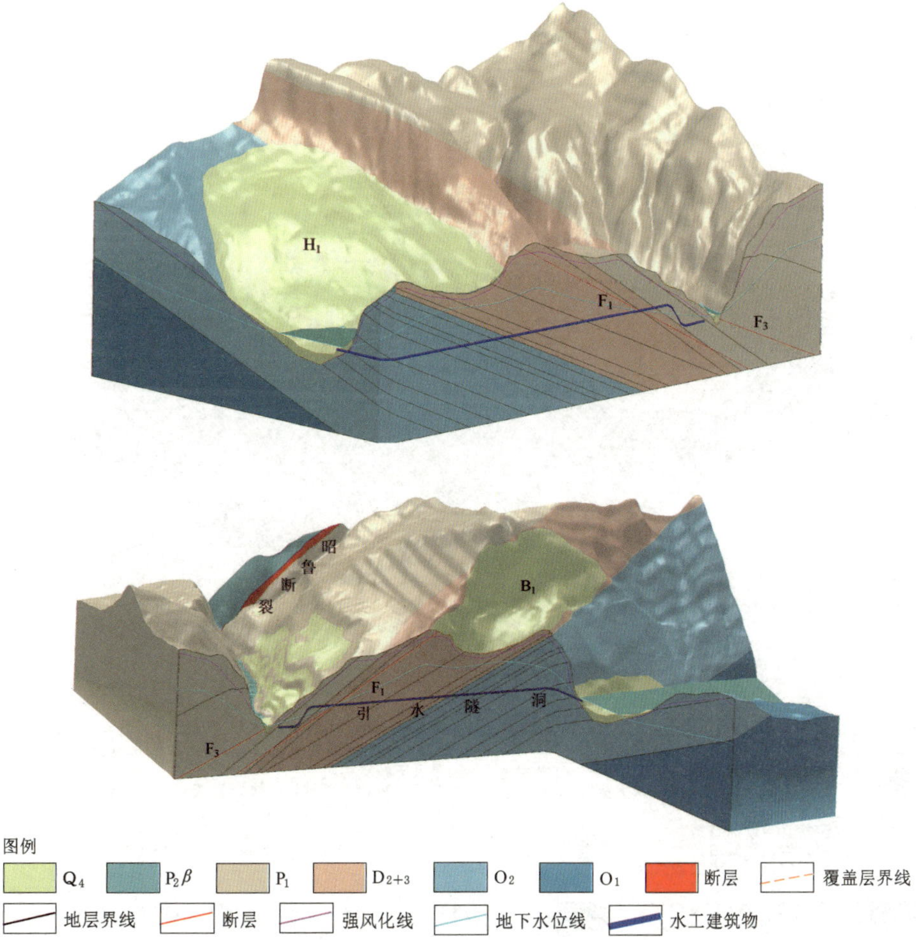

图 5.3-15　引水隧洞轴线三维地质剖面图

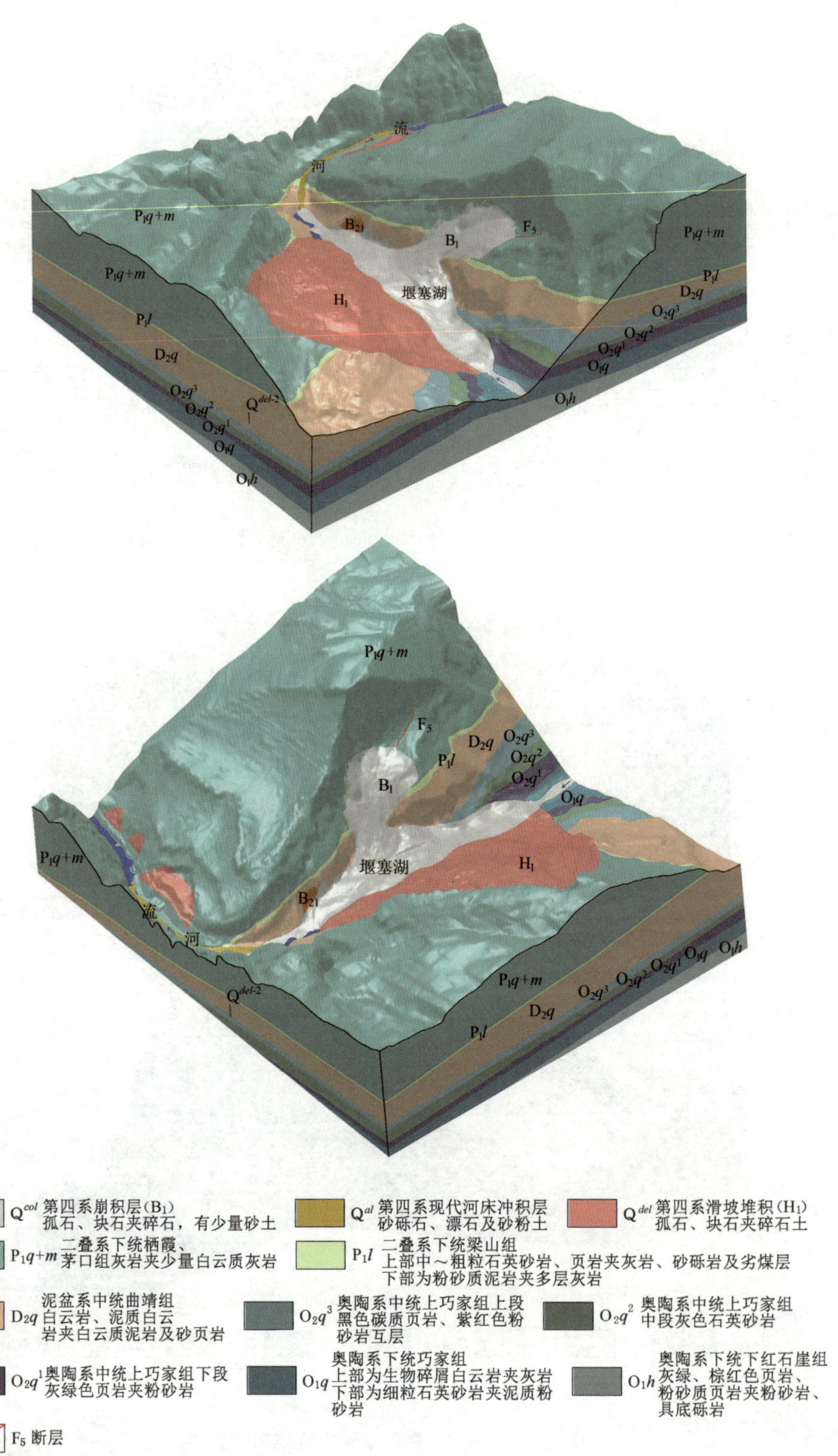

图 5.3-16 枢纽区三维地质图

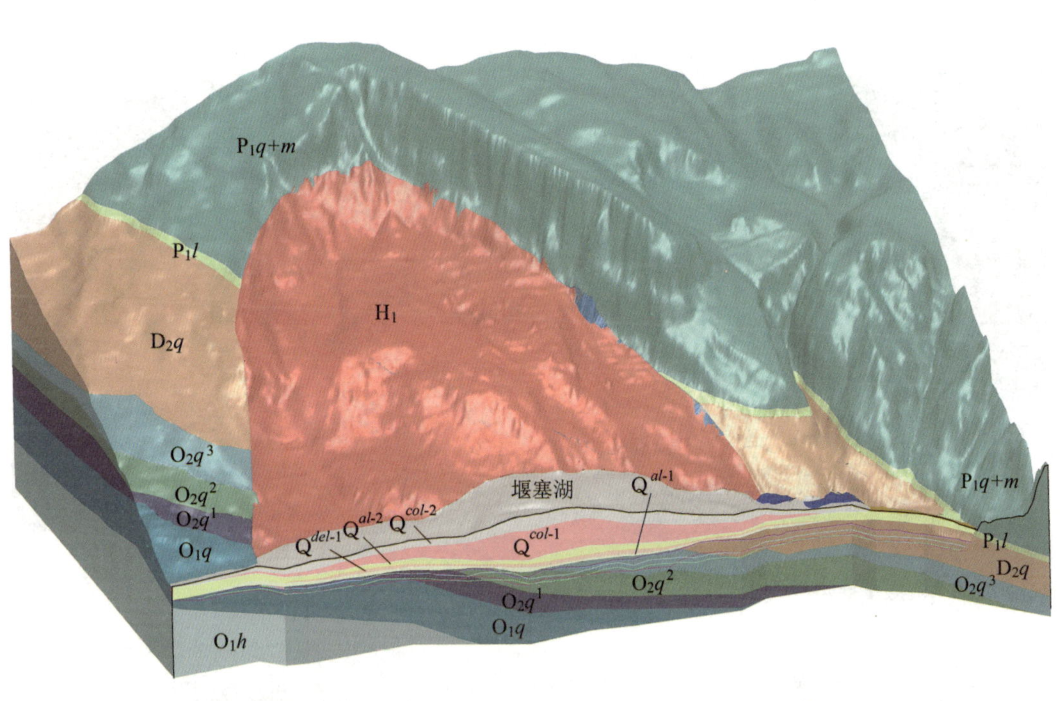
P1q+m
P1l
D2q
H1
O2q3
O2q2
O2q1
O1q
堰塞湖
Qal-1
Qdel-1
Qal-2
Qcol-2
Qcol-1
O2q2
O2q1
O1q
O1h
P1q+m
P1l
D2q
O2q3

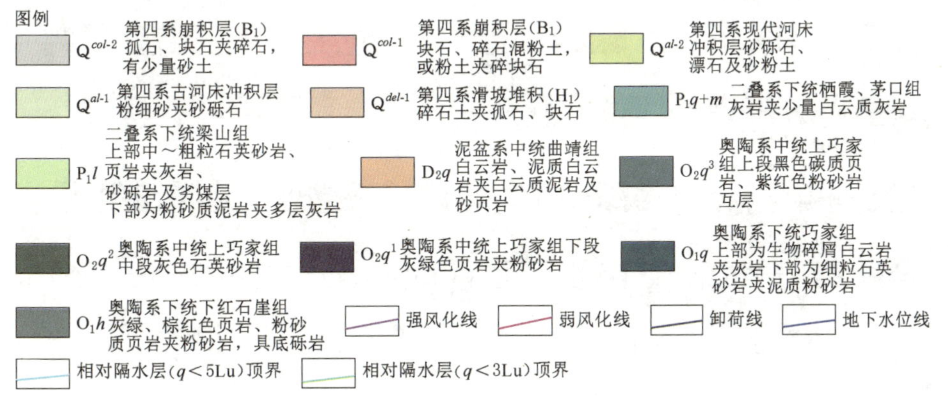
图例
Qcol-2 第四系崩积层(B1) 孤石、块石夹碎石，有少量砂土
Qcol-1 第四系崩积层(B1) 块石、碎石混粉土，或粉土夹碎块石
Qal-2 第四系现代河床冲积层砂砾石、漂石及砂粉土
Qal-1 第四系古河床冲积层粉细砂夹砂砾石
Qdel-1 第四系滑坡堆积(H1)碎石土夹孤石、块石
P1q+m 二叠系下统栖霞、茅口组灰岩夹少量白云质灰岩
P1l 二叠系下统梁山组 上部中～粗粒石英砂岩、页岩夹灰岩、砂砾岩及劣煤层 下部为粉砂质泥岩夹多层灰岩
D2q 泥盆系中统曲靖组白云岩、泥质白云岩夹白云质泥岩及砂页岩
O2q3 奥陶系中统上巧家组上段黑色碳质页岩、紫红色粉砂岩互层
O2q2 奥陶系中统上巧家组中段灰色石英砂岩
O2q1 奥陶系中统上巧家组下段灰绿色页岩夹粉砂岩
O1q 奥陶系下统巧家组 上部为生物碎屑白云岩夹灰岩下部为细粒石英砂岩夹泥质粉砂岩
O1h 奥陶系下统下红石崖组灰绿、棕红色页岩、粉砂质页岩夹粉砂岩，具底砾岩
强风化线
弱风化线
卸荷线
地下水位线
相对隔水层(q<5Lu)顶界
相对隔水层(q<3Lu)顶界

图 5.3-17 河床三维工程地质剖面图

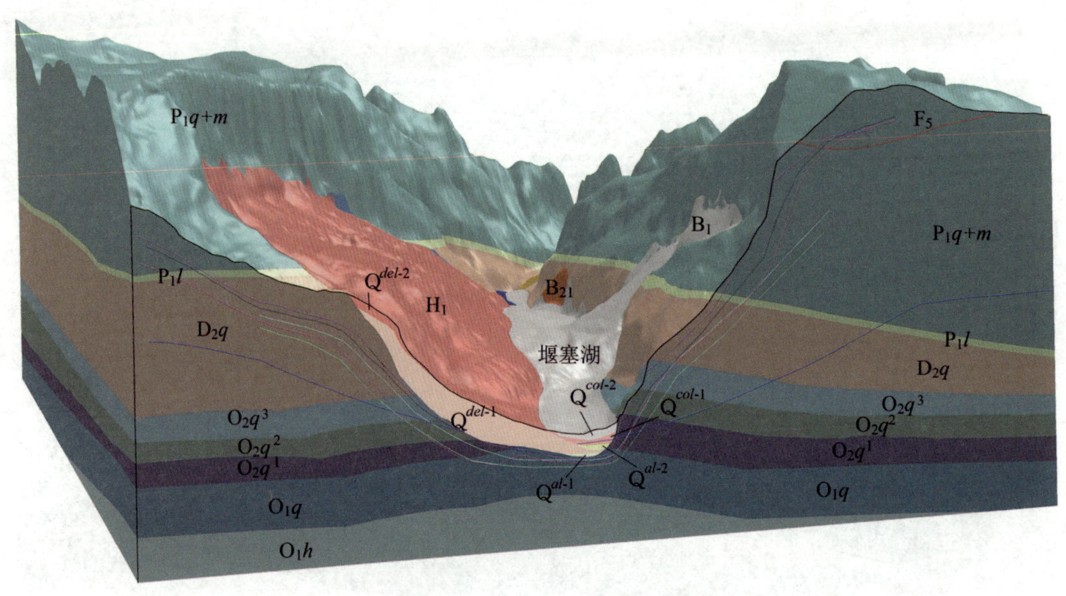

图例

- Q^{col-2} 第四系崩积层(B_1)孤石、块石夹碎石，有少量砂土
- Q^{col-1} 第四系崩积层(B_1)块石、碎石混粉土，或粉土夹碎块石
- Q^{al-2} 第四系现代河床冲积层砂砾石、漂石及砂粉土
- Q^{al-1} 第四系古河床冲积层粉细砂夹砂砾石
- Q^{del-2} 第四系滑坡堆积(H_1)孤石、块石夹碎石土
- Q^{del-1} 第四系滑坡堆积(H_1)碎石土夹孤石、块石
- P_1q+m 二叠系下统栖霞、茅口组灰岩夹少量白云质灰岩
- P_1l 二叠系下统梁山组上部中～粗粒石英砂岩、页岩夹灰岩、砂砾岩及劣煤层下部为粉砂质泥岩夹多层灰岩
- D_2q 泥盆系中统曲靖组白云岩、泥质白云岩夹白云质泥岩及砂页岩
- O_2q^3 奥陶系中统上巧家组上段黑色碳质页岩、紫红色粉砂岩互层
- O_2q^2 奥陶系中统上巧家组中段灰色石英砂岩
- O_2q^1 奥陶系中统上巧家组下段灰绿色页岩夹粉砂岩
- O_1q 奥陶系下统下巧家组上部为生物碎屑白云岩夹灰岩下部为细粒石英砂岩夹泥质粉砂岩
- O_1h 奥陶系下统下红石崖组灰绿、棕红色页岩、粉砂质页岩夹粉砂岩，具底砾岩
- F_5 断层
- 强风化线
- 弱风化线
- 卸荷线
- 地下水位线
- 相对隔水层($q<5$Lu)顶界
- 相对隔水层($q<3$Lu)顶界

图 5.3-18 Ⅰ勘线三维地质剖面图

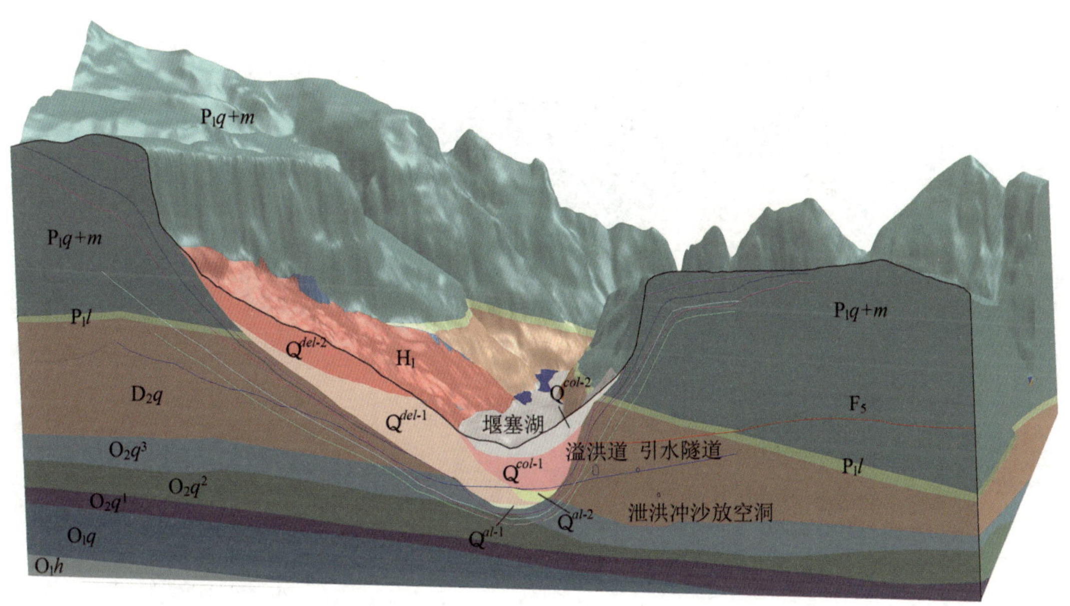

P1q+m
P1q+m
P1l
Qdel-2
H1
D2q
Qcol-2
Qdel-1
堰塞湖
P1q+m
F5
溢洪道 引水隧道
O2q3
Qcol-1
P1l
O2q2
O2q1
泄洪冲沙放空洞
Qal-2
O1q
Qal-1
O1h

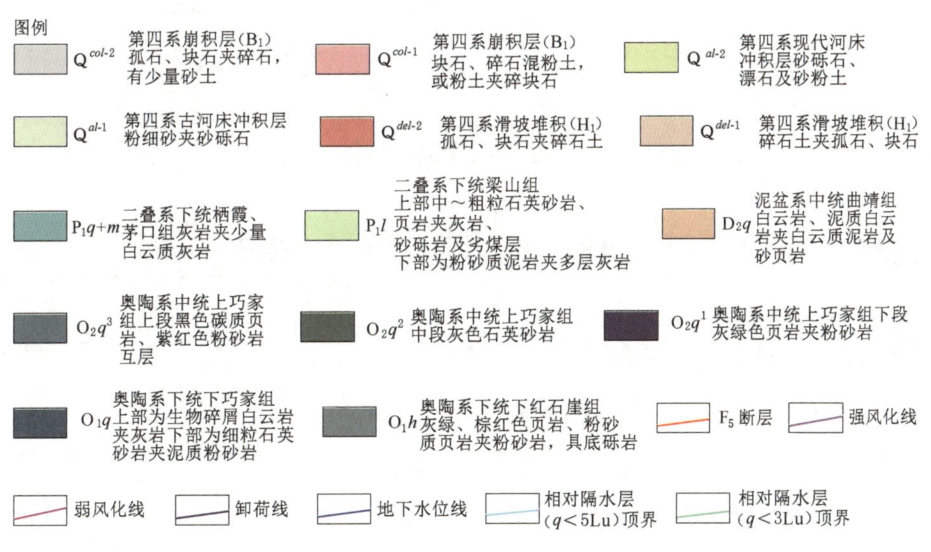

图例
Qcol-2 第四系崩积层(B1) 孤石、块石夹碎石，有少量砂土
Qcol-1 第四系崩积层(B1) 块石、碎石混粉土，或粉土夹碎块石
Qal-2 第四系现代河床冲积层砂砾石、漂石及砂粉土
Qal-1 第四系古河床冲积层粉细砂夹砂砾石
Qdel-2 第四系滑坡堆积(H1) 孤石、块石夹碎石土
Qdel-1 第四系滑坡堆积(H1) 碎石土夹孤石、块石
P1q+m 二叠系下统栖霞、茅口组灰岩夹少量白云质灰岩
P1l 二叠系下统梁山组 上部中～粗粒石英砂岩、页岩夹灰岩、砂砾岩及劣煤层 下部为粉砂质泥岩夹多层灰岩
D2q 泥盆系中统曲靖组白云岩、泥质白云岩夹白云质泥岩及砂页岩
O2q3 奥陶系中统上巧家组上段黑色碳质页岩、紫红色粉砂岩互层
O2q2 奥陶系中统上巧家组中段灰色石英砂岩
O2q1 奥陶系中统上巧家组下段灰绿色页岩夹粉砂岩
O1q 奥陶系下统下巧家组上部为生物碎屑白云岩夹灰岩下部为细粒石英砂岩夹泥质粉砂岩
O1h 奥陶系下统下红石崖组灰绿、棕红色页岩、粉砂质页岩夹粉砂岩，具底砾岩
F5 断层
强风化线
弱风化线
卸荷线
地下水位线
相对隔水层(q<5Lu)顶界
相对隔水层(q<3Lu)顶界

图 5.3-19 Ⅲ勘线三维工程地质剖面图

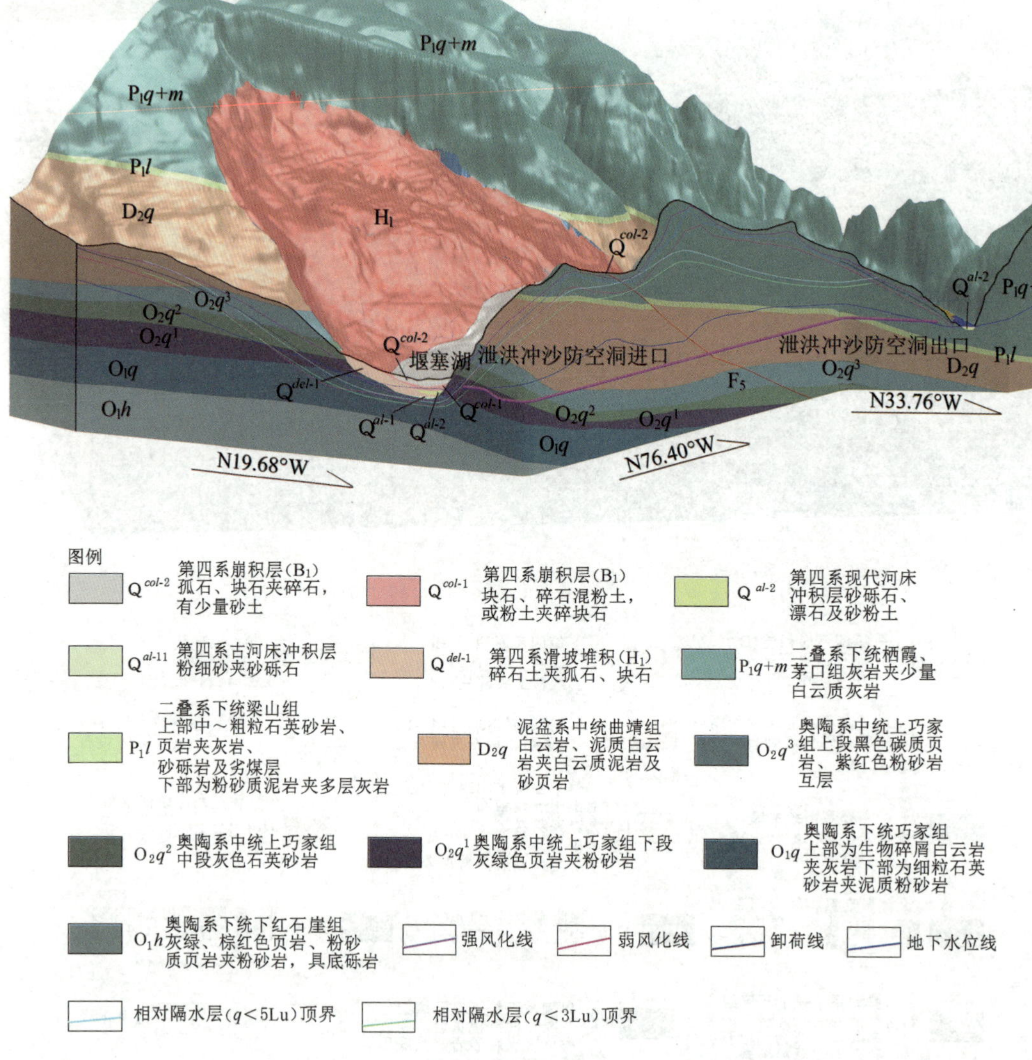

图 5.3-20 泄洪冲沙放空洞三维工程地质剖面图

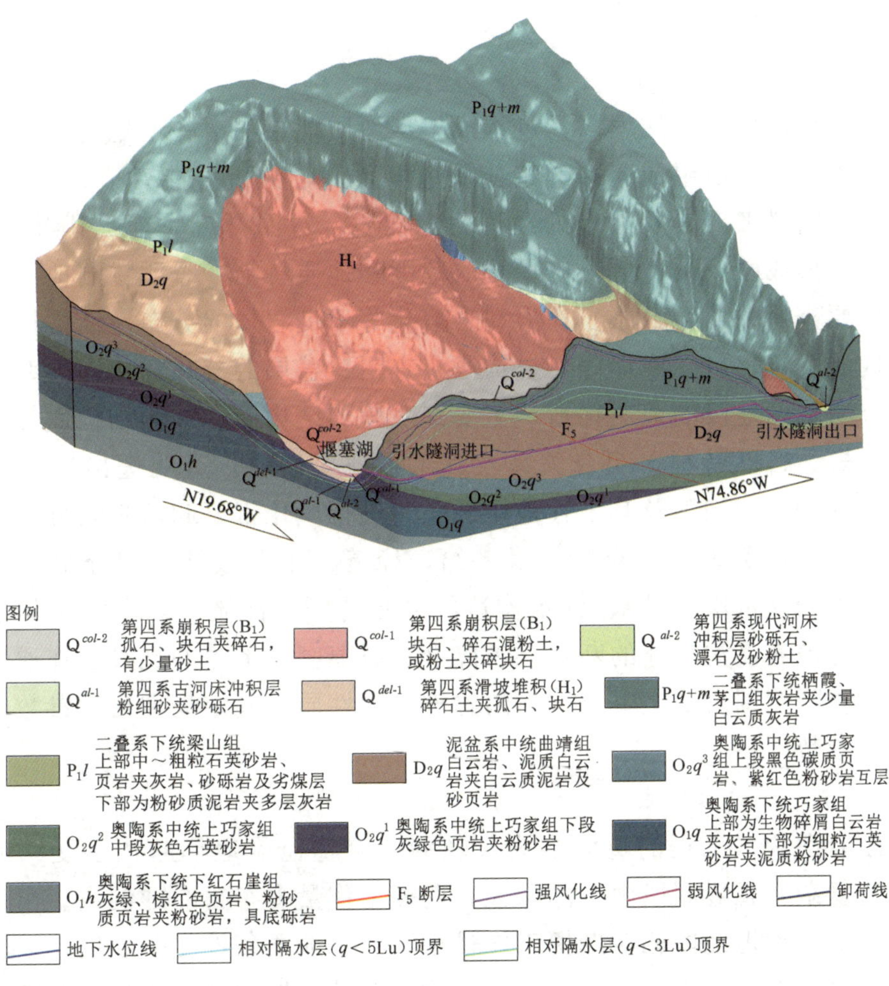

图 5.3-21 引水隧洞轴线三维工程地质剖面图

5.3.2 长距离引调水工程

长距离引调水工程由于穿越的线路长，受到地形的影响，涉及不同类别的建筑物，包括倒虹吸、隧洞、埋管、明渠等；遇到各种不同的地质条件，包括区域断层、软岩地层、深厚软土层、岩溶地层等，可能遇到其穿过区域的所有地质问题。

本次选取隧洞工程进行说明，包括岩体类隧洞及岩土类隧洞。穿越岩石地层的隧洞的建模地质对象包括地层、区域构造、风化、地下水位等；穿越深厚软土层的隧洞的建模地质对象主要为岩土层，针对岩土层的不同物质组成分层进行详细建模。

5.3.2.1 岩体类隧洞

1. 地质勘察工作内容

查明隧洞进出口、浅埋段、过沟段不良地质现象和潜在不稳定体的分布规模、性质类型、物质组成、结构特征及边界条件，分析可能变形破坏的趋势。对滑坡应查明滑坡要素及滑带的物理力学性质；对泥石流应查明其形成条件、发育阶段及形成区、流通区、堆积区的范围和地质特征。查明隧洞地段的地层岩性，主要查明软弱、膨胀、易溶和岩溶化等不良岩体的分布、结构特征及工程地质性质。进出口、浅埋段、过沟段应查明覆盖层的分布、成因类型、物质组成。查明隧洞地段的地质构造，主要查明软弱结构面、缓倾结构面等不良结构面的规模、自然特征、组合关系及其工程地质性质。查明进出口段岩体风化、卸荷的深度和强度及其工程地质性质，进行风化带、卸荷带划分。查明隧洞地段地下水的类型、分布特征及补给、径流、排泄条件，划分水文地质单元，主要查明含水层（带）、含水构造的分布特征、性质、含水性及其水力联系。查明与地表溪沟相连的断层、破碎带、裂隙密集带等的规模及连通性、透水性。查明隧洞围岩及主要结构面的物理力学性质，确定物理力学参数及有关工程地质参数。

2. 三维地质建模要求

长距离引调水工程的隧洞多为长隧洞，穿越地段地形起伏多变，地层多样，构造复杂，且隧洞段由于埋深大，勘探工作量多布置在隧洞进、出口及浅埋地段，对于深埋地段相对勘探工作量小。对于地质条件复杂地段，多辅以物探工作。由于勘探工作量小，三维地质建模多基于地质测绘成果，并结合有限的钻孔及物探工作成果开展工作，建模成果更多取决于建模工程师对于已有地质资料的认识。

3. 应用案例

（1）隧洞概况。昆呈隧洞全长为56584.399m，起始桩号为KCT0＋000，终点桩号为KCT56＋584.399。本模型设计段落为KCT23＋80.19～KCT32＋547.69。其中KCT23＋80.19～KCT28＋683.030段设计断面尺寸为6.44m×6.97m，设计引用流量为50m^3/s，KCT28＋683.03～KCT32＋547.69段设计断面尺寸为6.2m×6.7m，设计引用流量为45m^3/s。昆呈隧洞处于滇池湖盆北部和东部，并环绕滇池湖盆布置，东接金马山，西临高原明珠滇池。沿线地势起伏不大，总体北高南低，地表高程为1904～2230m，相对高差最大为326m，地形坡度为5°～35°。隧洞位于金沙江水系滇池流域，沿线地貌单元为滇东高原盆地区之昆明岩溶高原湖盆亚区，地形地貌较为复杂，表现为由滇池湖盆北部及东部的低山、残丘、缓丘及盆地组成剥蚀、侵蚀中低山丘陵地貌区和冲湖积倾斜平原盆地地貌区。该段昆呈隧洞穿越地层较多，由新至老分别为峨眉山玄武岩组火山熔岩段（$P_2\beta^2$）、栖霞茅口组（P_1q+m）、倒石头组（P_1d）：威宁组（C_2w）、大塘组（C_1d）、宰格组（D_3z）、海口组（D_2h）、页岩段（$\in_2d^1$）。昆呈隧洞岩性以灰岩、白云岩和玄武岩为主，部分为泥岩、砂岩和页岩。该段隧洞沿线地层总体以缓倾角产出，呈波状起伏。区内构造发育，以断裂、断层、褶皱及褶曲为主，相应形成山脊、穹窿、山间盆地及冲沟等地貌形态。该段隧洞穿越的褶皱为松茂水库向斜褶皱，隧洞穿越了多条规模大的断层，其中穿越区域性断裂（Ⅰ级结构面）有北东向的一朵云—龙潭山断裂（F_{31}），隧洞穿越Ⅱ～Ⅲ级结构面断层共计 11 条，各断层形态受区域主干断裂的控制及影响，中等倾角—陡倾角产出，贯穿多套地层。一朵云—龙潭山断裂（F_{31}）为晚更新世活动断裂。

柳家村隧洞全长为 12525.657m，隧洞其走向起始为近正东方向，后转为南东方向。隧洞设计断面尺寸为 8.72m×9.43m，马蹄形断面，为无压洞。进口与万家暗涵相连，底板高程为 1945.014m，出口接柳家村渡槽，底板高程为 1942.509m，底坡坡降为 1/5000，设计引用流量为 115m^3/s。隧洞穿越地段属低中山地貌，主要山脊、河流近南北向展布，沿线地面高程为 1920～2460m，谷底高程一般为 1920～2010m，最大山顶高程为 2460m（山箐神山）。隧洞前段埋深较浅，一般小于 100m，中后段埋深主要为 200～400m，埋深小于 100m 的洞段长度约为 3.461km，约占 27.6%，埋深大于 300m 的洞段长度约为 5.416km，约占 43.3%，最大埋深为 481m。隧洞穿越的地层除隧洞进、出口有第四系覆盖层外，其余洞段地层以白垩系地层为主，在隧洞前段（桩号 LJCT00＋318～LJCT01＋913）分布有第三系（N_2s）极软岩地层。地层岩性主要为泥岩、粉砂质泥岩、泥灰岩、泥质粉砂岩及砂岩等。隧洞穿越的软岩为主洞段累计长度为 5.853km，约占 46.7%；较软岩为主洞段累计长度约为 1.594km，约占 12.7%；砂岩为主洞段累计长度约为 2.189km，约占 17.5%；断层带及影响带累计长度约为 1.295km，约占 10.3%。隧洞前段（LJCT02＋489～LJCT04＋243）和中段（LJCT05＋247～LJCT06＋290）地层中夹有薄层石膏，厚度为 0.5～2cm，线比例为 0.2%～2%。隧洞沿线褶皱、断层构造很发育，构造线方向为 NNW～NNE 向，与隧洞轴线方向中等—大角度相交。隧洞穿越 5 条褶皱，依次为：黄泥沟背斜、三箐神山复式向斜、坝塘村向斜、陈光冲背斜、柳家村向斜，褶皱挤压紧密。共发现了 25 条Ⅱ级、Ⅲ级断层，其中宽度不小于 5.0m 的Ⅱ级 10 条、Ⅲ级断层 15 条，断层走向以近 SN 向、NNE 向为主，西倾、陡倾角为主。岩层走向与断层、褶皱构造线方向一致，缓倾角

(≤30°)岩层洞段分布长度约为3.998km，约占柳家村隧洞总长的31.9%。

(2)三维地质建模。昆呈隧洞建模工作主要完成的工作量包括11个地层和11条构造，并完成了相关交通工程的建筑物的示意建模，包括昆河铁路、南昆铁路、渝昆高速（在建）等。沿轴线方向完成了竖向剖切，用来判断建筑物所处的地质条件，根据剖切分析的结果，隧洞穿过了8条Ⅲ级及以上构造面，大部分洞段位于地下水位以下，隧洞围岩以弱风化、微风化—新鲜岩体为主，并穿越了1个褶皱，包括松茂水库向斜等。

柳家村隧洞建模工作主要完成的工作量包括9个地层和21条Ⅲ级及以上断层。通过三维地质建模，可以了解隧洞穿越的主要地层及构造。沿轴线方向完成了竖向剖切，用来判断建筑物所处的地质条件，根据剖切分析的结果，隧洞穿过了22条Ⅲ级及以上构造面，大部分洞段位于地下水位以下，隧洞围岩以弱风化、微风化—新鲜岩体为主，并穿越了4个褶皱，为黄泥沟背斜、三菁山向斜、坝塘村向斜、陈光冲背斜等。

(3)三维地质建模成果图件如图5.3-22～图5.3-25所示。

5.3.2.2 岩土类隧洞

1. 地质勘察工作内容

查明穿越地段河流、河谷的形态特征及水位、流量和冲刷、淤积情况。查明穿越地段沉（堆）积物的分布厚度、物质组成、结构特征及架空层等不良结构体的分布。查明穿越地段地下水的分布、类型。查明穿越地段岩土的物理力学性质，基本确定岩土的物理力学参数及有关工程地质参数。

2. 三维地质建模要求

由于穿越地段为厚层的岩土层，隧洞从中间穿越可能遇到隧洞涌水、涌砂、冒顶塌方、围岩变形、不均匀沉降等各类地质问题，对各种不同地层的分层建模，分析各层的空间分布特征，可为隧洞开挖提供地质预测预报基础。由于土层厚度大，各岩性层多分布不连续，在各孔中均可见地层的缺失。通过对钻孔的数据进行了全面的整理，以批量导入的方式完成数据的录入。直接调用数据库中钻孔数据，通过建模功能将钻孔中岩性层分界点数据转换成空间点数据，对同一属性的空间点按照给定的拟合算法进行拟合得到初步的岩性层面模型。由于岩性层的空间起伏变化较大，勘探点间距相对较大，直接由钻孔数据得到的面模型不能真实反映整体形态，需要通过建模人员的人工判断来检查面模型的合理性。通过剖切分析检查面模型的合理性，然后对局部不合理的部位增加控制线条修改面模型，通过不断调整得到相对合理的面模型。

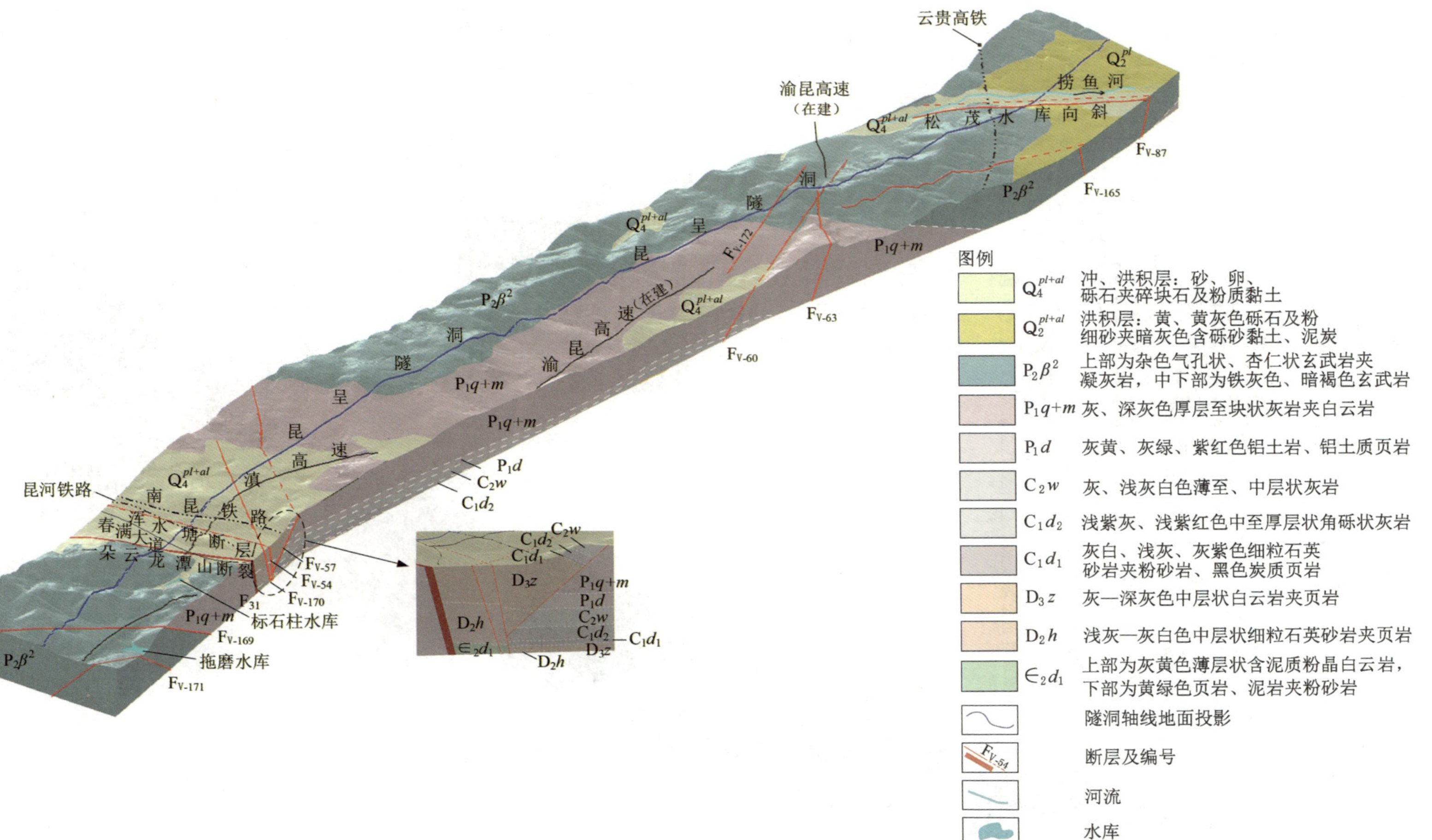

图 5.3-22 隧洞 1 三维地质模型图

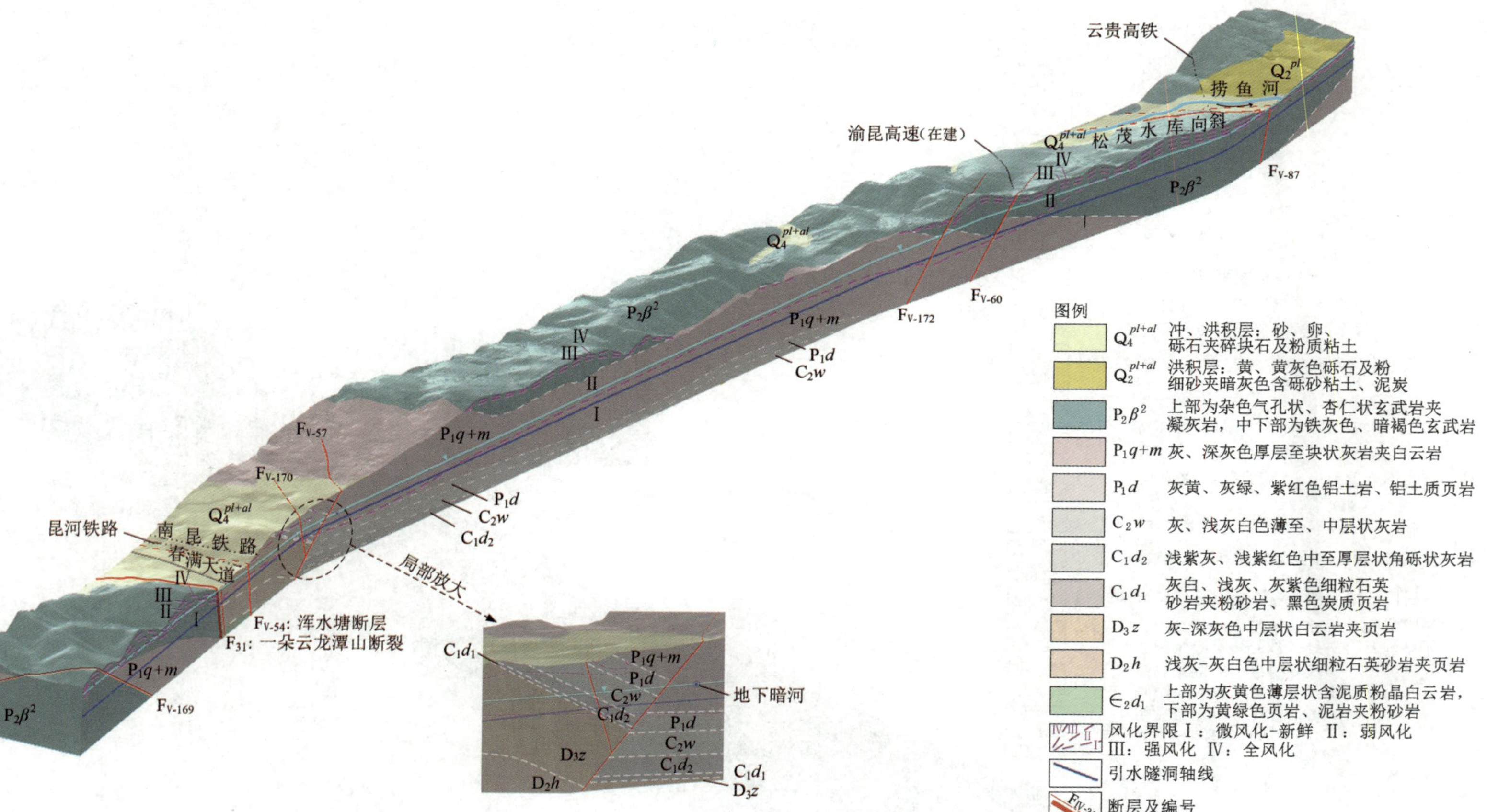

图 5.3－23　隧洞 1 三维地质剖面图

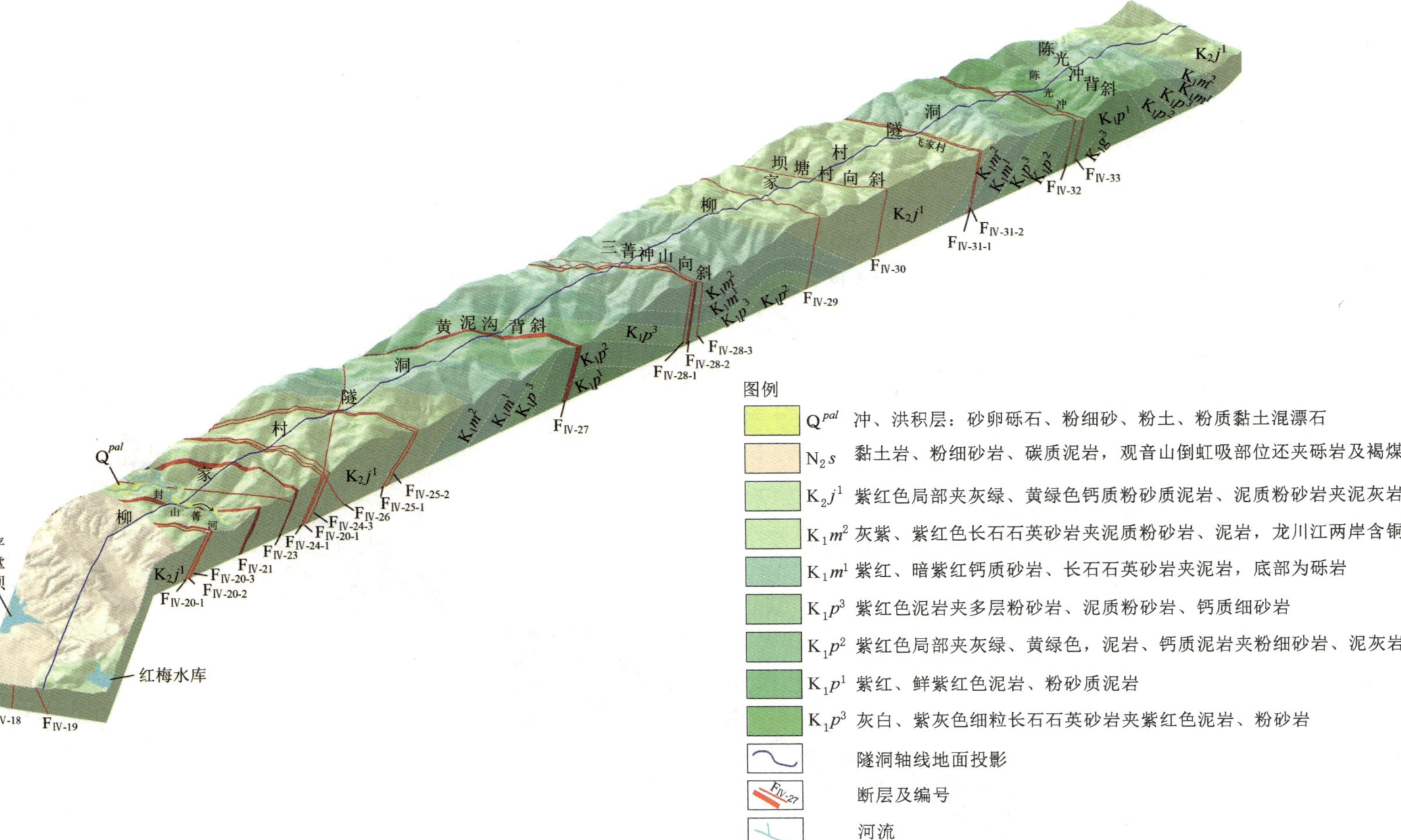
陈光冲背斜
陈光冲
飞家村
隧洞
坝塘村向斜
家
柳
三菁神山向斜
黄泥沟背斜
洞
隧
村
家
柳
封
山
箐
河
平掌坝
红梅水库
Q^{pal}
K_2j^1
K_1m^2
K_1m^1
K_1p^3
K_1p^2
K_1p^1
F_{IV-18}
F_{IV-19}
$F_{IV-20-1}$
$F_{IV-20-2}$
$F_{IV-20-3}$
F_{IV-21}
F_{IV-23}
$F_{IV-24-1}$
$F_{IV-20-1}$
$F_{IV-24-3}$
F_{IV-26}
$F_{IV-25-1}$
$F_{IV-25-2}$
F_{IV-27}
$F_{IV-28-1}$
$F_{IV-28-2}$
$F_{IV-28-3}$
F_{IV-29}
F_{IV-30}
$F_{IV-31-1}$
$F_{IV-31-2}$
F_{IV-32}
F_{IV-33}
图例
Q^{pal} 冲、洪积层：砂卵砾石、粉细砂、粉土、粉质黏土混漂石
N_2s 黏土岩、粉细砂岩、碳质泥岩，观音山倒虹吸部位还夹砾岩及褐煤
K_2j^1 紫红色局部夹灰绿、黄绿色钙质粉砂质泥岩、泥质粉砂岩夹泥灰岩
K_1m^2 灰紫、紫红色长石石英砂岩夹泥质粉砂岩、泥岩，龙川江两岸含铜
K_1m^1 紫红、暗紫红钙质砂岩、长石石英砂岩夹泥岩，底部为砾岩
K_1p^3 紫红色泥岩夹多层粉砂岩、泥质粉砂岩、钙质细砂岩
K_1p^2 紫红色局部夹灰绿、黄绿色，泥岩、钙质泥岩夹粉细砂岩、泥灰岩
K_1p^1 紫红、鲜紫红色泥岩、粉砂质泥岩
K_1p^3 灰白、紫灰色细粒长石石英砂岩夹紫红色泥岩、粉砂岩
隧洞轴线地面投影
F_{IV-27} 断层及编号
河流
水库

图 5.3-24 隧洞 2 三维地质模型图

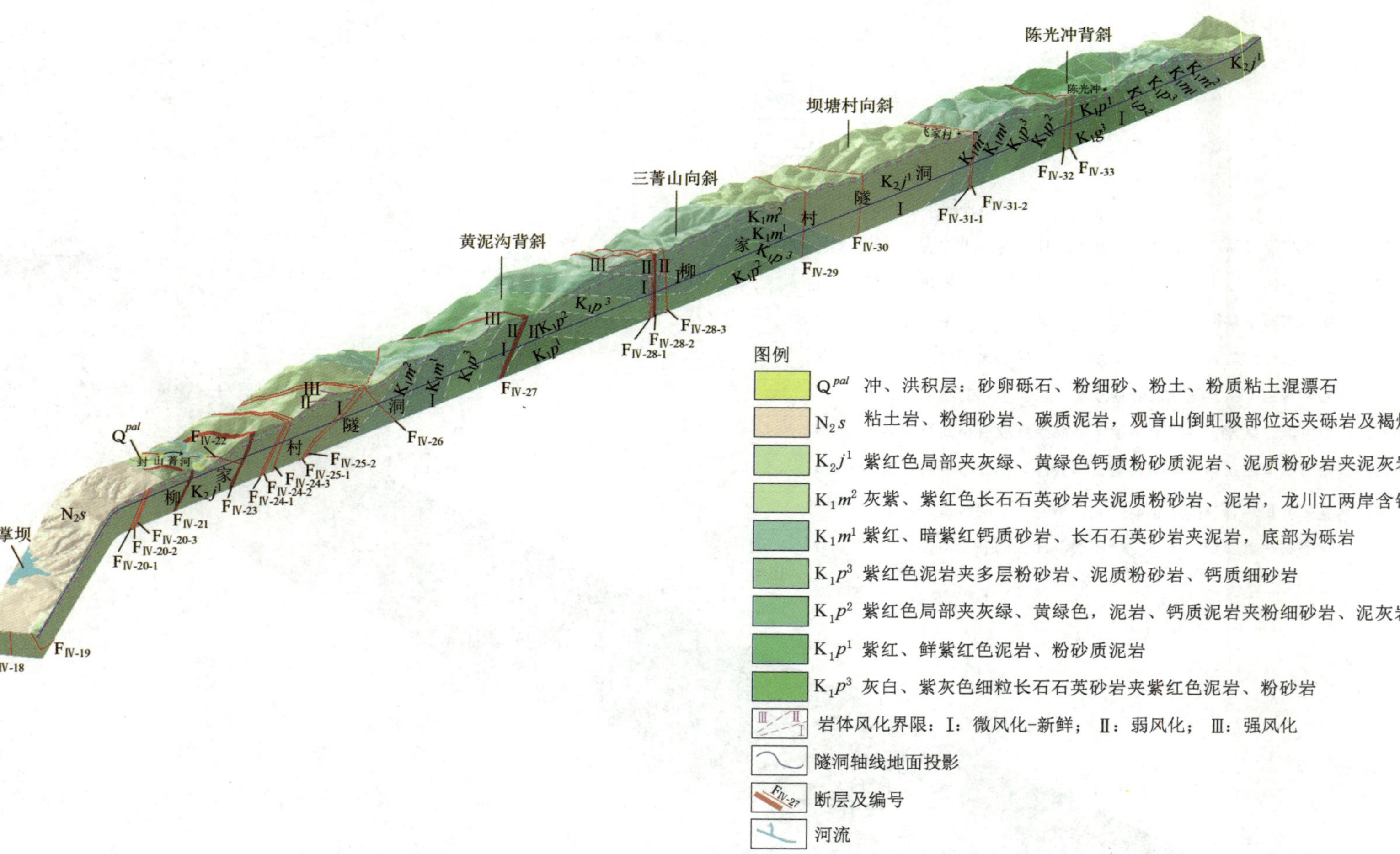

图 5.3-25 隧洞2三维地质剖面图

3. 应用案例

(1) 隧洞概况。倒虹吸隧洞上接始发井，下连接收井，起点为桩号 LQS0＋042，终点为桩号 LQS5＋051.693，全长为 5009.693m，拟采用盾构法施工，断面为圆形，衬砌外直径为 6.2m，衬砌内直径为 5.6m，设计过水流量为 55～70m^3/s。其中在盘龙江交叉处右岸（LQS2＋410）布置盘龙江分水口，分水流量为 30m^3/s。以盘龙江分水口为界，西侧洞段隧洞底坡为 1∶294，东侧洞段底坡为 1∶349。

倒虹吸横穿昆明盆地北部边缘，沿线地势较平缓，自始发井起穿过龙泉路后基本沿沣源路北半幅布置，隧洞平距埋深约为 20m，最小埋深为盘龙江河床下，埋深约为 9m，最大埋深在隧洞后段，埋深约为 75m。

隧洞除 LQS0＋042～LQS0＋312 段触及大塘组上司段（C_1d^2）灰岩地层外，其余洞段处于盆地内堆积的第四系全新统冲洪积（Q_4^{al+pl}）、早—晚更新统湖冲洪积（$Q_{1-3}^{l+al+pl}$）和第三系上新统茨营组（N_2c）土层中，其中 LQS0＋110～LQS0＋312 段为上土下岩洞段。上述土层岩性复杂，其中茨营组（N_2c）以黏土、中细砂、砂砾石为主，间夹有机质黏土、褐煤、粉土和砾质土，该地层分布于隧洞后段。第四系地层以黏土、砂卵砾石和砾质土为主，间夹淤泥质黏土、泥炭土、粉土和粉细砂，其中砂卵砾石层以盘龙江至北部客运站一线分布较为集中。

根据目前地质调查和勘探资料揭露，沿线覆盖层厚度一般大于 130m；按成因可分为人工填土层、冲洪积层及湖洪积层、湖积层等，按时代划分为全新统（Q_4）、下更新—上更新统（Q_{1-3}）及上新统茨营组（N_2c）三个大层，根据岩性的不同又将各大层划分为若干个小层。

触及大塘组上司段（C_1d^2）灰岩的洞段，其中 LQS0＋042～LQS0＋166 段以裂隙性溶蚀风化为主，而 LQS0＋166～LQS0＋312 段的灰岩基本上呈表层强烈溶蚀风化状。该套灰岩地层属白龙潭岩溶水系统排泄区的隐伏型岩溶，溶蚀强烈，发育有溶蚀裂隙和溶洞等地下空腔。

隧洞沿线地下水类型以第四系孔隙水为主，随主要含水层分布呈多层结构，进口段会揭露部分岩溶管道水。隧洞沿线地下水位较平缓，和附近地表水水位差别不大，埋深一般在 5m 以内，个别达 12m。

根据水质简分析成果，处于茨营组（N_2c）地层中的隧洞后段地下水对钢筋混凝土结构中钢筋具中等腐蚀性。经现场和室内分析检测，茨营组（N_2c）地层中存在 CH_4、H_2S 和 Cl_2 等有毒有害气体超标的问题，且煤层中煤尘具有爆炸性。经试验测定，茨营组（N_2c）中的大部分黏土和有机质黏土，以及第四系早—晚更新统湖、冲、洪积（$Q_{1-3}^{l+al+pl}$）中一部分黏土、有机质黏土、粉土和砾质土为具弱—中等膨胀潜势的膨胀土。经判别，盘龙江分布的砂卵砾石夹粉细砂层为可能地震液化土。

（2）三维地质建模。由于龙泉倒虹吸穿越地段为厚层的土层，且位于地下水位以下，隧洞从中间穿越可能遇到隧洞涌水、涌砂、冒顶塌方、围岩变形、不均匀沉降等各类地质问题，对各种不同地层的分层建模，分析各层的空间分布特征，可为隧洞开挖提供地质预测预报基础。由于土层厚度大，各岩性层多分布不连续，在各孔中均可见地层的缺失。本次建模根据时代、物质组成等共划分30层进行建模，见表5.3-1。

表5.3-1 分层信息

序号	土层名称	土层编号
1	填土	3-11
2	砾质土	2-3-1
3	黏土	2-7-1
4	淤泥质黏土	2-6
5	砾质土	2-3-2
6	砂卵砾石	2-2-1
7	黏土	2-7-2
8	砂卵砾石	2-2-2
9	粉土	2-5
10	黏土	2-7-3
11	粉细砂	2-1
12	砾质土	2-3-3
13	粉土	1-5-1
14	中细砂	1-1-1
15	有机质黏土	1-6-1
16	黏土	1-7-1
17	中细砂	1-1-2
18	黏土	1-7-2
19	中细砂	1-1-3
20	有机质黏土	1-6-2
21	黏土	1-7-3
22	中细砂	1-1-4
23	有机质黏土	1-6-3

续表

序号	土层名称	土层编号
24	中细砂	1-1-5
25	褐煤夹有机质黏土	1-4-1
26	粉土	1-5-2
27	褐煤夹有机质黏土	1-4-2
28	粉土	1-5-3
29	黏土	1-7-4
30	白云岩	D-3-Z

本次建模共收集工程区 22 个钻孔，对钻孔的数据进行了全面的整理，以批量导入的方式完成数据的录入，导入后的钻孔如图 5.3-26 所示。直接调用数据库中钻孔数据，通过建模功能将钻孔中岩性层分界点数据转换成空间点数据，对同一属性的空间点按照给定的拟合算法进行拟合得到初步的岩性层面模型。由于岩性层的空间起伏变化较大，勘探点间距相对较大，直接由钻孔数据得到的面模型不能真实反映整体形态，需要通过建模人员的人工判断来检查面模型的合理性。通过剖切分析检查面模型的合理性，然后对局部不合理的部位增加控制线条修改面模型，通过不断调整得到相对合理的面模型。此次对龙泉倒虹吸的深厚复合软土地层区域进行地层模型构建，构建该区域（LQUS 4+068.01～LQUS 5+082.48）的整体地层模型如图 5.3-27～图 5.3-30 所示。

（3）三维地质建模成果图件如图 5.3-31～图 5.3-34 所示。

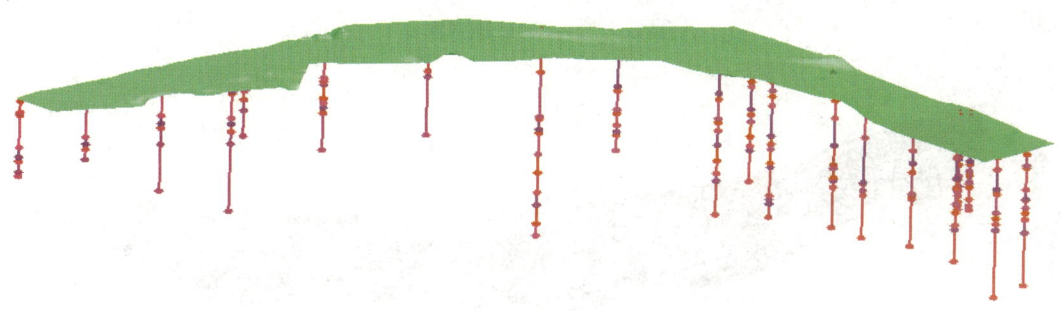

图 5.3-26 工程区钻孔布置图

图 5.3-27 整体模型 1

图 5.3-28 整体模型 2

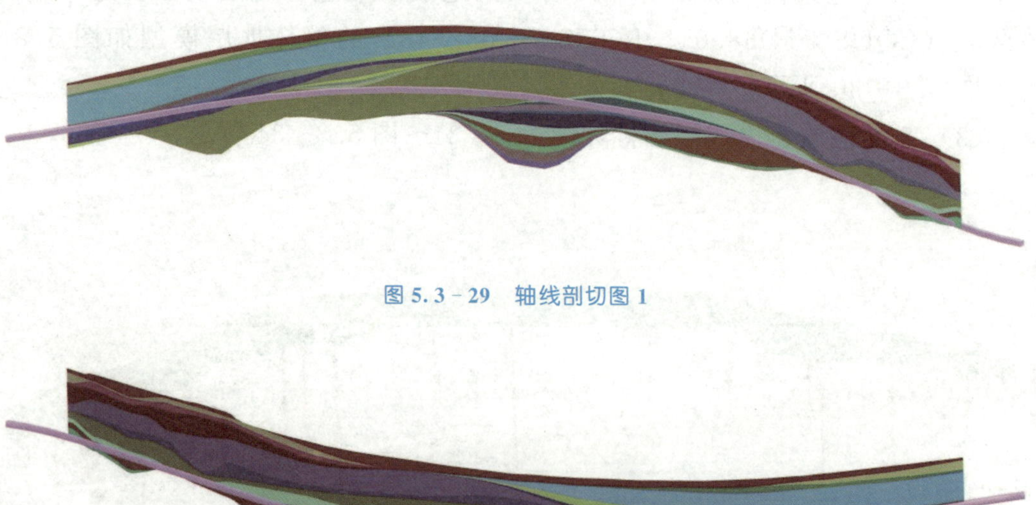

图 5.3-29 轴线剖切图 1

图 5.3-30 轴线剖切图 2

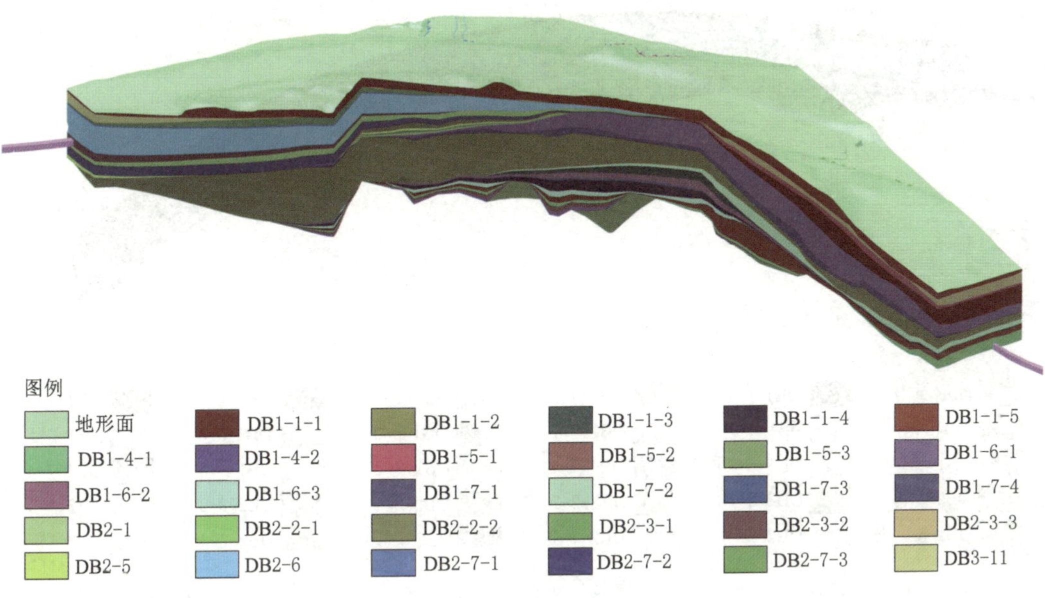

图 5.3-31 岩土类隧洞整体模型-1

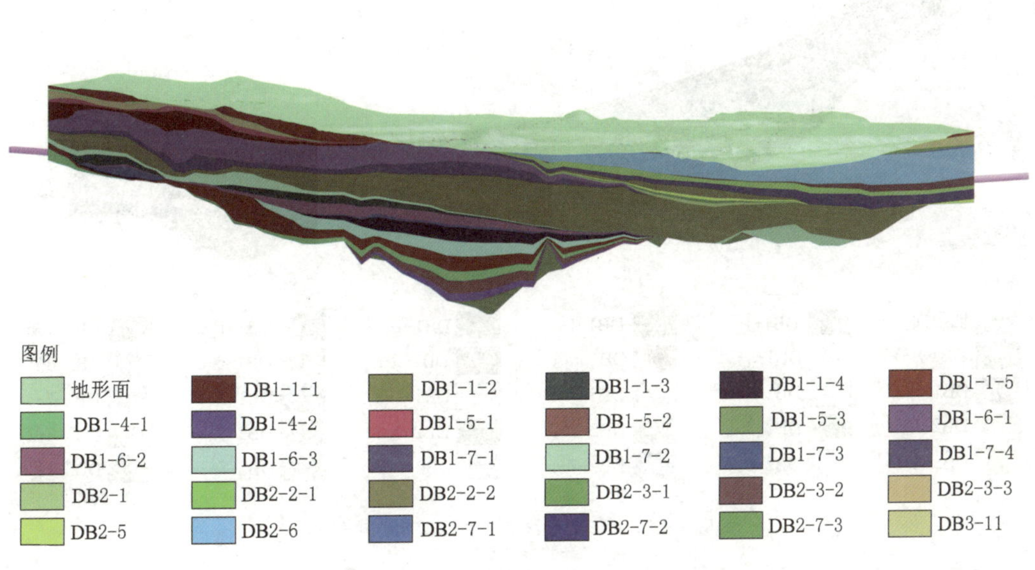

图 5.3-32 岩土类隧洞整体模型-2

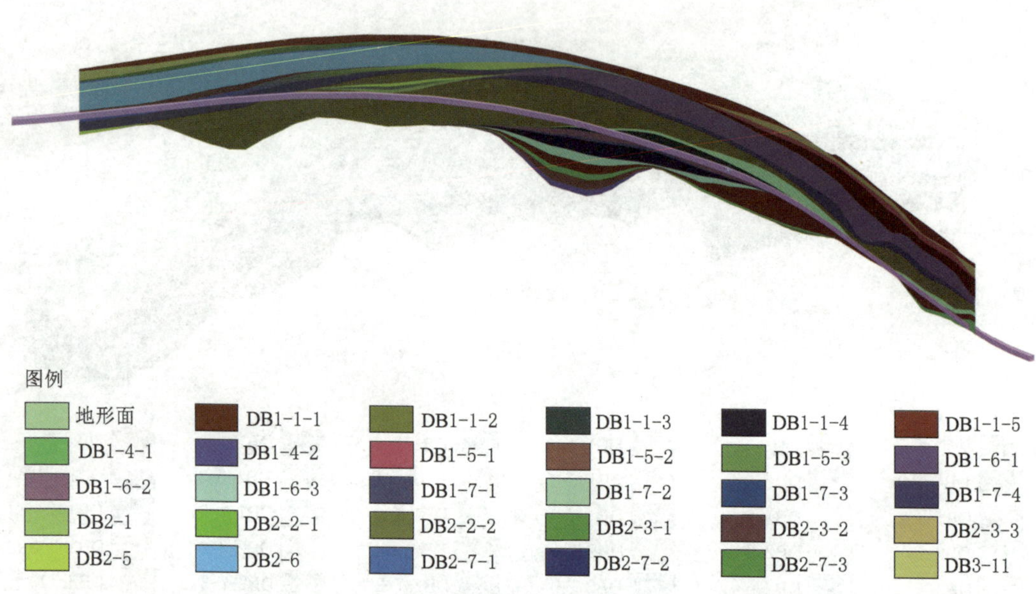

图 5.3-33　岩土类隧洞三维地质剖面图-1

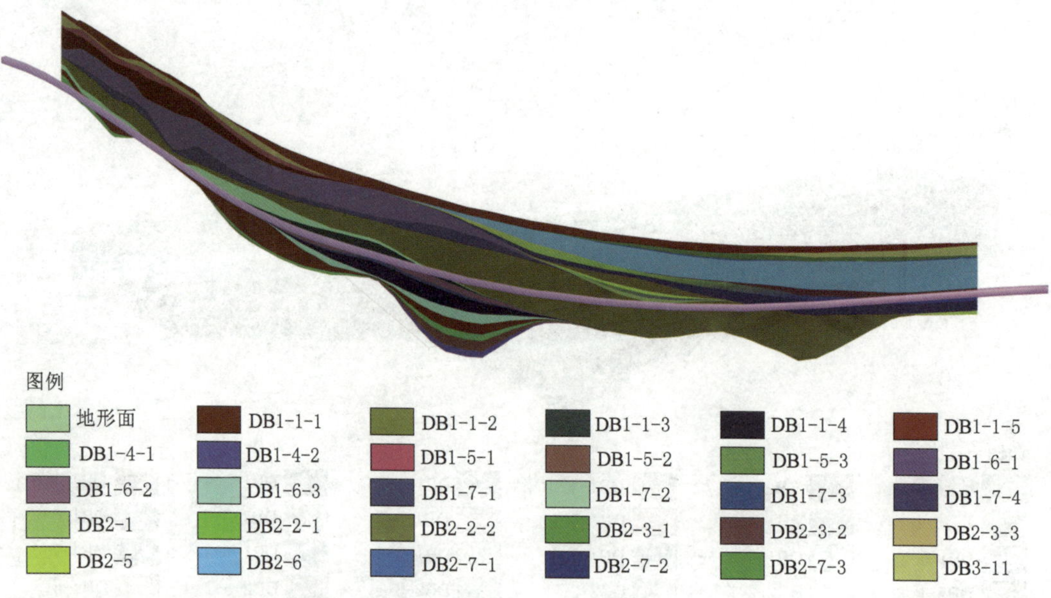

图 5.3-34　岩土类隧洞三维地质剖面图-2

第 6 章

总结与展望

6.1 总结

HydroBIM -三维地质系统是一种基于 BIM 技术的水利水电工程领域的三维地质建模及分析系统。它通过整合地质学、水文学和工程学等多学科知识，将三维地质模型与水利水电工程项目的设计和管理相结合，以提高工程可行性研究和风险评估的准确性。本书主要介绍了三维地质建模在水利水电工程中的研究、设计和实际应用，依托多个水利水电工程，从地质资料收集到三维地质系统开发都进行了详细介绍，初步得到以下研究成果和结论：

（1）三维地质建模理论和方法的明确。本书详细介绍了三维地质建模的基本概念和流程，以及常见的三维地质模型构建方法。通过本书的学习，读者可以全面了解三维地质建模的理论和方法，为实际应用提供指导。

（2）地质信息三维可视化管理的实现。三维地质系统的开发包括了系统的功能模块、数据库、模型分析、二维制图、系统接口以及地质对象建模等方面的内容。为工程地质三维设计提供直观的公共技术支持平台，实现工程地质信息全方位的动态可视化模拟分析和利用，实现工程地质信息的三维可视化管理。

（3）优化工程设计。本书列举了三维地质建模在水利水电工程中的实际应用，针对不同工程提出不同的建模要求，例如水电工程、抽水蓄能工程、水利工程等，展示了三维地质建模在实际工作中的应用效果，为工程设计和施工方案的制定提供依据，实现工程设计的优化。

（4）水利水电工程三维协同设计。三维地质系统结构包含三维地质建模、地质分析与设计、工程交互设计三大部分，通过属性库、模型库、图像库和图形库进行相互关联，在统一的三维协同设计平台上完成各专业的不同工作内容，形成一个完整的一体化结构。

综上所述，基于 HydroBIM 的三维地质系统研发及应用对于推动地质专业在水利水电工程中的数字化应用具有重要意义，为相关领域的研究者、工程师和从业人员提供了实用性很强的参考资料和指导，同时也为未来的研究提出了新的思路和发展方向。

6.2 展望

通过构建三维地质系统，实现了地质信息管理、三维地质建模、可视化模拟分析与图件编绘，将使地质工程师、工程设计人员从繁杂的手工操作中解放出来，使工程地质制图实现系统化、专业化、标准化；针对存在的工程地质问题和水工建筑物的布置，进行相应的可视化模拟分析，可以辅助地质人员进行钻孔布置，指导勘探工作，不仅能提高工程地质工作的效率和精度，还有助于地质工程师预测分析地质信息在研究区内的空间位置及其关系。但目前三维地质模型的不确定性分析还存在以下问题需要解决：

（1）地质模型质量受多源不确定性的综合影响研究有待深入。受地质建模过程中复杂多样的误差来源和建模方法影响，多源不确定性在整个建模过程中的传递机制并不明确，已有方法的研究对象大多是某一类不确定性，对不确定性因素之间的相互影响作用研究较少，难以解释多源不确定性给三维地质模型质量带来的综合影响。

（2）不确定性分析的对象多局限于单个位置的不确定性。现有的模型不确定性分析方法多着眼于描述模型中某一处区域或某个对象的不确定度，对地层的局部结构而言，往往涉及多个位置及多个地层，针对多地质变量的联合不确定性缺乏相应描述。一些基于随机模拟的方法虽然可以通过大量统计随机实现，分析多个对象的联合不确定性，但是对小概率事件的模拟计算成本过高，应用范围受到极大限制。针对多地层结构的联合不确定性建模方法尚需进一步研究。

未来如何赋予三维地质模型更多的内涵，即提高三维地质模型的工程分析功能，是三维地质系统今后重要的发展方向。例如，水电工程中的地质模型如何能与三维稳定数值分析、灾害过程模拟、岩土工程设计等联系更加紧密，使其成为勘察、设计、施工、运行管理等各种工程建设活动的总控平台，服务于工程建设的全生命周期。未来有关数字化交互技术和交互标准，不仅要突破行业间、专业间的界限和技术障碍，而且要突破现有三维地质模型数据与拓展的工程分析模块之间的数据交互技术和标准制定问题。

参 考 文 献

[1] CARLSON E. Three dimensional conceptual modeling of subsurface structures [C] // Technical Papers of ASPRS/ACSM Annual Convention. 1987，4：188－200.

[2] MALLET J L. Discrete smooth interpolation in geometric modelling [J]. Computer－aided design，1992，24（4）：178－191.

[3] MALLET J L. Discrete modeling for natural objects [J]. Mathematical geology，1997，29：199－219.

[4] MALLET J L. Geomodeling [M]. UK：Oxford University Press，2002.

[5] 柴贺军，黄地龙，黄润秋，等. 岩体结构三维可视化及其工程应用研究 [J]. 岩土工程学报，2001（2）：217－220.

[6] 张菊明. 中国数学地质 [M] //三维地质模型的设计和显示. 北京：地质出版社，1996：158－167.

[7] 李冬田. 岩坡摄影地质测量与岩坡空间信息系统 [J]. 河海大学学报（自然科学版），1999（1）：28－31.

[8] 王笑海. 基于三维拓扑格网结构的 GIS 地层模型研究 [D]. 武汉：中国科学院武汉岩土力学研究所，1999.

[9] 陈健. 三维地层信息系统的建模与分析研究 [D]. 武汉：中国科学院武汉岩土力学研究所，2001.

[10] 曹代勇，朱小弟，李青元. OpenGL 在三维地质模型可视化中的应用 [J]. 中国煤田地质，2000（4）：21－24.

[11] 朱小弟，李青元，曹代勇. 基于 OpenGL 的切片合成法及其在三维地质模型可视化中的应用 [J]. 测绘科学，2001（1）：30－32，1.

[12] 柴贺军，黄地龙，黄润秋，等. 岩体结构三维可视化及其工程应用研究 [J]. 岩土工程学报，2001（2）：217－220.

[13] 齐安文，吴立新，李冰，等. 一种新的三维地学空间构模方法——类三棱柱法 [J]. 煤炭学报，2002（2）：158－163.

[14] 陈树铭，王满春，刘慧杰. 工程地质三维数字化及计算机三维实现 [C] //北京市科学技术协会. 第七届北京青年科技论文评选获奖论文集. 北京：北京理工大学出版社，2003：203.

[15] 吴立新，史文中，CHRISTOPHER Gold. 3D GIS 与 3D GMS 中的空间构模技术 [J]. 地理与地理信息科学，2003（1）：5－11.

[16] 武强，徐华．三维地质建模与可视化方法研究［J］．中国科学（D辑：地球科学），2004（1）：54－60.

[17] 钟登华，刘杰，李明超，等．基于三维地质模型的大型地下洞室群布置优化研究［J］．水利学报，2007（1）：60－66.

[18] 钟登华，李明超，刘杰．水利水电工程地质三维统一建模方法研究［J］．中国科学（E辑：技术科学），2007（3）：455－466.

[19] 钟登华，鲁文妍，刘杰，等．基于三维地质模型的地下洞室曲面块体分析［J］．岩石力学与工程学报，2011，30（S2）：3696－3702.

[20] 徐华，武强，李坤，等．三维地质模拟中不确定性分析方法［J］．系统仿真学报，2012，24（4）：837－842.

[21] 武强，徐华．三维地质建模与可视化方法研究［J］．中国科学（D辑：地球科学），2004（1）：54－60.

[22] 翁正平．复杂地质体三维模型快速构建及更新技术研究［D］．北京：中国地质大学（武汉），2013.

[23] 黄牧，施烨辉，李大鹏．一种基于B－Rep的地质模型建立方法［J］．工程勘察，2013，41（11）：67－70.

[24] 苏学斌，祝晓彬，翁海成，等．混合地质建模方法刻画复杂含铀砂层地质结构［J］．安全与环境工程，2021，28（3）：212－219，227.

[25] 张国明．Civil 3D平台对复杂地层三维地质建模方法的研究与改进［J］．湖南水利水电，2022（5）：104－106.

[26] 陈昌彦，张菊明，杜永廉，等．边坡工程地质信息的三维可视化及其在三峡船闸边坡工程中的应用［J］．岩土工程学报，1998（4）：4－9.

[27] 曾新平．地质体三维可视化建模系统GeoModel的总体设计与实现技术［D］．北京：中国地质大学（北京），2005.

[28] 宁超，邢明慧．基于钻孔数据三维地质体的数据结构的描述［J］．煤，2011，20（11）：9－12.

[29] 刘为群．BIM技术应用于数字铁路建设的实践与思考［J］．铁道学报，2019，41（3）：97－101.

[30] 陈国良，吴佳明，钟宇，等．基于IFC标准的三维地质模型扩展研究［J．岩土力学，2020，41（8）：2821－2828.

[31] 钱骅，乔世范，许文龙，等．水利水电三维地质模型覆盖层建模技术研究［J］．岩土力学，2014，35（7）：2103－2108.

[32] 钱睿．基于BIM的三维地质建模［D］．北京：中国地质大学（北京），2015.

[33] 饶嘉谊，杨远丰．基于BIM的三维地质模型与桩长校核应用［J］．土木建筑工程信息技术，2017，9（3）：38－42.

[34] 曾鹏，秦扬，陈洪，等．基于Kriging插值算法的地质体BIM建模技术［J］．人民长江，2021，52（S2）：99－104.

[35] 李永勇．基于理正软件的三维地质模型建立［J］．山西水利科技，2022（1）：11-13.

[36] 何满潮，刘斌，徐能雄．工程岩体三维可视化构模系统的开发［J］．中国矿业大学学报，2003（1）：41-46.

[37] 程朋根．地矿三维空间数据模型及相关算法研究［D］．武汉：武汉大学，2005.

[38] 王静．基于 QuantyView 和多源数据的滑坡体三维地质建模技术研究［D］．北京：中国地质大学，2014.

[39] 邓超，何政伟，郝明，等．基于 MapGIS 的成都市城市三维地质建模［J］．地理空间信息，2020，18（07）：51-54，7.

[40] 魏志云，徐震，许平，等．基于 GeoStation 的物探三维系统设计与实现［J］．地理空间信息，2022，20（9）：63-66.

[41] 屈红刚，潘懋，明镜，等．基于交叉折剖面的高精度三维地质模型快速构建方法研究［J］．北京大学学报（自然科学版），2008（6）：915-920.

[42] 黄蕾蕾．内蒙古乌努格吐山矿山高精度三维地质建模与评价［D］．北京：中国地质大学（北京），2021.

[43] 刘顺昌，李黎，徐德馨，等．复杂地质条件下高精度三维地质建模研究［J］．人民长江，2021，52（08）：127-132.

[44] 姜明玉，周艳，高发润，等．复杂断块三维地质建模综合表征油藏特征研究［C］//2021IPPTC 国际石油石化技术会议论文集．2021：172-179.

[45] 潘雅静．基于 GoCAD 平台的复杂地质体空间信息一体化建模研究与实践［D］．青岛：青岛理工大学，2021.

[46] 徐涛，莫凡，林细桃，等．基于 BIM 技术的复杂岩溶地区三维地质建模方法研究与应用［J］．施工技术（中英文），2022，51（11）：42-44，77.

[47] 尤少燕，时应敏，乔玉雷．利用多尺度资料进行油藏地质建模——以樊 124 区块为例［J］．油气地质与采收率，2005（3）：15-17，82.

[48] 文华．多尺度信息用于精细地质建模——以大庆升平 155 油田为例［J］．新疆石油天然气，2010，6（3）：58-61，116.

[49] 赵强．矿山多尺度三维地层数据模型研究［D］．郑州：河南理工大学，2013.

[50] 董少群，吕文雅，夏东领，等．致密砂岩储层多尺度裂缝三维地质建模方法［J］．石油与天然气地质，2020，41（3）：627-637.

[51] 胡瑞华，王秋明．水利水电工程三维地质模型的研究和应用［J］．人民长江，2002（6）：57-58.

[52] 王秋明，甘三才，胡瑞华，等．三维地质建模技术及在工程中的应用［J］．人民长江，2005（3）：60-62.

[53] 黄地龙，柴贺军，黄润秋．岩体结构建模系统软件设计与研究［J］．计算机工程与应用，2002（2）：235-237.

[54] 乔书光．基于设计流程管理的水工协同 CAD 模型研究［D］．南京：河海大

学，2003.

[55] 钟登华，李明超，王刚. 大型水电工程地质信息三维可视化分析理论与应用 [J]. 天津大学学报，2004 (12)：1046-1052.

[56] 郑声安. 水电水利工程三维协同设计关键技术及系统开发研究 [R]. 成都：中国水电顾问集团成都勘测设计研究院，2011-03-25.

[57] BAI Y L，LIU Z，LIU L，et al. A new method of multi-scale geologic modeling and display [J]. Journal of Earth Science. 2014，25 (3)：537-543.

[58] RINGROSE P S，MARTINIUS A W，ALVESTAD J. Multiscale geological reservoir modelling inpractice [J]. Geological Society，London，Special Publications. 2008，309 (1)：123-134.

[59] GOLEBY B R，BLEWETT R S，FOMIN T，et al. An integrated multi-scale 3D seismic model of theArchaean Yilgarn Craton，Australia [J]. Tectonophysics. 2006，420 (1)：75-90.

[60] THURMOND J B，DRZEWIECKI P A，XU X. Building simple multiscale visualizations of outcropgeology using virtual reality modeling language (VRML) [J]. Computers & Geosciences. 2005，31 (7)：913-919.

[61] JONES R R，MCCAFFREY K，CLEGG P，et al. Integration of regional to outcrop digital data：3Dvisualisation of multi-scale geological models [J]. Computers & Geosciences. 2009，35 (1)：4-18.

[62] 刘卫波. 多尺度三维地质对象可视化关键技术研究与实现 [D]. 北京：中国石油大学，2011.

[63] 赵强. 矿山多尺度三维地层数据模型研究 [D]. 郑州：河南理工大学，2011.

[64] 焦永清. 基于多尺度钻孔数据的地层建模关键技术研究 [D]. 西安：长安大学，2013.

[65] 陈学习，吴立新，车德福，等. 基于钻孔数据的含断层地质体三维建模方法 [J]. 煤田地质与勘探. 2005 (5)：8-11.

[66] 车德福，吴立新，陈学习，等. 基于 GTP 修正的 R3DGM 建模与可视化方法 [J]. 煤炭学报. 2006 (5)：576-580.

[67] 张发明，等. 多尺度三维地质结构几何模拟与工程应用 [M]. 北京：科学出版社，2007.

[68] 孙秋分. 基于多尺度空间体元的地学三维可视化研究 [D]. 北京：中国石油大学，2008.

[69] 张元生，吴立新，郭甲腾，等. 顾及语义的地上下无缝集成多尺度建模方法 [J]. 东北大学学报 (自然科学版)，2010 (9)：1341-1344.

[70] 中国水电顾问集团昆明勘测设计研究院. LK 水电站规划报告 [R]. 昆明：昆明勘测设计研究院，2013.

[71] 中国电建集团昆明勘测设计研究院有限公司. QZK 水电站预可行性研究报告

[R]. 昆明：昆明勘测设计研究院，2016.

[72] 中国电建集团昆明勘测设计研究院有限公司. GS水电站可行性研究报告 [R]. 昆明：昆明勘测设计研究院，2021.

[73] 中国水电顾问集团华东勘测设计研究院. YFG水电站可行性研究报告 [R]. 杭州：华东勘测设计研究院，2013.

[74] 中国水电顾问集团昆明勘测设计研究院. 黄登水电站可行性研究报告 [R]. 昆明：昆明勘测设计研究院，2013.

[75] 中国电建集团昆明勘测设计研究院有限公司. 滦平抽水蓄能电站预可行性研究报告 [R]. 昆明：昆明勘测设计研究院，2020.

[76] 中国电建集团昆明勘测设计研究院有限公司. 云南省牛栏江红石岩堰塞湖整治水利枢纽工程可行性研究阶段报告 [R]. 昆明：昆明勘测设计研究院，2014.

[77] 中国电建集团昆明勘测设计研究院有限公司. 滇中引水工程可行性研究输水线路昆明段工程地质勘察报告 [R]. 昆明：昆明勘测设计研究院，2014.

索　引

《水利水电工程信息化 BIM 丛书》编辑出版人员名单

总 责 任 编 辑：王　丽　黄会明

副总责任编辑：刘向杰　刘　巍　冯红春

项 目 负 责 人：刘　巍　冯红春

项目组成人员：宋　晓　王海琴　任书杰　张　晓
邹　静　李丽辉　郝　英　夏　爽
李　哲　石金龙　郭子君

《HydroBIM－三维地质系统研发及应用》

责任编辑：宋　晓

审稿编辑：宋　晓　柯尊斌　孙春亮　刘　巍

封面设计：李　菲

版式设计：吴建军　郭会东　孙　静

责任校对：梁晓静　张伟娜

责任印制：崔志强　焦　岩

总前言

淮河流域地处我国东中部，介于长江和黄河两流域之间，流域地跨河南、安徽、江苏、山东及湖北5省，干流流经河南、安徽、江苏3省，分为上游、中游、下游3部分，全长1000千米。洪河口以上为上游，长360千米；洪河口以下至洪泽湖出口中渡为中游，长490千米；中渡以下至三江营为下游入江水道，长150千米。由于历史上黄河曾夺淮入海，淮河流域以废黄河为界分为淮河和沂沭泗河两大水系，面积分别为19万平方千米和8万平方千米。淮河流域西部、南部和东北部为山丘区，面积约占流域总面积的1/3，其余为平原（含湖泊和洼地），是黄淮海平原的重要组成部分。

古老的淮河，发源于桐柏山，沿途纳千河百川，以丰富的支流水系，像一把展开的扇面，铺满中原大地。这里曾流淌着中华民族的古老文明，从新石器时代，到夏商周王朝，再到隋唐，每个重要时期，它都扮演着重要角色；这里曾出现过改天换地的历史人物，大禹治水“三过家门而不入”，刘邦项羽掀楚汉风云，神医华佗悬壶济世，都与它息息相关；这里有丰富的历史文化遗址，有独具特色的山水名胜，更有南北过渡的民俗文化。可以说，充满人文色彩的淮河，堪称是一条非常有故事的河流。

历经百年沧桑，走入近现代，淮河的精彩故事还在续写，人们对它的情感也开始变得复杂而纠结。一方面，人们对它有着“走千走万，不如淮河两岸”的赞美。一组直观的数据是，淮河流域以不足全国3%的水资源总量，承载了全国约13.6%的人口和11%的耕地，贡献了全国9%的GDP，生产了全国六分之一的粮食。另一方面，

淮河生态经济带发展研究丛书

熊文　总主编

淮河生态经济带现代化进程研究

李楠　编著